新型二氮杂四星烷的光化学合成与结构解析

谭洪波　著

北　京
冶　金　工　业　出　版　社
2021

内 容 提 要

本书以结构新颖的二氮杂四星烷的光化学合成研究为重点，通过对1,4-二氢吡啶的[2+2]光环合反应的系统研究，分别合成得到三类新型二氮杂四星烷类化合物。本书共分为5章，内容包括绪论、C_2-3,9-二氮杂四星烷的光化学合成研究、非C_2-3,9-二氮杂四星烷的光化学合成研究、3,6-二氮杂四星烷的光化学合成研究以及结论与展望。

新型二氮杂四星烷的光化学合成研究，可为该类化合物应用于药理活性的研究提供理论和实验基础；新型二氮杂四星烷的结构解析，可为复杂的多面体烷类化合物的合成及结构解析提供理论和实验基础。

本书可作为有机化学/光化学/药物合成等相关专业师生的参考书；也可供从事有机化学/光化学/药物合成以及化合物结构解析相关工作的研究人员参考。

图书在版编目(CIP)数据

新型二氮杂四星烷的光化学合成与结构解析/谭洪波著. —北京：冶金工业出版社，2021.4

ISBN 978-7-5024-8783-6

Ⅰ.①新… Ⅱ.①谭… Ⅲ.①氮杂环化合物 Ⅳ.①O626

中国版本图书馆CIP数据核字（2021）第061541号

出 版 人　苏长永

地　　址　北京市东城区嵩祝院北巷39号　邮编　100009　电话　(010)64027926

网　　址　www.cnmip.com.cn　电子信箱　yjcbs@cnmip.com.cn

责任编辑　夏小雪　美术编辑　吕欣童　版式设计　禹　蕊

责任校对　石　静　责任印制　李玉山

ISBN 978-7-5024-8783-6

冶金工业出版社出版发行；各地新华书店经销；三河市双峰印刷装订有限公司印刷

2021年4月第1版，2021年4月第1次印刷

169mm×239mm；12.25印张；199千字；186页

68.00元

冶金工业出版社　投稿电话　(010)64027932　投稿信箱　tougao@cnmip.com.cn

冶金工业出版社营销中心　电话　(010)64044283　传真　(010)64027893

冶金工业出版社天猫旗舰店　yjgycbs.tmall.com

（本书如有印装质量问题，本社营销中心负责退换）

前　　言

多面体烷是一类由若干个次甲基（—CH）作为顶点连接形成的具有三维多面体结构的化合物，氮杂四星烷作为多面体烷的一种，由于其几何结构的对称性和美学特征，导致其表现出与其他化合物迥然不同的物理和化学性质，吸引了越来越多的研究人员的关注。本书以结构新颖的二氮杂四星烷的光化学合成研究为重点，通过对1,4-二氢吡啶的[2+2]光环合反应进行系统研究，合成得到三类新型二氮杂四星烷类化合物：C_2-3,9-二氮杂四星烷、非C_2-3,9-二氮杂四星烷和3,6-二氮杂四星烷。新型二氮杂四星烷的光化学合成研究，可为其应用于药理活性的研究提供理论和实验基础；新型二氮杂四星烷的结构解析，可为复杂的多面体烷类化合物的合成及结构解析提供理论和实验基础。

C_2-3,9-二氮杂四星烷的合成研究以N-芳基和N-苄基-1,4-二氢吡啶的[2+2]光环合反应为基础，通过对1,4-二氢吡啶的合成方法和液相光照方式的影响因素进行研究，得到一系列目标化合物。本书采用微波辅助合成技术，对N-芳基和N-苄基-1,4-二氢吡啶的合成方法进行研究，以期得到高效快捷的合成方法；通过对光源及波长、溶剂和反应浓度等因素对光环合产物影响的研究，确定C_2-3,9-二氮杂四星烷的合成方法。在1,4-二氢吡啶类化合物的[2+2]光环合反应的研究中，共得到6个顺式半合产物和5个C_2-3,9-二氮杂四星烷化合物。通过对N-芳基和N-苄基-1,4-二氢吡啶的光化学合成C_2-3,

9-二氮杂四星烷的反应机理的研究，推测目标化合物的生成是先经历分子间的[2+2]光环合反应生成顺式半合产物，再发生分子内的[2+2]光环合反应得到目标化合物。

非 C_2-3,9-二氮杂四星烷的合成研究是以不同的4-芳基-1,4-二氢吡啶的分子间交互[2+2]光环合反应和 C_2-3,9-二氮杂四星烷的选择性官能团化为基础，通过对液相光照方式的影响因素和官能团化的反应条件进行研究，得到系列目标化合物。通过对光源及波长、溶剂和反应物浓度等因素对光合成产物影响的研究，确定了交互[2+2]光环合反应合成非 C_2-3,9-二氮杂四星烷的合成方法，合成得到了7个结构新颖的3,6,12-三芳基-3,9-二氮杂四星烷。在对 C_2-3,9-二氮杂四星烷的官能团化的研究中，通过对投料比、溶剂、缚酸剂等因素的探讨，合成得到5个3-芳甲酰基-6,12-二芳基-3,9-二氮杂四星烷。根据 C_2-3,9-二氮杂四星烷和非 C_2-3,9-二氮杂四星烷的结构特点，对其NMR谱图特征进行详细的对比讨论，以便为二氮杂四星烷的结构解析提供理论和实验基础。

3,6-二氮杂四星烷类化合物的合成研究以区域控制[2+2]光环合反应为基础，采用了Linker的双端位酰基共价连接1,4-二氢吡啶的控制方法。通过对Linker的结构类型、Linker与1,4-二氢吡啶的反应条件以及光反应条件的探讨，得到系列目标化合物。选择Linker为邻苯二甲酰基、间苯二甲酰基和丁二酰基，探讨溶剂、缚酸剂和反应投料比对生成双1,4-二氢吡啶的Linker衍生物的影响，确定反应条件。通过对双1,4-二氢吡啶的Linker衍生物的光反应方式、光源和溶剂等影响因素进行研究，确定区域控制[2+2]光环合反应的反应条件，成功合成得到 9 个新颖的 3,6-二氮杂四星烷类化合物。区域控制[2+2]光环合反应的机理研究表明，Linker 必须要有一定的刚性才能将两个 1,4-二氢吡啶分子固定在一个合适的能够发生反应的空间范围；双 1,4-二氢吡啶的 Linker 衍生物是通过与苯环相连的两个 C—C 单键在溶液中自由旋转，使两个吡啶环的双键接近且保持平行，随后在紫外光的激发下发生分子内的[2+2]光环合反应。

通过对三类新型二氮杂四星烷类化合物进行光化学合成研究，分离得到了 57 个未见文献报道的化合物，其中有 23 个 1,4-二氢吡啶及相关反应产物、34 个[2+2]光环合反应产物，其中新颖二氮杂四星烷类化合物有 27 个。得到的化合物结构均经过 ^{1}H NMR、^{13}C NMR、HRMS 和 X-单晶衍射确认。

本书的出版得到了重庆文理学院人才引进项目（2017RBX10）、塔尖计划项目（P2020XY10）、重庆市教育委员会科学技术研究项目（KJQN201901305）等的大力支持，作者在此表示由衷地感谢！

由于作者水平有限，书中不妥之处在所难免，敬请广大读者批评指正。

著　者

2020 年 12 月于重庆

目　　录

1 绪 论

四星烷（tetraasterane）是多面体烷的一种，氮杂四星烷（azatetraasterane）是四星烷骨架结构中的碳原子被氮原子替换形成的，3,9-二氮杂四星烷（3,9-diazatetraasterane）的衍生物因具有良好的 HIV-1 蛋白酶抑制活性和抑制 P-gp 的表达以及改善抗肿瘤药物的多药耐药等药理活性而得到化学合成者的关注[1~8]。

3,9-二氮杂四星烷是由 1,4-二氢吡啶经[2+2]光环合反应生成的光二聚产物，根据 Woodward-Hoffmann 定则，[2+2]环加成反应在热化学中是禁阻的，而在光化学中是允许的。在有机化合物的光化学反应中，特别值得一提的就是[2+2]光环合反应，该反应近年来广泛用于有机合成，尤其是用于高张力结构的多环笼状化合物。[2+2]光环合反应有两种类型：一种是分子间反应，另一种是分子内反应。可以说没有[2+2]光环合反应就没有今天如此多的新型的笼形化合物的出现。近年来，光化学反应已成为 21 世纪研究热点之一，光能量的转变诱导光化学合成和光诱导催化等实际应用的成功激励着人们对光化学反应进行深入研究，这是因为它不但能使那些热化学反应难以合成或必须在十分苛刻条件下才能合成的化合物，较容易或可以在温和条件下合成；而且与通常的化学反应相比，往往可以生成结构完全不同的化合物。尤其是在倡导绿色化学的今天，光化学反应在有机合成中扮演着越来越重要的角色，因此有必要对形成二氮杂四星烷的合成过程中的[2+2]光环合反应进行系统研究，以期得到具有指导性的实践意义，为二氮杂四星烷类化合物的合成提供可靠的指导。

1.1 [2+2]光环合反应

[2+2]光环合反应是指在光的诱导下两个不饱和分子间的加成反应或同一分子内的两个 π 键之间的加成反应，经过反应两个 π 键变为 σ 键，同时生成两个新的 σ 键，从而在两个分子之间或同一分子内形成一个新的环丁烷结

构。随着研究的深入，经光直接引发的[2+2]光环合反应的机理，可以简练地总结为如下两类[9~12]。

对于多数不饱和烯烃化合物而言，最为直观的一个机理就是不饱和底物分子Ⅰ经光直接激发后由基态（S_0）跃迁到单重激发态S_1(Ⅱ)，随后与另一个底物分子发生环加成反应生成对应的[2+2]光环合产物（Ⅲ），当然，这个环加成反应也可以发生在分子内部。对于非共轭的烯烃，由于单重激发态中$\pi\pi^*$电子绕C═C双键旋转可以导致高效的能量耗散，因此单重激发态的寿命较短，常伴随荧光和向光物理路径的竞争转变[13]。对于共轭烯烃则相对简单，主要是按照这个机理发生[2+2]光环合反应，生成相应的分子内光环合产物、光二聚产物或不同分子间的光环合产物[14]。

反应式如下：

hν　S₀　Ⅰ　S₁　Ⅱ　+异构体　Ⅲ

●,● —取代基

第二种反应机理具有相对较长寿命的激发态，它的先决条件是底物必须要含有与羰基共轭的双键，即α,β-不饱和羰基化合物[15~20]。α,β-不饱和羰基化合物经光照首先激发得到相应的单重激发态S_1(Ⅱ)，再经由系间窜越（ISC，如自旋反转）迅速生成对应的三重激发态。光化学反应通常发生于最低占据三重态T_1(Ⅳ)，它通常具有ππ激发的特点，在这个状态下，双键不再存在，可以发生自由旋转。这也是为什么通常选择五元-或六元-α,β-不饱和羰基化合物作为底物，这样T_1激发态就会由于环的张力发生一定程度扭曲，导致不能通过震动完全分散它的能量。三重激发态的时间寿命可以达到微秒级别，这样可以允许另一处于激发态的分子的进攻从而形成双自由基中间体（Ⅴ），再经过进一步合环形成光环合产物（Ⅲ）[21, 22]。

反应式如下：

Ⅰ　hν　Ⅱ　ISC　T_1　Ⅳ

异构体 ISC 异构体

V Ⅲ

1.2 [2+2]光环合反应在有机合成中的应用研究

[2+2]光环合反应有两种类型：一种是分子间反应，另一种是分子内反应，利用该反应人们已经合成出了许许多多具有高张力能的化合物，如环丁烷及其衍生物、多面体烷（立方烷、四星烷和棱烷等）及其衍生物等。

1.2.1 [2+2]光环合反应在环丁烷类衍生物合成中的应用研究

很多不饱和化合物通过直接光照均可发生[2+2]光环合反应，生成相应的环丁烷类衍生物，目前研究广泛的光反应底物主要包括烷烯、α,β-不饱和酮和α,β-不饱和羧酸衍生物等。

简单孤立链烯烃的光二聚现象很少被观察到，主要是由于这些化合物的吸收处于高能或真空紫外区的原因，直到1969年，Yamazaki等人才发现了2-丁烯的光二聚[23]。据报道，利用镉灯或锌灯辐射顺式-2-丁烯可生成两个[2+2]光环合异构体；与此类似，二苯乙烯的光环合反应也可产生两种立体异构的环丁烷[24,25]。

反应式如下：

Me Me $\xrightarrow{h\nu}$ Me Me / Me Me + Me Me Me Me

Ph Ph $\xrightarrow{h\nu}$ Ph Ph / Ph Ph + Ph Ph Ph Ph

1998年，Dave等人发现N-乙酰基氮杂环丁烯的丙酮溶液经光照后能得到顺式和反式两种head-to-head（HH）型的光二聚体异构体[26]。

反应式如下：

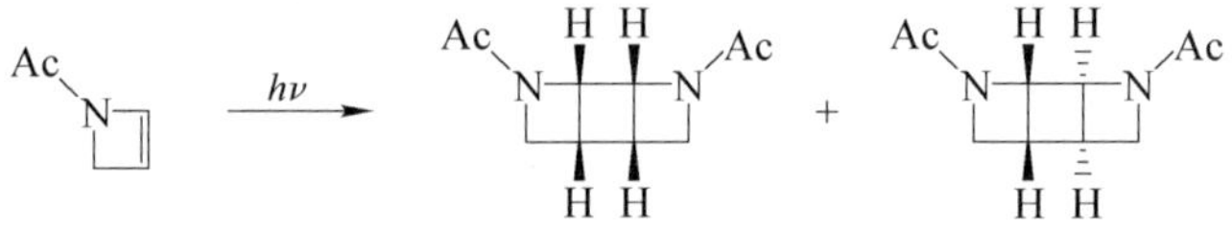

Meijere 团队利用分子内的［2+2］光环合反应成功制备了八环丙基取代的立方烷类化合物[27]。

反应式如下：

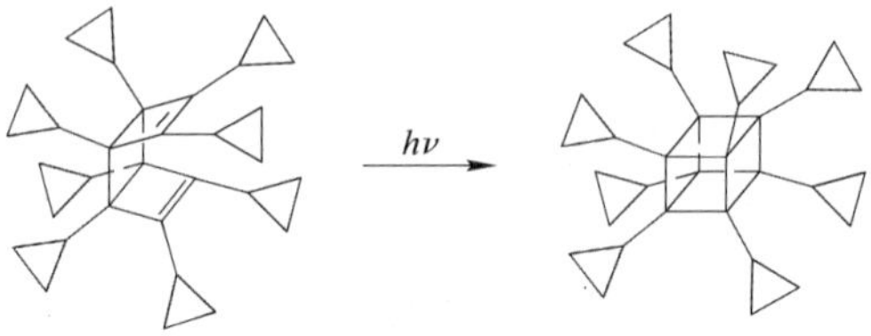

Sommer 和 McMurry 等人分别报道了 3-芳基茚酮在光照下发生［2+2］光环合反应生成 HH 型的光二聚产物[28~30]。

反应式如下：

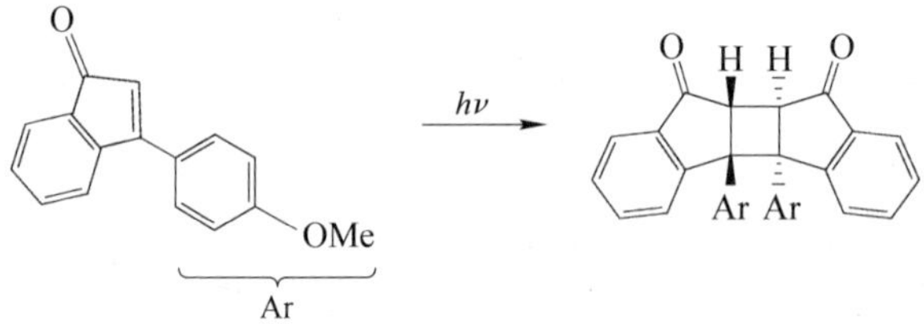

如果 α,β-不饱和酮分子内有双键且距离合适，也可经［2+2］光环合反应生成相应的多环笼状化合物。Chou 等人利用对苯醌的衍生物经过［2+2］光环合反应成功构建了梯形的多环笼状化合物[31, 32]。采用同样的策略，Kotha 团队成功构建了类似的 U 形多环笼状化合物[33~35]。

反应式如下：

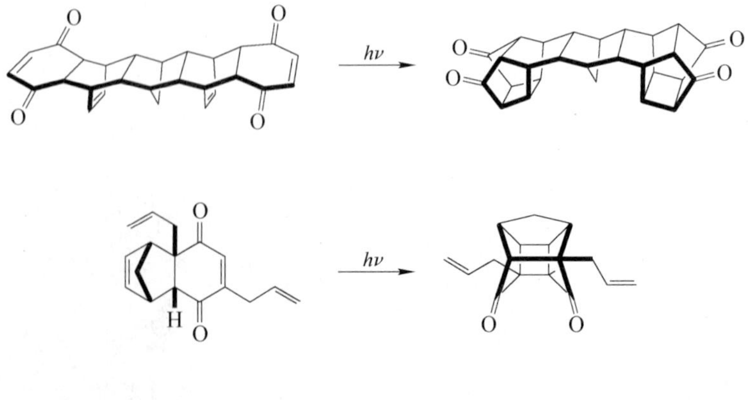

α,β-不饱和酯是另一种研究广泛的光反应底物，Sakamoto 团队研究发现苯并吡喃酮的羧基衍生物经光照后可生成 HH 型的光二聚体产物，该[2+2]光环合反应表现出极高的区域选择性[36~38]。

反应式如下：

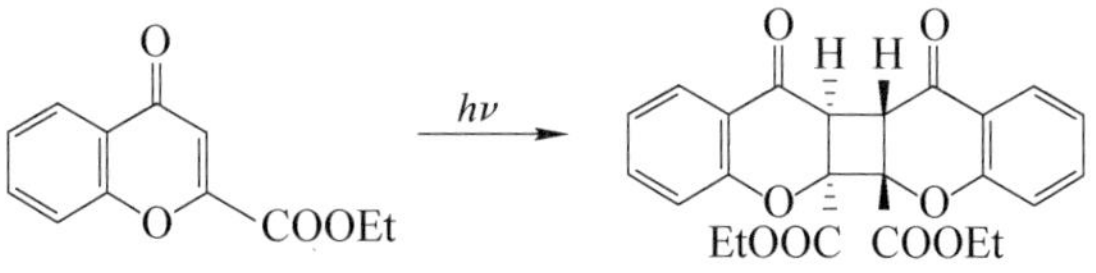

如果 α,β-不饱和酯分子内有双键且距离合适，也可经[2+2]光环合反应生成相应的环丁烷衍生物，White 等人报道了 α,β-不饱和环内酯的分子内[2+2]光环合反应，成功制备得到了两个异构体环加成产物[39, 40]。

反应式如下：

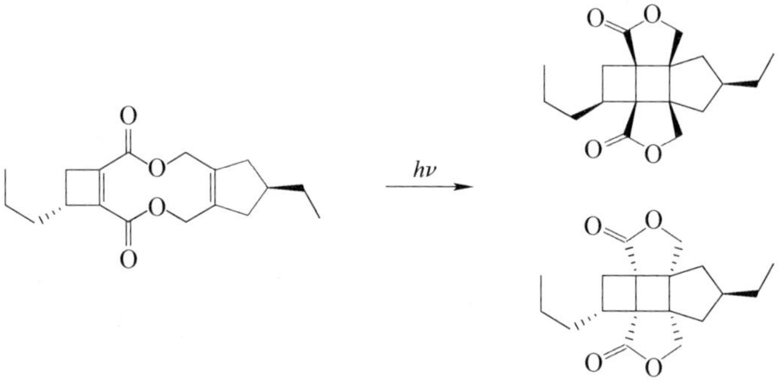

特窗酸是一种 α,β-不饱和环内酯，Kemmler 等人报道了特窗酸衍生物可与环戊烯分子发生分子间[2+2]光环合反应生成相应的环丁烷衍生物[41~43]。当然，不饱和双键也可以和氧气发生[2+2]光环合反应生成二氧杂环丁烷结构，该类化合物是重要的有机合成中间体[44~46]。

反应式如下：

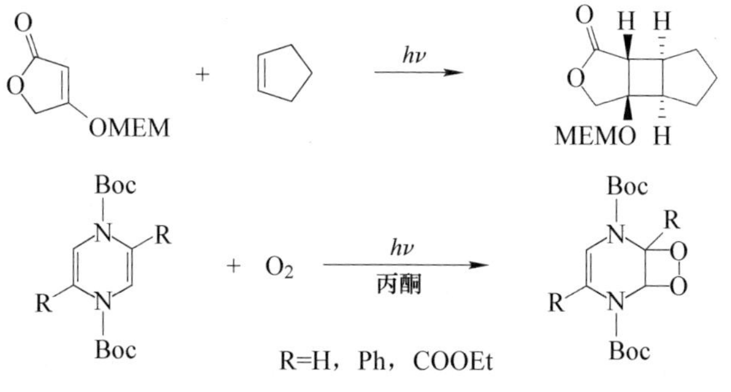

R=H，Ph，COOEt

二甲基胸腺嘧啶是一种α,β-不饱和内酰胺类化合物，经光照后也可生成含有环丁烷结构的HH型的二聚体[47]，该反应过程对于人们理解DNA的光损伤非常重要。因为生物体的DNA分子在紫外光照射下，同一条DNA链中2个相邻的胸腺嘧啶碱基之间会发生[2+2]光环合反应而使DNA受光损伤。

反应式如下：

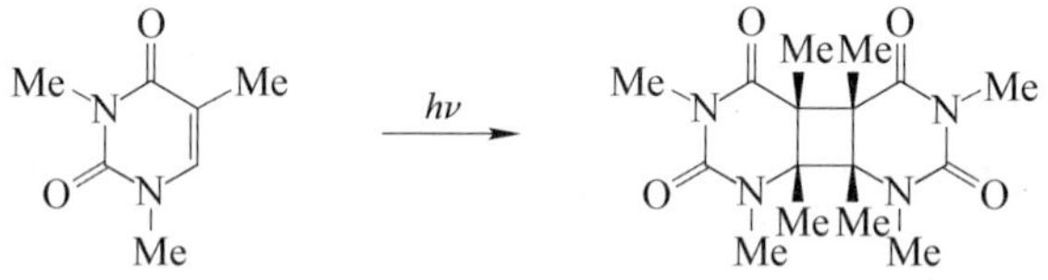

1.2.2 [2+2]光环合反应在四星烷类衍生物合成中的应用研究

不饱和六元环二烯类衍生物可经过连续两次[2+2]光环合反应，先通过分子间的[2+2]光环合反应形成顺式半合产物，再进一步发生分子内的[2+2]光环合反应，合环形成四星烷类化合物。目前，关于这类不饱和六元环二烯类衍生物主要可分为烷烯、α,β-不饱和酮和α,β-不饱和羧酸衍生物三类光反应底物。

Gollnick和Kobayashi相继报道了紫外光直接照射1,4-二硫杂环己二烯结构的底物可先生成一个顺式半合中间体，该中间体进一步发生分子内[2+2]光环合反应得到了四硫杂四星烷[48,49]。Bojkova报道了当1,4-二硫杂环己二烯的2,5-位被苯环取代后，在经光照后除了得到head-to-tail（HT）型的全合四硫杂四星烷衍生物，还得到了一种HH型的顺式半合产物[50]。

反应式如下：

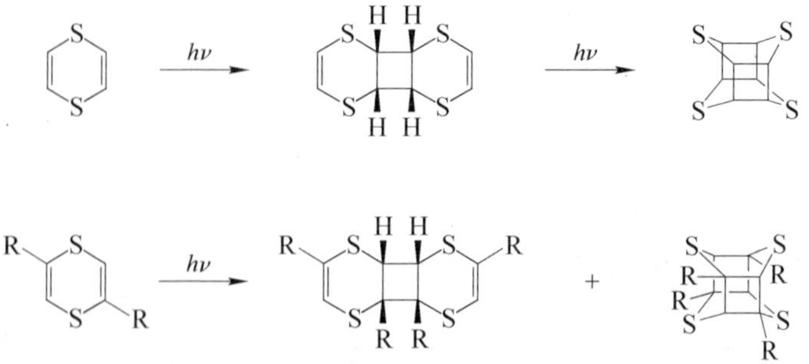

Cookson率先报道了2,5-二甲基对苯醌，2,6-二甲基对苯醌可以发生光二聚反应[51]。Bryce-Smith随后通过对无取代对苯醌的[2+2]光环合反应进行研

究，成功分离得到了对苯醌的顺式半合中间体，进一步通过光照可生成全合的酮式四星烷[52]。

反应式如下：

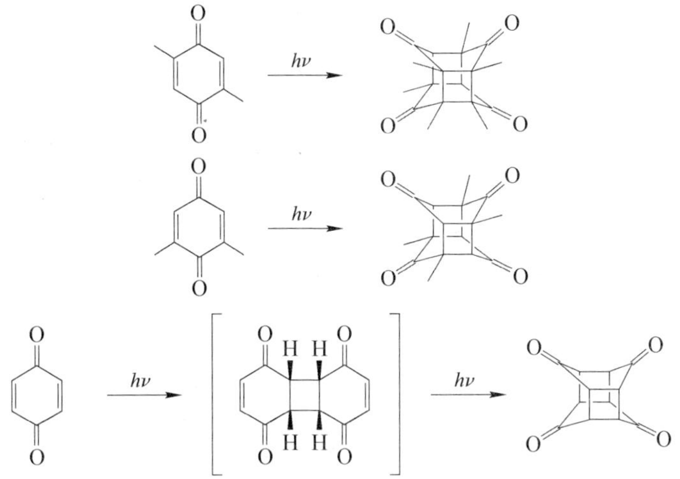

后来，人们在研究2,6-二甲基吡喃酮的光照时发现，在液相和固相光照的条件下，2,6-二甲基吡喃酮都能发生[2+2]光环合反应，得到HT型的酮式二氧杂四星烷，该反应对于杂原子四星烷的合成有着重要参考意义[53]。

反应式如下：

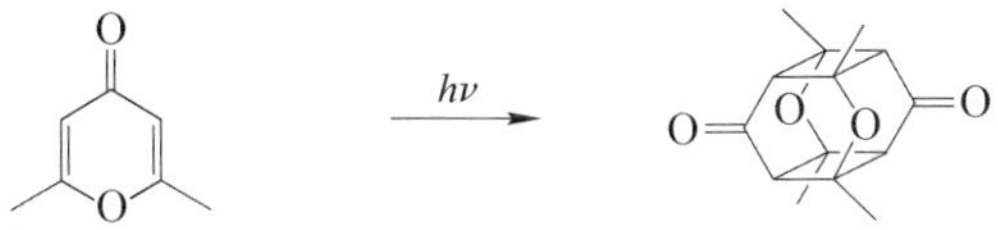

硫杂四星烷的典型化合物是3,9-二硫杂四星烷。Sugiyama等人对2,6-二甲基-4H-噻喃酮和2,6-二苯基-4H-噻喃酮液相[2+2]光合环反应进行研究，首次得到3,9-二硫杂四星烷类化合物[54,55]。

反应式如下：

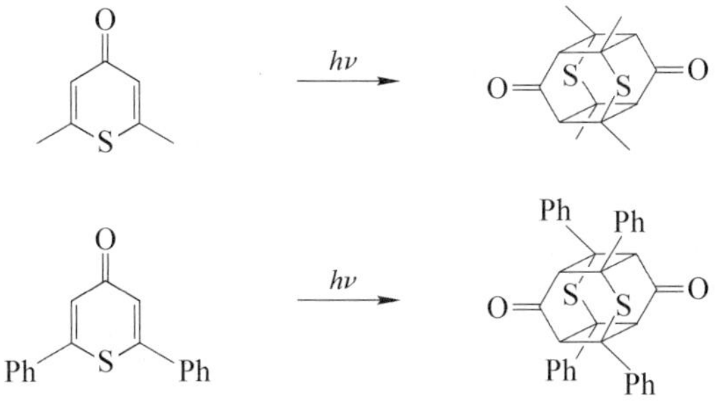

3,6-二氢邻苯二甲酸酐是一种 α,β-不饱和酯衍生物，Ahlgren 等人报道了其在二氧六环溶液中光照形成了取代的全碳四星烷，再经过一系列的反应，最终得到了无取代的全碳四星烷[56~58]。Hoffmann 等人以 1,4,5,8-四氢萘-2,3-二酸酐为光反应底物，在二氧六环中用中压汞灯光照，通过[2+2]光合环反应得到了双四星烷结构，并经过一系列的反应，最终得到无取代的全碳双四星烷[59, 60]。

反应式如下：

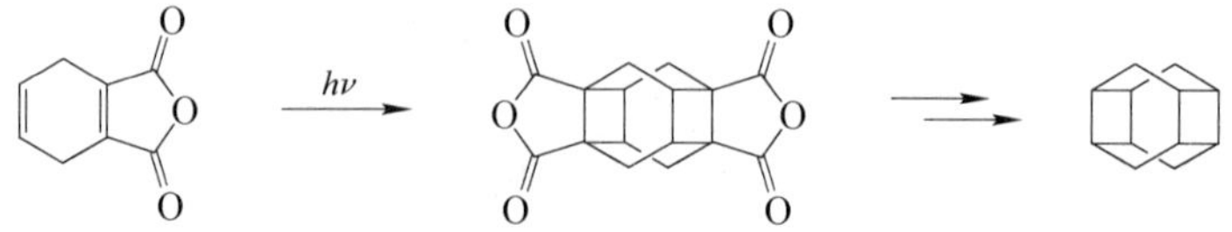

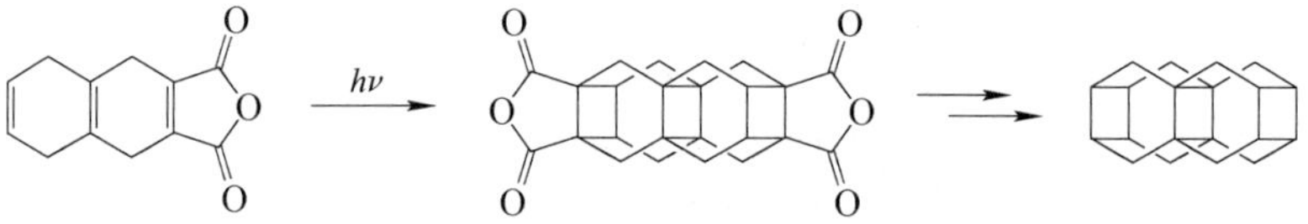

1,4-二氢吡啶类化合物也是具有内环双键的 α,β-不饱和酯衍生物，德国的 Hilgeroth 团队报道了一系列的 4-芳基-1,4-二氢吡啶经光照合成得到的对应的二氮杂四星烷化合物[61~63]。

反应式如下：

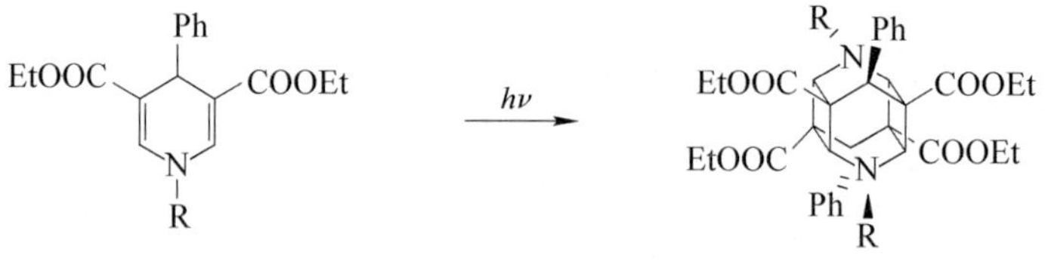

辛红兴博士等人在对 4-芳基-4H 吡喃进行光化学活性研究的基础上，发现在固相光照的条件下，4-芳基-4H-吡喃可以发生[2+2]光环合反应，并合成得到了一系列的 3,9-二氧杂四星烷化合物[64, 65]。

反应式如下：

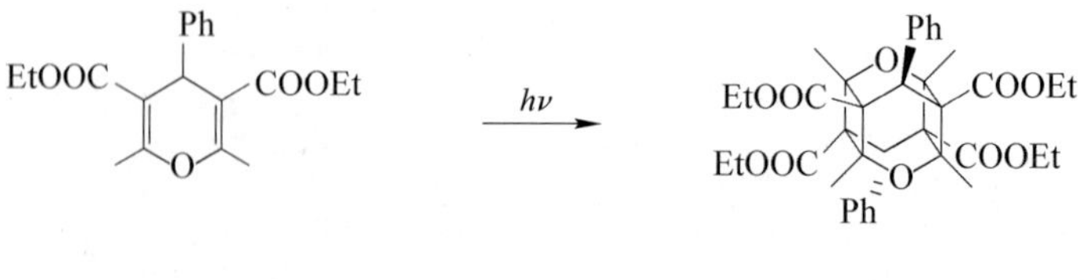

在上述的四星烷的合成研究中，一般得到的都是 HT 型的[2+2]光环合产物，很少见 HH 型的[2+2]光环合产物。因为 HT 型的[2+2]光环合产物具有较优的几何构型和更易分散的能量，在反应中更容易合成得到。因此，HH 型的[2+2]光环合产物的合成，需要采用与常规[2+2]光环合反应不同的方法，如区域控制等方法以实现其合成。

1.3 区域控制方法在[2+2]光环合反应中的应用研究

鉴于光化学反应往往伴随多种异构体产物的生成，科研工作人员目前正致力于提高[2+2]光环合反应的区域选择性。区域控制的[2+2]光环合反应目前研究较多的主要包括两种方法：一是利用配体与底物分子之间非共价键合作用形成有机-有机或有机-无机非共价键合体系，再通过固相光照发生分子间[2+2]光环合反应以达到区域控制的方法；二是利用 Linker 与底物分子之间共价键合的方法将底物分子固定在合适的距离，再通过光照发生分子内[2+2]光环合反应以达到区域控制的方法。

1.3.1 非共价键合的区域控制方法在[2+2]光环合反应中的应用研究

利用配体与底物分子之间非共价键合作用可以形成有机-有机或有机-无机非共价键合体系（共晶等），可以控制底物的区域选择性[2+2]光环合反应，主要包括氢键相互作用和离子键相互作用等方法。

对于氮杂苯乙烯类衍生物，Hutchins 将间苯二酚衍生物作为配体与底物分子之间利用氢键以形成共晶。研究发现，当间苯二酚的 4,6-位为碘取代时，可以与底物分子形成面对面的平行排列，利于发生[2+2]光环合反应，生成 HH 型的环丁烷衍生物；当将碘原子换为氯原子时发现 2 个底物分子间为垂直方向的排列，固相光照下不能发生[2+2]光环合反应[66]。因为不饱和化合物在固相光照下发生光二聚反应有一个基本条件：2 个 C═C 双键必须是平行有序排列的，且 C═C 双键之间的中心距离不能超过 0.42nm[67~69]。Biradha 等人进一步利用间苯二酚为配体，合成得到了多种氮杂苯乙烯类衍生物的 HH 型的光二聚产物[70~74]。

反应式如下：

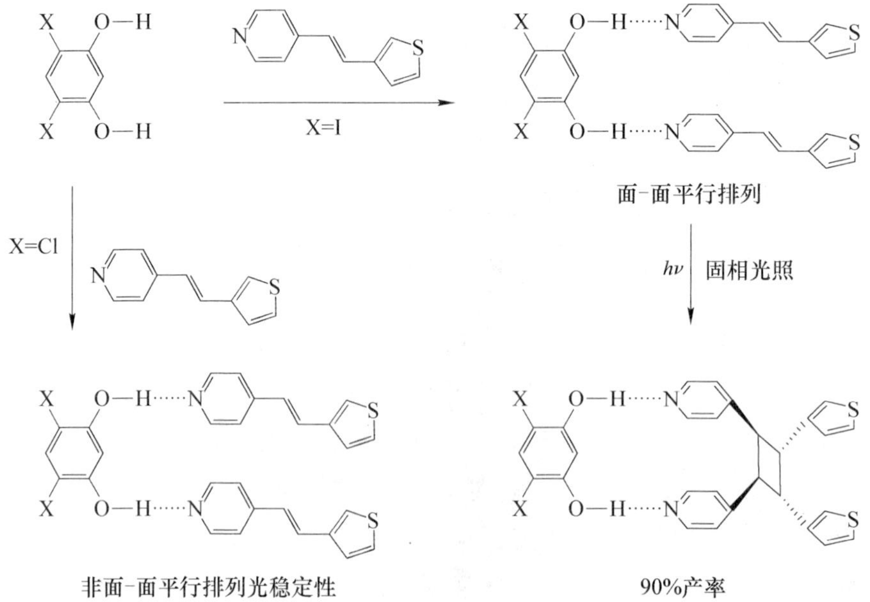
X=I
面-面平行排列
hν 固相光照
X=Cl
非面-面平行排列光稳定性
90%产率

在此基础上，Ericson 利用不同取代的间苯二酚衍生物作为配体与吡啶环取代的α,β-不饱和酯底物分子相互作用，不仅得到了 HH 型的共晶，同时也得到了相互交错排列的 HT 型的共晶，可以分别控制底物的区域选择性[2+2]光环合反应，生成对应的两种 HH、HT 型的环丁烷衍生物[75]。

反应式如下：

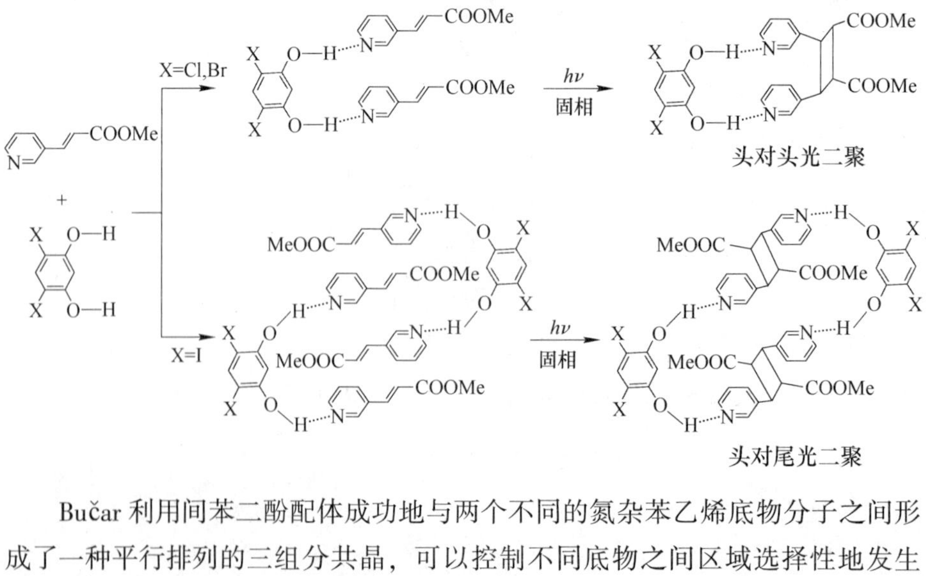
X=Cl,Br
hν
固相
头对头光二聚
X=I
hν
固相
头对尾光二聚

Bučar 利用间苯二酚配体成功地与两个不同的氮杂苯乙烯底物分子之间形成了一种平行排列的三组分共晶，可以控制不同底物之间区域选择性地发生交互[2+2]光环合反应，生成对应的 HH 型交互[2+2]光环合产物[76]。

反应式如下：

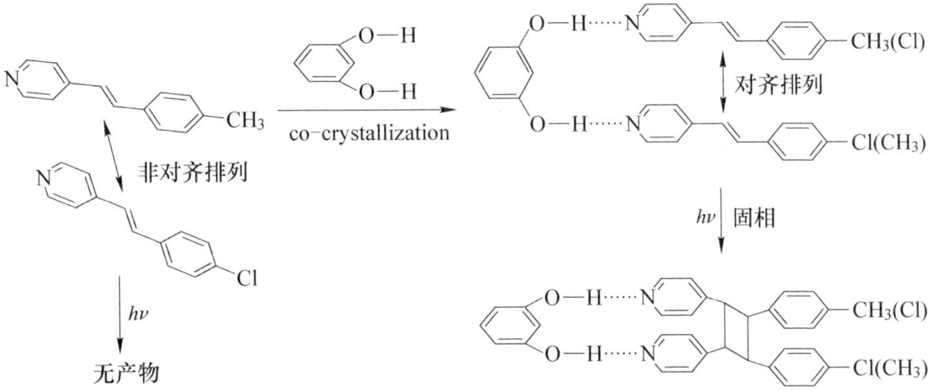

在间苯二酚配体的固相共晶光二聚研究的基础上，Bhogala 等人成功地以硫脲分子作为共晶配体形成了与氮杂苯乙烯的共晶结构，并通过光照合成得到了 HT 型的光二聚产物[77]。

反应式如下：

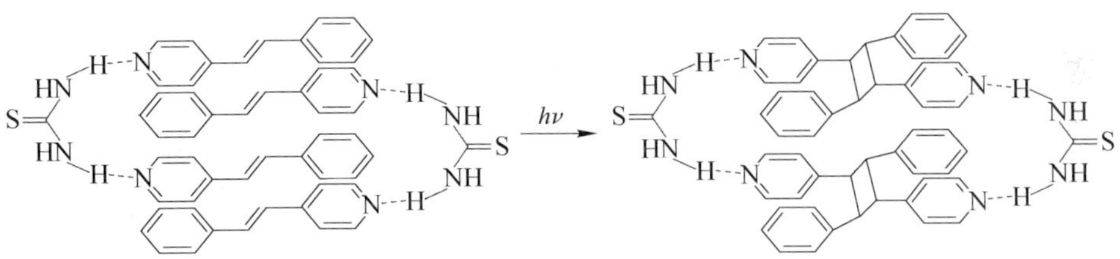

辛红兴博士等人在研究 1,4-二酰基-1,4-二氢吡嗪光化学性质时发现，该底物可与硫脲分子形成共晶结构，再通过[2+2]固相光环合反应首次成功制备了四氮杂四星烷类化合物[78]。

反应式如下：

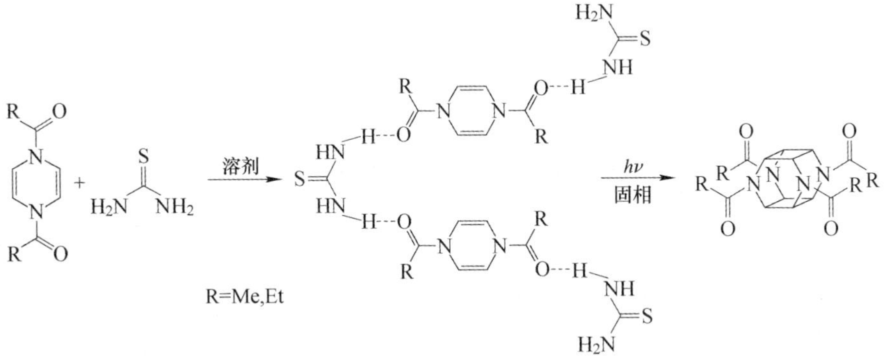

Jarrod Eubank 报道以定向的金属配位化合物组装 2,6-二羧基-吡喃酮，形成配合物晶体，在固相光照条件下发生[2+2]光环合反应，生成 HT 型的二氧杂四星烷化合物[79]。

反应式如下：

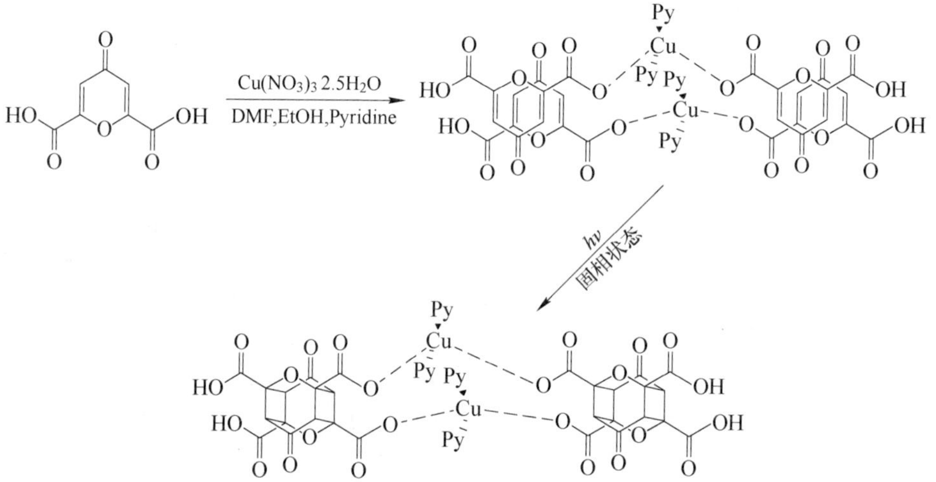

Garai 报道了利用金属银离子与底物分子形成络合物，使底物分子呈定向规则排列，再通过光照合成得到 HH 型的光二聚产物[80]。

反应式如下：

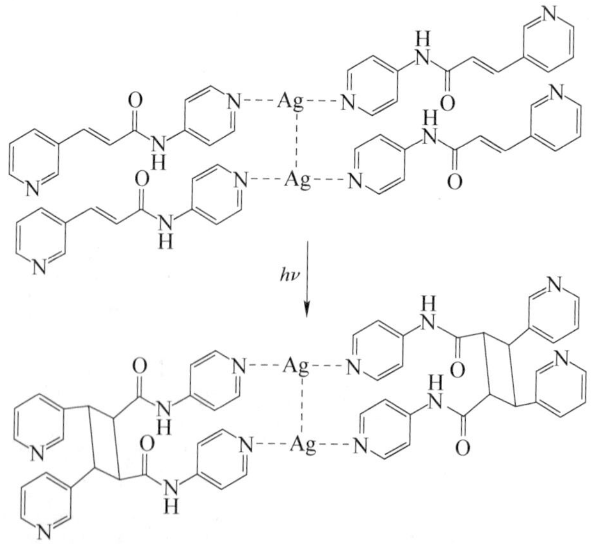

Kole 报道了利用 1,3-丙二胺作为配体与双端位羧酸类化合物通过机械研磨的方法制备有机盐离子共晶，并通过光照成功得到了 HH 型的光二聚产物[81]。

反应式如下：

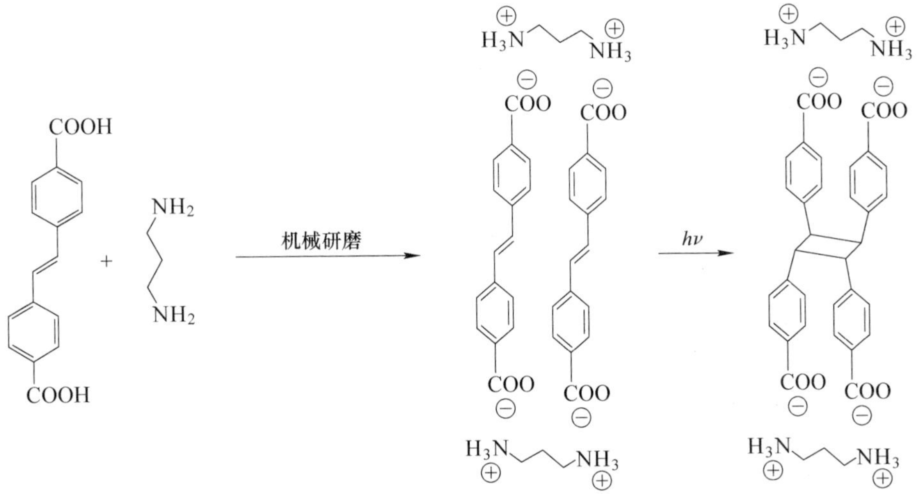

另外非共价键合的区域控制方法还包括主客体包合的控制方法，即利用γ-环糊精、葫芦脲等带空腔的高分子化合物包合的方法，以使底物呈定向排列更容易生成[2+2]光环合产物，但是该方法的区域选择性效果并不显著[82~88]。

1.3.2 共价键合的区域控制方法在[2+2]光环合反应中的应用研究

Hopf 和 Desvergne 等人利用一个刚性的 Linker 将肉桂酸衍生物和β-芳基丙烯酸衍生物的芳基部分固定起来，可以为 C ═C 双键提供一个平行且相近的排列，能使双键区域选择性地发生[2+2]光环合反应，生成 HH 型的光二聚产物[89~94]。

反应式如下：

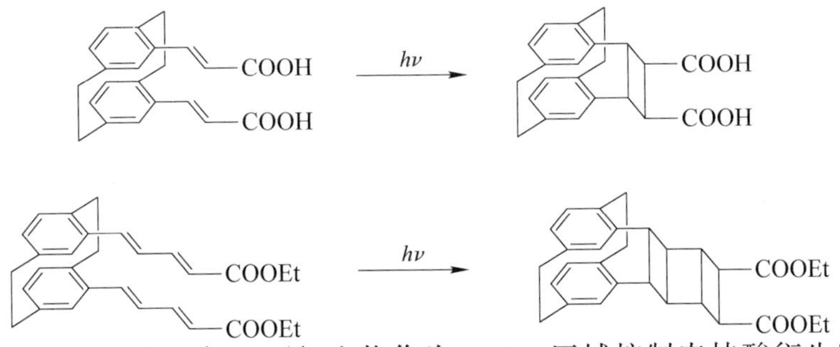

Haag 利用一个二氧六环衍生物作为 Linker 区域控制肉桂酸衍生物发生[2+2]光环合反应，生成相应 HH 型的光环合产物[95]。

反应式如下：

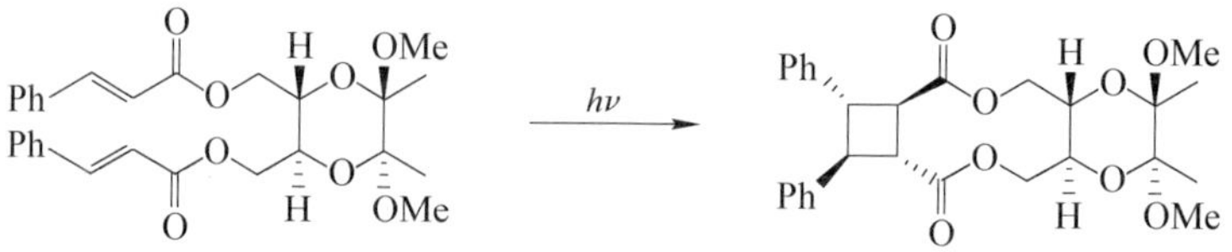

Nakamura 以 1,8-二萘基作为 Linker 区域控制苯乙烯类化合物的[2+2]光环合反应生成 HH 型的分子内光二聚产物[96]，Ghosn 和 Wolf 进一步研究发现 1,8-双（4-氨基苯）萘是一种很适合肉桂酸的共价 Linker，可区域控制底物生成 HH 型的[2+2]光环合产物[97]。

反应式如下：

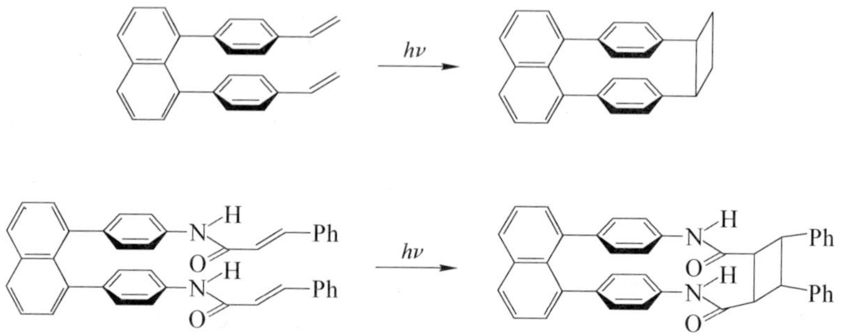

Laurenti 利用丙基链的区域控制作用成功合成得到了吡咯二酮衍生物的[2+2]光环合产物[98]。

反应式如下：

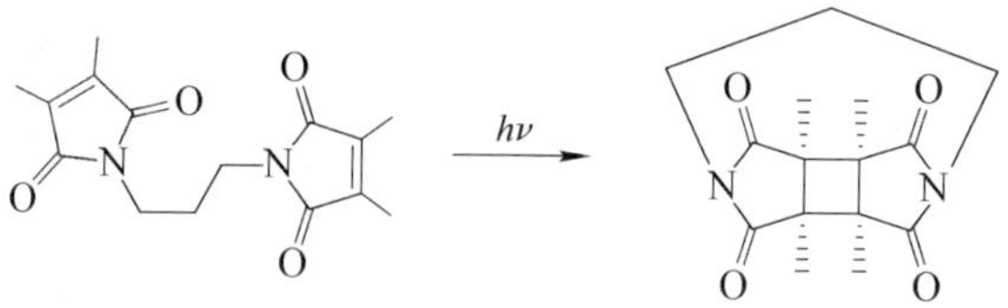

Okada 和 Nakamura 等人利用柔性脂肪链（3~7 个碳链）区域控制甲氧基取代的苯乙烯底物生成 HH 型的[2+2]光环合产物[99~103]。

反应式如下：

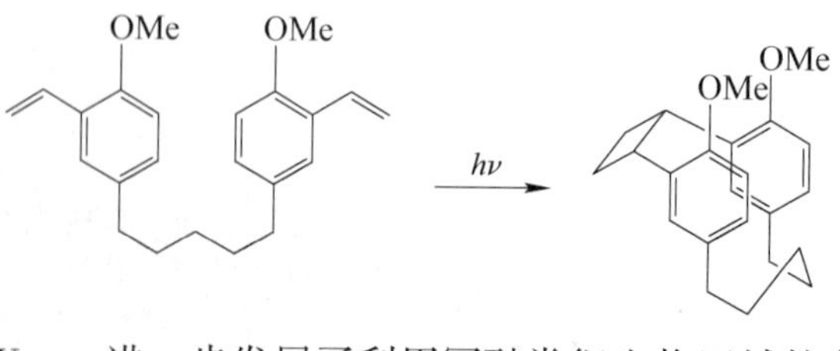

Inokuma 和 Yuasa 进一步发展了利用冠醚类衍生物区域控制芳基乙烯衍生

物的[2+2]光环合反应生成 HH 型光环合产物[104~109]。

反应式如下：

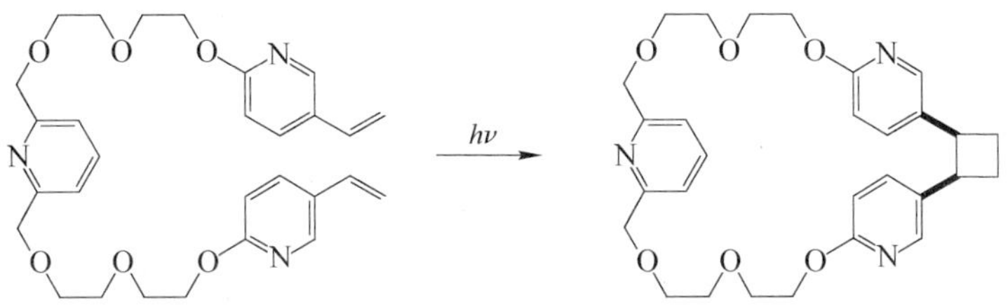

1.4　本书的研究内容

本书以结构新颖的二氮杂四星烷类化合物的光化学合成研究为主要内容，通过对 1,4-二氢吡啶的[2+2]光环合反应进行系统研究，得到一系列的 C_2-3,9-二氮杂四星烷、非 C_2-3,9-二氮杂四星烷和 3,6-二氮杂四星烷化合物。对结构新颖的二氮杂四星烷类化合物的合成研究，可以建立一个适合于 3,9-二氮杂四星烷的光环合方法，既适合于 3,6-二氮杂四星烷化合物的区域控制方法，也可为其他四星烷类化合物合成研究提供方法和思路，还可为更多结构新颖的四星烷或者多面体烷类化合物的合成提供一个理论和方法参考。

C_2-3,9-二氮杂四星烷的合成研究以 N-芳基和 N-苄基-1,4-二氢吡啶的[2+2]光环合反应为基础，通过对 1,4-二氢吡啶的合成方法和液相光照方式的影响因素进行研究，得到一系列目标化合物。采用微波辅助合成技术，对 N-芳基和 N-苄基-1,4-二氢吡啶的合成方法进行研究，以期得到高效快捷的合成方法；通过对光源及波长、溶剂和反应物浓度等因素对光环合产物影响的研究，确定 C_2-3,9-二氮杂四星烷的合成方法。通过对 N-芳基-1,4-二氢吡啶和 N-苄基-1,4-二氢吡啶的光化学合成反应中间体的分离鉴定的研究，推测并探讨目标化合物 C_2-3,9-二氮杂四星烷类化合物的生成机理。

非 C_2-3,9-二氮杂四星烷的合成研究是以不同的 4-芳基-1,4-二氢吡啶分子间交互[2+2]光环合反应和 C_2-3,9-二氮杂四星烷的官能团化为基础，通过对液相光照方式的影响因素和官能团化的反应条件进行研究，得到一系列目标化合物。通过对光源及波长、溶剂和反应浓度等因素对光环合产物影响的研究，可确定非 C_2-3,9-二氮杂四星烷的合成方法。根据 C_2-3,9-二氮杂四星烷和非 C_2-3,9-二氮杂四星烷的结构特点，对 NMR 数据的影响进行详细的讨论，以便为二氮杂四星烷的结构解析提供实验基础。

3,6-二氮杂四星烷化合物的合成研究以区域控制[2+2]光环合反应为基础，采用了双端位酰基的 Linker 共价连接的区域控制方法，通过对 Linker 的结构类型、双 1,4-二氢吡啶的 Linker 衍生物的合成条件以及光反应条件的探讨，合成得到系列目标化合物。选择 Linker 为邻苯二甲酰基、间苯二甲酰基和丁二酰基，探讨溶剂、缚酸剂和反应投料比对生成双 1,4-二氢吡啶的 Linker 衍生物的影响，确定最佳反应条件。通过对双 1,4-二氢吡啶的 Linker 衍生物的光反应方式、光源和溶剂等影响因素进行研究，确定区域控制[2+2]光环合反应的光反应条件。探讨 Linker 结构类型与 1,4-二氢吡啶分子发生光环合反应必要条件之间的关系，并对区域控制[2+2]光环合反应的机理进行研究。

2　C_2-3,9-二氮杂四星烷的光化学合成研究

3,9-二氮杂四星烷早期主要是由 Hilgeroth 等人通过 1,4-二氢吡啶的固相光环合反应合成得到，该类化合物具有 C_2对称性等结构特点[110~113]，闫红教授课题组通过对一系列的 1,4-二氢吡啶光环合反应进行研究，提出了液相光环合方法，即 1,4-二氢吡啶以溶液形式在高压汞灯的照射下合成 3,9-二氮杂四星烷，该方法具有简便易行、产物的纯度和产率较高等优点[114, 115]。

反应式如下：

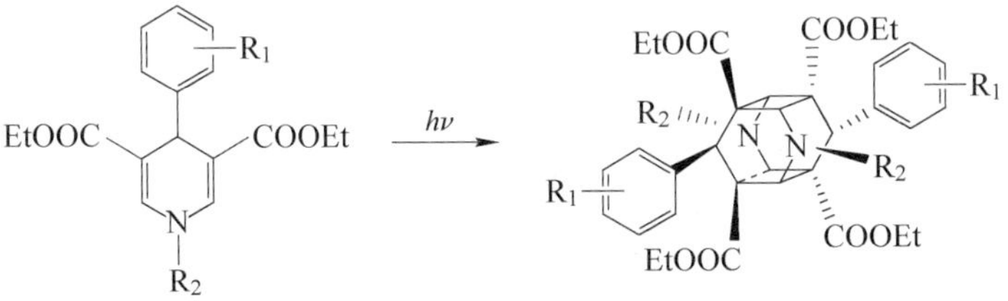

目前文献报道的 3,9-二氮杂四星烷的结构比较局限，仅限于 4-芳基-1,4-二氢吡啶的[2+2]光环合产物。为了系统研究 3,9-二氮杂四星烷的结构特点与合成方法及药理活性等之间的关系，本章设计合成 4-位无取代的 N-芳基和 N-苄基两类 1,4-二氢吡啶化合物（1 和 2）作为光化学反应底物，以合成新颖的 C_2-3,9-二氮杂四星烷化合物（3 和 4）。

反应式如下：

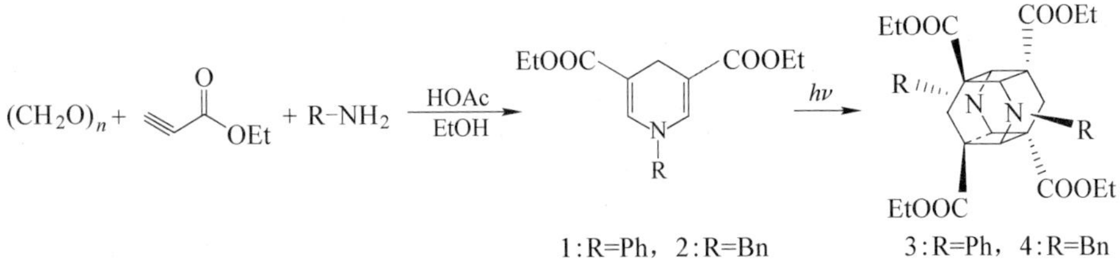

1:R=Ph，2:R=Bn　　3:R=Ph，4:R=Bn

2.1 N-芳基和N-苄基-1,4-二氢吡啶(1和2)的合成研究

1,4-二氢吡啶类化合物的合成主要采用Hantzsch合成法及改良方法[116~120]。Hantzsch方法是由德国化学家Hantzsch最早报道的两分子β-羰基酸酯、一分子醛和一分子氨发生缩合反应得到1,4-二氢吡啶类化合物的方法[121]。除了基于β-羰基酸酯的传统Hantzsch反应，1,4-二氢吡啶的一些新合成策略也随着有机合成化学的快速发展有了一些显著成果，基于α,β-不饱和烯酮、烯酮胺、炔、二烯体和β-硫代酰胺酮等简单易得的多功能合成砌块是合成1,4-二氢吡啶的另一种重要途径[122~128]。

2.1.1 N-芳基-1,4-二氢吡啶-3,5-二羧酸乙酯(1)的合成研究

在N-芳基-1,4-二氢吡啶的合成研究中，参考文献[129]条件以多聚甲醛替代芳醛，以丙炔酸乙酯为合成砌块、芳胺为氮源、冰醋酸为催化剂，在乙醇溶剂中加热反应，在该条件下合成得到一系列的N-芳基-1,4-二氢吡啶-3,5-二甲酸乙酯(1)，实验结果见表2-1。

由于常规加热反应存在反应产率低等问题，所以采用微波辅助方法，以期达到提高产率和缩短反应时间的目的。以多聚甲醛、丙炔酸乙酯和苯胺为原料，微波条件为加热80℃，功率50W。通过TLC监测反应的进程，发现当反应进行30min时，该条件下的苯胺原料基本反应完全，反应结果见表2-1。

反应式如下：

$$(CH_2O)_n + \text{HC≡C–C(O)OEt} + \text{R–C}_6\text{H}_4\text{–NH}_2 \xrightarrow[\text{EtOH}]{\text{HOAc}} \text{1a–1g}$$

表2-1 化合物1在不同条件下的产率

化合物	R	常规产率/%	反应时间/h	微波产率/%	反应时间/min
1a	H	39	3	65	30
1b	3-Me	45	4	70	30
1c	4-Me	43	3	63	30

续表 2-1

化合物	R	常规产率/%	反应时间/h	微波产率/%	反应时间/min
1d	4-OMe	35	3	67	30
1e	4-CF_3	44	3	71	30
1f	4-Cl	—	4	0	45
1g	4-Br	—	4	0	45

由表2-1可知，利用微波辅助合成方法制备N-芳基-1,4-二氢吡啶，不仅显著缩短了反应时间，而且提高了反应产率。N-芳基-1,4-二氢吡啶（1a-1e）的产率都大于63%，比常规方法的产率明显提高，整体上从40%左右提高到70%左右。

反应式如下：

$(CH_2O)_n$ + (丙炔酸乙酯, O, OEt) + (NH_2, R取代苯胺) —HOAc→ EtOOC, COOEt, HN, NH, R, R

5f-5g

从表2-1中的实验结果可以看出，当苯环上的取代基为卤素原子时，采用常规方法和微波辅助的方法均没有合成得到目标化合物（1f和1g），而是得到了化合物1的反应中间体——化合物2,4-二((芳胺)亚甲基)-1,5-二戊酸乙酯（5f和5g），如图2-1和表2-2所示。根据文献报道的1,4-二氢吡啶生成机理分析[121]，推测化合物5应该是目标化合物1的反应中间体，而5f和5g之所以不能进一步合环得到1f和1g，原因可能是由于卤素原子的引入使得苯胺的氮原子反应活性变弱而不易离去，以至于停留在中间体阶段。

反应式如下：

$(CH_2O)_n$, EtOOC, COOEt, H, H, NH_2, NH_2, R, R —($-H_2O$, CH_3COOH)→ [EtOOC, COOEt, HN, NH, R, R] 5 —($-ArNH_2$, CH_3COOH)→ EtOOC, COOEt, N, R 1

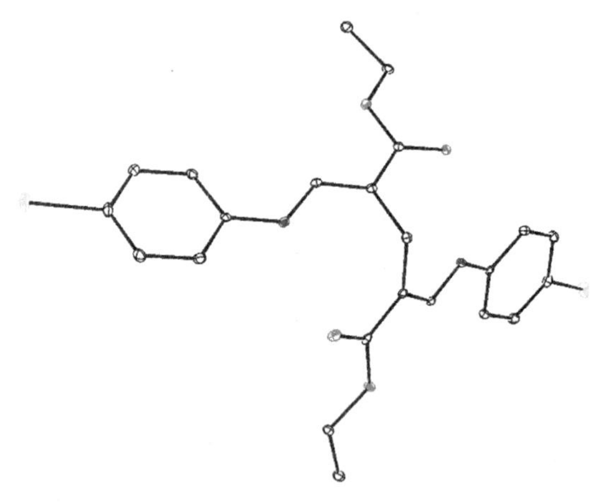

图 2-1　化合物 5g 的 X-单晶衍射图

表 2-2　化合物 5g 的晶体学基本参数

晶体学基本参数	参数值	晶体学基本参数	参数值
分子式	$C_{23}H_{24}Br_2N_2O_4$	γ/(°)	90.00
分子量	552.26	体积 V/nm^3	2.268 (18)
晶体大小/mm^3	0.25×0.24×0.23	计算密度/$mg \cdot m^{-3}$	1.617
晶系	Monoclinic	线性吸收系数/mm^{-1}	3.606
空间群	$C2/c$	晶胞分子数 Z	4
晶 胞 参 数		晶胞电子的数目 F_{000}	1112
a/nm	2.61927 (9)	衍射实验温度/K	107.8
b/nm	0.40977 (2)	衍射波长 λ/nm	0.07107
c/nm	2.11356 (11)	衍射光源	Mo Kα
α/(°)	90.00	衍射角度 θ/(°)	3.2320~29.2138
β/(°)	91.185 (4)	R 因子	0.0307

2.1.2　N-苄基-1,4-二氢吡啶-3,5-二羧酸乙酯(2)的合成研究

在 N-苄基-1,4-二氢吡啶的合成研究中参考了 N-芳基-1,4-二氢吡啶(1)的合成方法。以 2a 的合成为例，由于苄胺较为活泼，故 N-苄基-1,4-二氢吡啶的反应时间较 N-芳基-1,4-二氢吡啶反应时间缩短，经 TLC 监测，在微波条件加热 80℃，功率 50W 下，约 20min 之后反应完全。在投料的过程中，苄胺的加入会导致剧烈的放热现象，因此，需要再逐滴加入苄胺，待放热现象稳定之后再进行加热实验。在此条件下成功合成得到了一系列的 N-苄基-1,4-二氢

吡啶(2)，取代基的性质对产率的影响不明显，产率约为 50%（见表 2-3）。

反应式如下：

$(CH_2O)_n$ + (丙烯酸乙酯, OEt) + (苄胺, NH_2, R) $\xrightarrow{HOAc}$ 2 (EtOOC, COOEt, N, R)

表 2-3　化合物 2 的产率

化合物	R	产率/%	反应时间/min
2a	H	49	20
2b	4-OMe	53	20
2c	2,4-diOMe	44	20
2d	3-F	48	20
2e	$4\text{-}CF_3$	57	20

2.2　C_2-3,9-二氮杂四星烷(3 和 4)的光化学合成研究

2.2.1　3,9-二芳基-3,9-二氮杂四星烷-1,5,7,11-四羧酸乙酯(3)的合成研究

以 3a 的合成为例，对 N-芳基-1,4-二氢吡啶(1)的液相光环合反应进行研究，探讨光源及波长、溶剂种类、溶液浓度和反应时间等因素对光反应的影响。

反应式如下：

1a (EtOOC, COOEt, N) $\xrightarrow{h\nu}$ 3a (EtOOC, COOEt, N, N, EtOOC, COOEt)

（1）光源及波长的影响。从 1,4-二氢吡啶类化合物的紫外吸收特征来看，其主要的吸收峰分别位于 250~260nm、280~290nm、360~380nm 之间[61, 130]。目前实验室内最常用的光源是汞灯，它可以提供波长为 200~400nm 的整个近

紫外区辐照范围；环形内照式 LED 灯（波长分别为 254nm、365nm 和 410nm）为光源（如图 2-2 所示）。

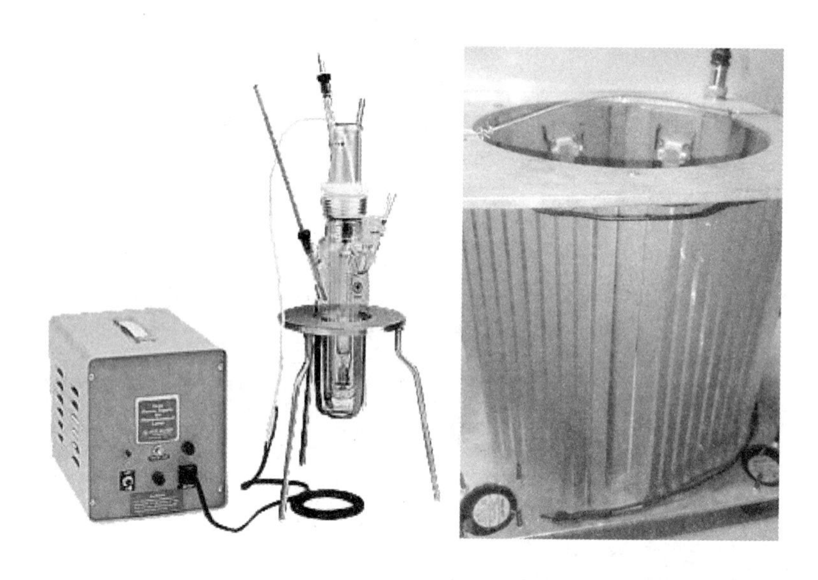

图 2-2　汞灯和 LED 灯光源

以四氢呋喃为溶剂，1a 的浓度为 0.1mol/L，当使用 500W 高压汞灯照射 1a 时，反应时间较长，约 3～4d，反应的产率为 38.5%，且产物较为复杂。使用 120W 的环形内照式 LED 灯（365nm 和 410nm）照射，反应时间分别为 12h 和 24h 左右，产率分别为 80.1% 和 79.5%，产物较为单一，光反应选择性较好。在 254nm 的 LED 灯下光照时并没有分离得到目标产物，分析可能是由于光源波长的能量较高导致底物光降解。

（2）溶剂种类的影响。对于液相光环合反应，反应溶剂作为载体而不参与反应，因此，应该选择光化学稳定的溶剂，且溶剂的紫外吸收波长范围应区别于反应所需吸收的波长范围。选择苯、乙腈、丙酮、四氢呋喃和甲醇等不同溶剂，研究溶剂对 1a 经光环合反应生成 3a 的影响。将 1mmol 1a 溶于 10mL 溶剂中，通入氮气保护，在 120W 的环形内照式 LED 灯（365nm）光照下反应 12h，实验结果见表 2-4。由于 3a 在甲醇和四氢呋喃中的溶解度较小，因此当溶剂为四氢呋喃/甲醇体系中的 $V:V=1:1$，产物会直接析出，且产率最高，副产物较少，易于分离纯制。因此，选用四氢呋喃/甲醇（$V:V=1:1$）为反应溶剂。

表 2-4 溶剂对化合物 3a 产率的影响

溶 剂	产率/%	溶 剂	产率/%
苯	66.3	甲醇	53.6
乙腈	72.6	四氢呋喃/甲醇 4∶1	71.5
丙酮	50.7	四氢呋喃/甲醇 1∶1	80.1
四氢呋喃	78.2	四氢呋喃/甲醇 1∶4	75.6

（3）溶液浓度的影响。在液相的[2+2]光环合反应中，反应液浓度越大越有利于反应。由表 2-5 可见，当溶液浓度为饱和/近饱和浓度时 3a 产率最高。

表 2-5 不同溶液浓度对化合物 3a 产率的影响

浓度/$mol \cdot L^{-1}$	0.05	0.10	0.15	0.20	0.25
产率/%	69.7	73.3	75.5	80.1	80.0

综上所述，3,9-二芳基-3,9-二氮杂四星烷-1,5,7,11-四羧酸乙酯(3)的最佳合成条件为：以四氢呋喃/甲醇（$V:V=1:1$）为溶剂，溶液浓度为 0.2mol/L（近饱和浓度），在 120W 的环形内照式 LED 灯（365nm）的照射下，反应时间约为 12h。选取化合物 1 为光反应底物进行光照反应，合成一系列化合物 3 的结果见表 2-6，产率在 82%~93%之间。

反应式如下：

表 2-6 化合物 3 在最佳条件下的产率

化合物	R	产率/%	反应时间/h
3a	H	85	12
3b	3-Me	88	13
3c	4-Me	82	11
3d	4-OMe	93	12
3e	4-CF_3	86	14

在 3e 的合成过程中，分离得到顺式半合中间体的结构 6e，如图 2-3 和表 2-7 所示。6e 是 1e 的分子间[2+2]光环合反应产物，其经过进一步的光照可发生分子内的[2+2]光环合反应生成 3e，产率为 95%。

反应式如下：

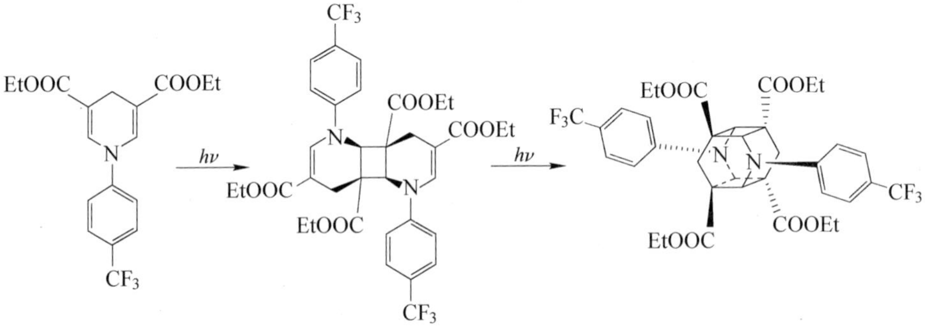

1e　6e　3e

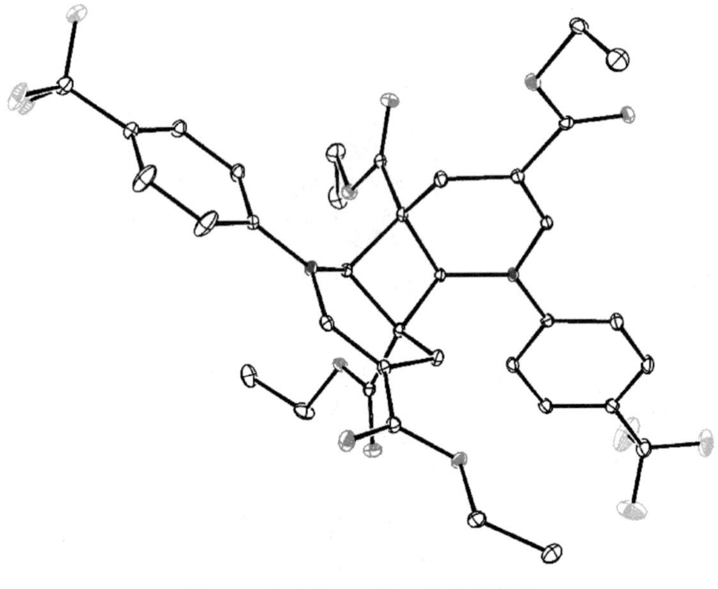

图 2-3　化合物 6e 的 X-单晶衍射图

表 2-7　化合物 6e 的晶体学基本参数

晶体学基本参数	参数值	晶体学基本参数	参数值
分子式	$C_{36}H_{36}F_2N_2O_8$	γ/(°)	112.413 (6)
分子量	738.67	体积 V/nm^3	1.72041 (17)

续表 2-7

晶体学基本参数	参数值	晶体学基本参数	参数值
晶体大小/mm^3	0.40×0.25×0.13	计算密度/$mg \cdot m^{-3}$	1.426
晶系	Triclinic	线性吸收系数/mm^{-1}	0.121
空间群	$P1$	晶胞分子数 Z	2
晶 胞 参 数		晶胞电子的数目 F_{000}	768
a/nm	1.10004 (6)	衍射实验温度/K	106.2
b/nm	1.20547 (7)	衍射波长 λ/nm	0.07107
c/nm	1.55281 (8)	衍射光源	Mo Kα
α/(°)	97.749 (5)	衍射角度 θ/(°)	2.9611~29.2026
β/(°)	108.912 (5)	R 因子	0.0215

2.2.2 3,9-二苄基-3,9-二氮杂四星烷-1,5,7,11-四羧酸乙酯(4)的合成研究

参照化合物 3 的合成条件进行 N-苄基-1,4-二氢吡啶(2)的[2+2]光环合反应，即以四氢呋喃/甲醇（$V:V=1:1$）为溶剂，溶液浓度为0.2mol/L,在120W 的环形内照式 LED 灯（365nm）的照射下，反应进程以 TLC 监测，约为 12h。选取 2 为光反应底物，进行光照反应实验。TLC 监测发现新生成的光环合产物点较单一，经分离鉴定得到的光环合产物是顺式半合中间体 7，其产率均超过 90%，反应结果见表 2-8。

表 2-8 化合物 7 的产率

化合物	R	产率/%	反应时间/h
7a	H	95	12
7b	4-OMe	92	12
7c	2,4-diOMe	86	12
7d	3-F	91	12
7e	4-CF_3	90	12

7a 的 X-单晶衍射结果证明了 7 是顺式半合的结构，如图 2-4 和表 2-9 所示。

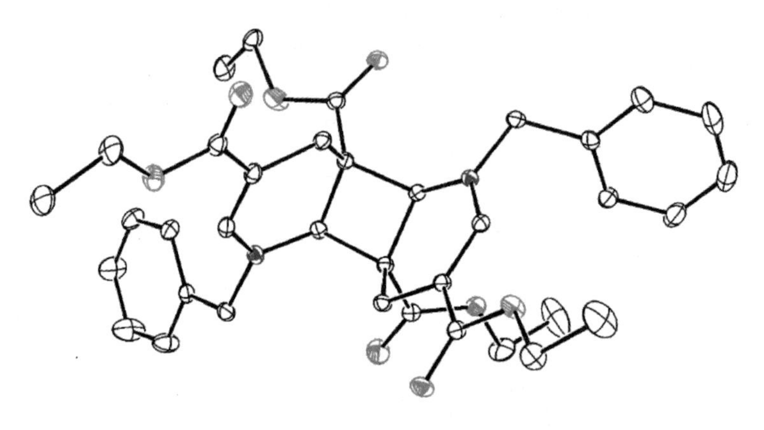

图 2-4　化合物 7a 的 X-单晶衍射图

表 2-9　化合物 7a 的晶体学基本参数

晶体学基本参数	参数值	晶体学基本参数	参数值
分子式	$C_{36}H_{42}N_2O_8$	γ/nm	90.00
分子量	630.72	体积 V/nm^3	3.3563（8）
晶体大小/mm^3	0.35×0.34×0.30	计算密度/mg · m^{-3}	1.248
晶系	Monoclinic	线性吸收系数/mm^{-1}	0.088
空间群	$P2_1/n$	晶胞分子数 Z	4
晶 胞 参 数		晶胞电子的数目 F_{000}	1344
a/nm	1.23518（17）	衍射实验温度/K	150.1
b/nm	1.3482（2）	衍射波长 λ/nm	0.07107
c/nm	2.04557（17）	衍射光源	Mo Kα
α/(°)	90.00	衍射角度 θ/(°)	3.0123~29.6367
β/(°)	99.846（12）	R 因子	0.0680

但是，与顺式半合中间体 6 不同的是，7 经过进一步的光照，无论是固相、液相还是进一步增加光照时间、更换溶剂条件、缩短光的波长（增加能量）等改变光反应条件，均没有按预期发生分子内的[2+2]光环合反应生成 3,9-二氮杂四星烷(4)，而是停留于此。

反应式如下：

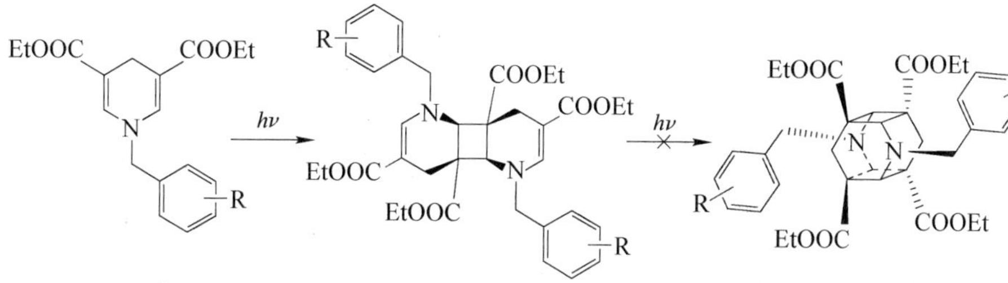

2 7 4

2.2.3 3,9-二氮杂四星烷-1,5,7,11-四羧酸乙酯(3 和 4)的合成机理讨论

在化合物 3 的合成过程中，由于分离得到了半合加成产物 6e，且在研究中发现 6e 在光照下可进一步生成 3e，参考 α,β-不饱和羰基类化合物的[2+2]光环合反应的相关文献报道[15~22]，可以推测化合物 3 的生成机理如图 2-5 所示。

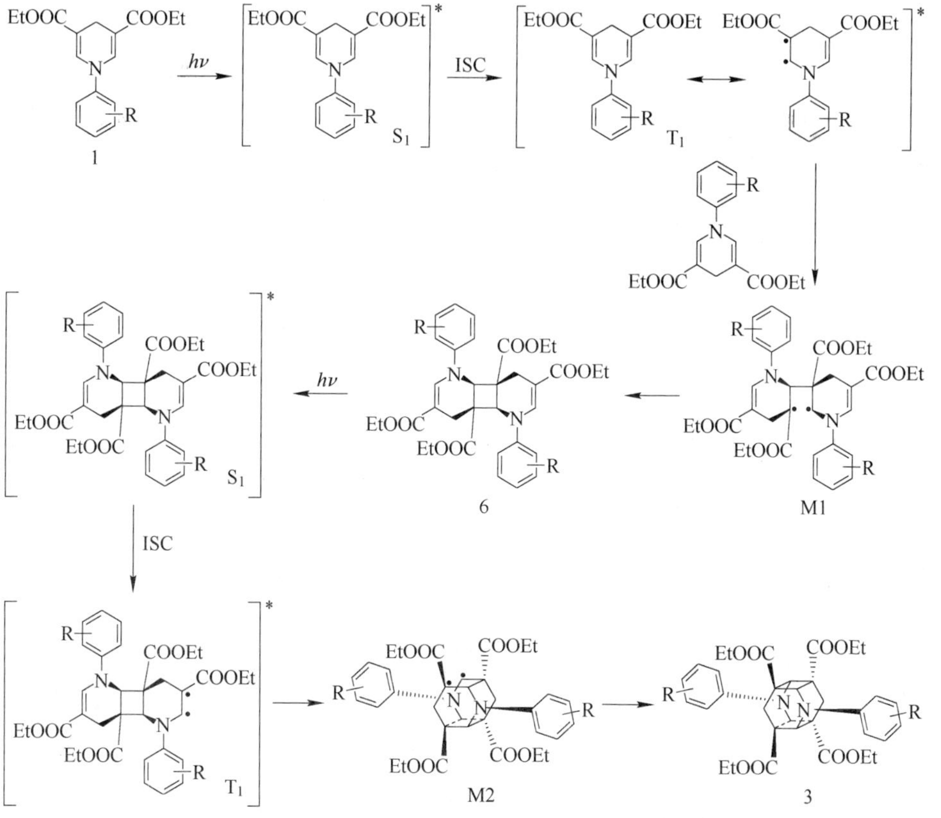

图 2-5 化合物 3 的生成机理

N-芳基-1,4-二氢吡啶 1 经光照首先激发得到相应的单重激发态 S_1，再经由系间窜越（ISC，如自旋反转）生成对应的三重激发态 T_1，随后被另一处于基态（S_0）的 N-芳基-1,4-二氢吡啶分子进攻生成双自由基中间体 M1，该中间体通过进一步合环可生成对应的顺式半合中间体 6。化合物 6 在光照下再经历一个类似的反应过程，发生分子内的[2+2]光环合反应生成目标化合物 3。即化合物 6 分子内的其中一个双键首先激发得到相应的单重激发态 S_1，并经由系间窜越（ISC）生成对应的三重激发态 T_1，随后被分子内另一处于基态（S_0）的双键进攻生成双自由基中间体 M2，该中间体通过进一步合环生成目标化合物 3。

N-苄基-1,4-二氢吡啶 2 在光的诱导下同样可发生分子间的[2+2]光环合反应得到顺式半合加成物 7，推测机理如图 2-6 所示。N-苄基-1,4-二氢吡啶 2 经光照首先激发得到相应的单重激发态 S_1，再经由系间窜越（ISC，如自旋反转）生成对应的三重激发态 T_1，随后被另一处于基态（S_0）的 N-苄基-1,4-二氢吡啶分子进攻生成双自由基中间体 M1，该中间体通过进一步合环可生成对应的顺式半合加成物 7。

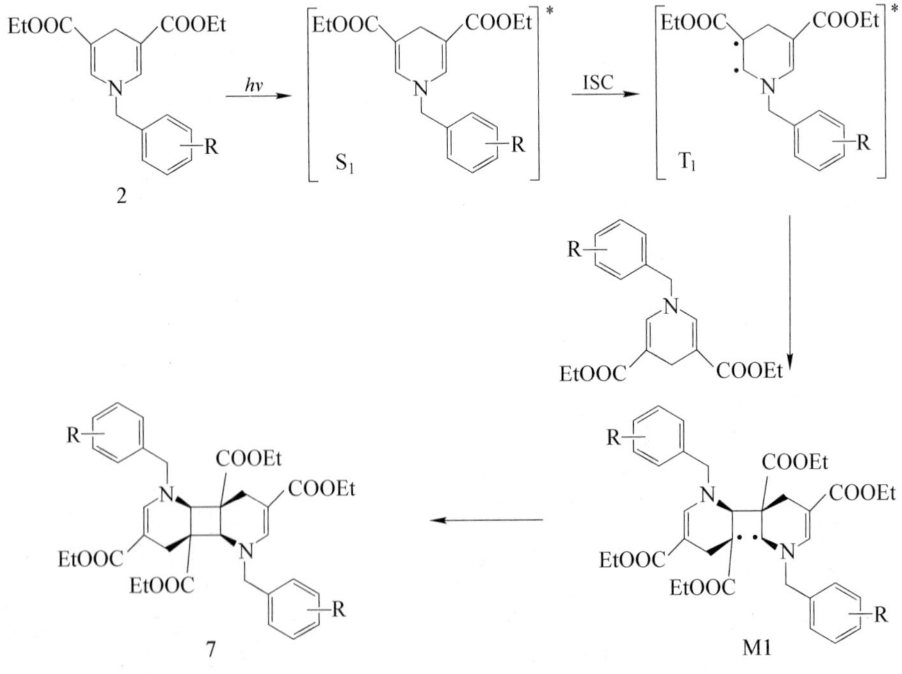

图 2-6　化合物 7 的生成机理

顺式半合加成物 7 不能进一步反应生成全合 3,9-二苄基-3,9-二氮杂四星烷 4 的原因，不是光源波长和光照时间的问题，推测可能是由其自身结构的某种因素引起的。以 6e 和 7a 为代表的化合物分别对其进行晶体学分析，以探讨是否是由于空间结构方面的因素引起的。结果如图 2-7 所示，从图中可以看出化合物 6e 分子内两个双键之间的中心距离均大于 0.48nm（如图 2-7(a)所示），而化合物 7a 分子内两个双键之间的中心距离均大于 0.44nm（如图 2-7(b)所示），两者均大于能够发生固相[2+2]光环合反应的距离条件（0.42nm 之内），即理论上讲化合物 6 和化合物 7 在固相条件下不能合成得到对应的全合产物，与实验事实一致。但是化合物 6e 在液相条件下能够合成得到化合物 3e，而 7a 却不能在液相条件下进一步合成得到化合物 4a，这说明影响[2+2]光环合反应的进行因素不仅仅是底物结构。

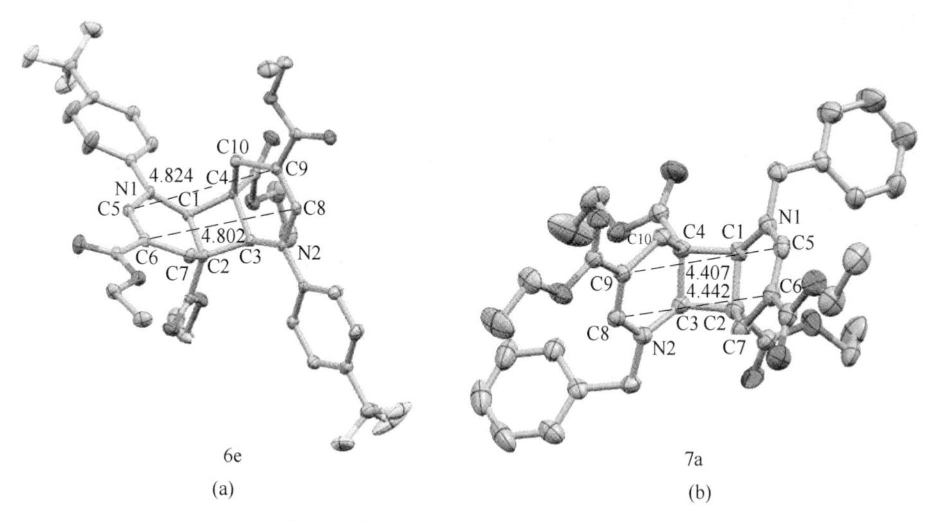

图 2-7 化合物 6e 和 7a 的晶体学分析

采用密度泛函理论对化合物 6e 和 7a 的静电势分布进行研究，以探讨是否是 N 原子上引入的苯基和苄基的不同导致了其在溶液中反应活性的差异。运用 DFT/M062X 方法，以 THF 为溶剂模型，分别对 6e 和 7a 进行结构优化和静电势计算，得到了两个化合物在基态的静电势分布图（如图 2-8 所示）。图中的刻度轴是从-45~35kcal/mol，色彩渐变是：灰—白—黑。因此，在分子表面上，静电势为-45kcal/mol 以及更负的区域对应的都为灰色，较负的区域为淡灰色（越负灰色越深），较正的区域为淡黑色（越正黑色越深），静电势为 35kcal/mol，更正的区域对应的都为黑色。

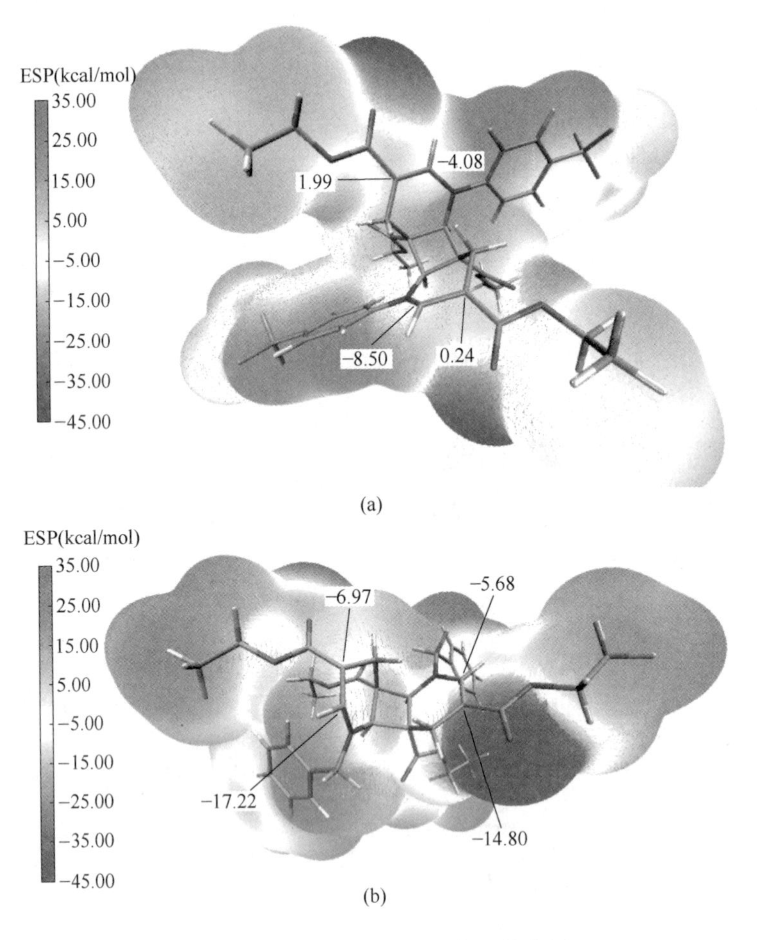

图 2-8　化合物 6e 和 7a 的静电势分析

（注：1kcal＝4. 1868kJ）

化合物 6e 的静电势分布情况如图 2-8(a)所示，从图中可以看出 6e 分子内 2 个双键的静电势均表现为一正一负，分别为 1. 99kcal/mol、-4. 08kcal/mol 和 0. 24kcal/mol、-8. 50kcal/mol。因此，6e 分子内的 2 个双键在化学反应初期可以通过静电吸引相互接近，随后在光的激发下可顺利发生分子内的[2+2]光环合反应，生成目标化合物 3e。与之形成对比的是化合物 7a 的静电势分布情况（如图 2-8(b)所示），从图中可以看出 7a 分子内 2 个双键的静电势均表现为负值，分别为 - 6. 97kcal/mol、- 17. 22kcal/mol 和 - 5. 68kcal/mol、-14. 80kcal/mol。因此，7a 分子内的 2 个双键之间由于存在着一定的静电排斥作用而无法足够接近，以至于不能发生分子内的[2+2]光环合反应，生成目标化合物4a。由此说明了在N原子上引入苯基和苄基后，其[2+2]光环合反应的反应活性的差异。N原子上的电子效应的不同引起分子内2个双键的静电势分布不同，导致了两类化合物的反应活性不同，即顺式半合产物6可以进一步发生分子内的[2+2]光环合反应生成全合产物3，而顺式半合产物7由于分子内2个双键之间的静电排斥导致不能进一步发生分子内的[2+2]光环合反应生成全合产物4。

2.3 化合物结构解析

在3,9-二芳基-3,9-二氮杂四星烷-1,5,7,11-四羧酸乙酯(3)和顺式-1,5-二苄基-1,4,4a,4b,5,8,8a,8b-八氢双吡啶-3,4a,7,8a-四羧酸乙酯(7)的光化学合成研究中，得到的化合物的结构均经过^{1}H NMR、^{13}C NMR、HRMS以及X-单晶衍射技术的确认。根据^{1}H NMR、^{13}C NMR、HRMS和X-单晶衍射数据，对合成得到的部分代表性化合物进行结构解析。

2.3.1 3,9-二芳基-3,9-二氮杂四星烷-1,5,7,11-四羧酸乙酯(3)及相关化合物的结构解析

2.3.1.1 顺式-1,5-二(4-三氟甲基苯基)-1,4,4a,4b,5,8,8a,8b-八氢双吡啶-3,4a,7,8a-四羧酸乙酯(6e)

^{1}H NMR(400MHz, $CDCl_3$): $\delta(\times10^{-6})$ 1.19(t, 3H, CH_3), 1.30(t, 3H, CH_3), 2.31(d, 1H, J=18.0Hz, CH_2), 2.85(d, 1H, J=18.0Hz, CH_2), 4.15~4.23(m, 4H, CH_2), 5.00(s, 1H, CH), 7.31(d, 2H, J=8.4Hz, Ar-H), 7.64(d, 2H, J=8.4Hz, Ar-H), 7.96(s, 1H, =CH); ^{13}C NMR(100MHz, $CDCl_3$): $\delta(\times10^{-6})$ 13.9, 14.5, 18.3, 50.4, 54.9, 60.2, 62.2, 100.6, 119.1, 122.6, 125.3, 125.7, 126.0, 126.4, 126.8, 126.9, 139.1, 146.8, 167.2, 172.9; HRMS(ESI), $C_{36}H_{37}F_6N_2O_8$ $[M+H]^+$的理论值为739.2449，检测数据为739.2453。

在核磁氢谱上（如图2-9所示），δ 1.19(t, 3H) 和δ 1.30(t, 3H) 分别归属于2个甲基，δ 2.31(d, 1H) 和δ 2.85(d, 1H) 归属于4-位亚甲基的2个氢原子，2个氢原子间存在同碳耦合（J=18.0Hz），说明2个亚甲基的氢原子处在不同的化学环境当中；δ 5.00(s, 1H) 归属于环丁烷上的饱和氢原子，δ

7.96(s, 1H) 归属于吡啶环上未参与反应的不饱和烯氢原子，经过光[2+2]环加成反应生成1,5-二(4-三氟甲基苯基)-1,4,4a,4b,5,8,8a,8b-八氢双吡啶-3,4a,7,8a-四羧酸乙酯后，吡啶环上发生反应2个烯氢原子的化学位移发生了明显的变化，从低场 8×10^{-6} 附近迁移至高场 5×10^{-6} 附近。

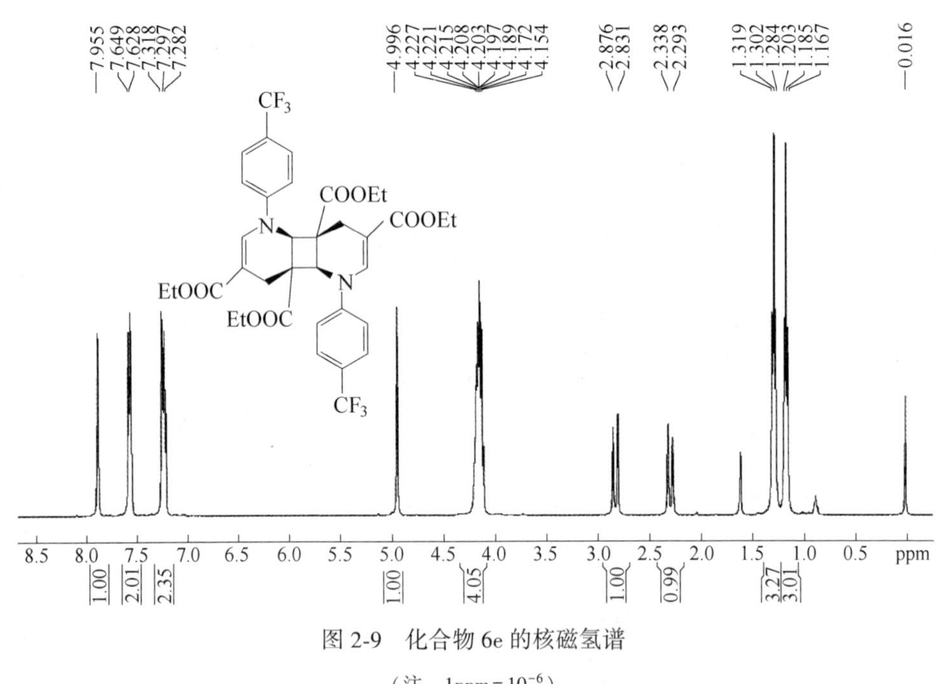

图 2-9　化合物 6e 的核磁氢谱

（注：$1\text{ppm}=10^{-6}$）

在核磁碳谱上（如图 2-10 所示），δ：13.9×10^{-6}，14.5×10^{-6} 峰来自甲基碳，δ：18.3×10^{-6} 峰来自4-位亚甲基碳，δ：50.4×10^{-6}，54.9×10^{-6} 是来自2个双键经加成的饱和碳的峰，δ：60.2×10^{-6}，62.2×10^{-6} 是来自2个乙酯基上的亚甲基碳的峰，结合 ^{13}C-^{1}H COSY 谱图可知（如图 2-11 所示），δ：139.1×10^{-6} 是含烯氢的不饱和碳原子的峰，δ：167.2×10^{-6}，172.9×10^{-6} 明显属于2个羰基碳的峰。可见经过光[2+2]反应生成1,5-二(4-三氟甲基苯基)-1,4,4a,4b,5,8,8a,8b-八氢双吡啶-3,4a,7,8a-四羧酸乙酯后，发生反应的碳的化学位移也发生了明显的变化，对应的碳原子的化学位移从低场 120×10^{-6} 附近迁移至高场 50×10^{-6} 附近，这是由于双键经加成变为单键的原因。从高分辨质谱数据可知，分子离子峰 $[M+H]^+$ 的检测结果也与其分子组成 $[M+H]^+(C_{36}H_{37}F_6N_2O_8)$ 基本一致，检测数据为 739.2453，理论值为 739.2449。X-单晶衍射图进一步确认了 6e 的结构（如图 2-3 和表 2-7 所示）。

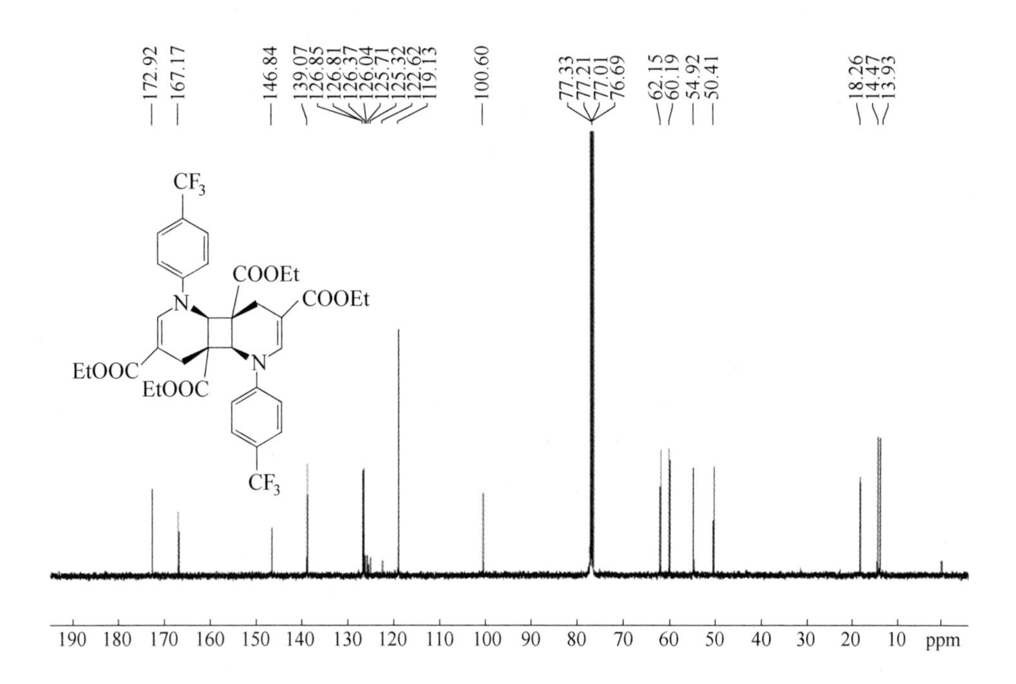

图 2-10　化合物 6e 的核磁碳谱

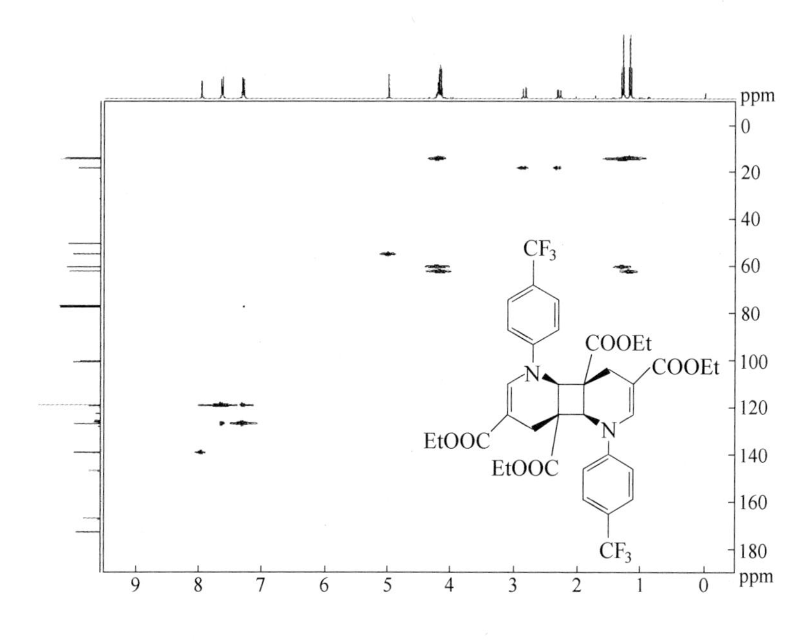

图 2-11　化合物 6e 的^{13}C-^{1}H COSY 谱图

2.3.1.2　3,9-二(4-三氟甲基苯基)-3,9-二氮杂四星烷-1,5,7,11-四甲酸乙酯(3e)

^{1}H NMR(400MHz, $CDCl_3$)：δ($\times10^{-6}$)1.34(t, 6H, CH_3), 2.31(s, 2H, CH_2), 4.28(q, 4H, J=7.2Hz, CH_2), 4.92(s, 2H, CH), 7.22(d, 2H, J=8.4Hz, Ar-H), 7.53(d, 2H, J=8.4Hz, Ar-H); ^{13}C NMR(100MHz, $CDCl_3$)：δ($\times10^{-6}$)14.1, 25.2, 46.9, 56.8, 61.8, 116.8, 120.4, 121.8, 122.1, 122.4, 122.7, 123.1, 125.8, 126.7, (126.7), 126.8, (126.8), 128.5, 152.4, 173.5; HRMS(ESI), $C_{36}H_{37}F_6N_2O_8$[M+H]$^+$的理论值为739.2449，检测数据为739.2451。

在核磁氢谱上（如图2-12所示），δ 1.34(t, 6H) 归属于2个甲基，δ 2.31(d, 2H) 归属于4-位亚甲基的2个氢原子，δ 4.92(s, 2H) 归属于双键经加成得到的饱和氢原子，6e在经过光[2+2]反应生成3,9-二(4-三氟甲基苯基)-3,9-二氮杂四星烷-1,5,7,11-四甲酸乙酯后，整个分子表现出极好的C_2-轴对称性。化合物6e分子内2个烯氢的化学位移在生成3e之后相应地发生了明显的变化，从低场8×10^{-6}附近迁移至高场5×10^{-6}附近。由于化合物3e哌啶

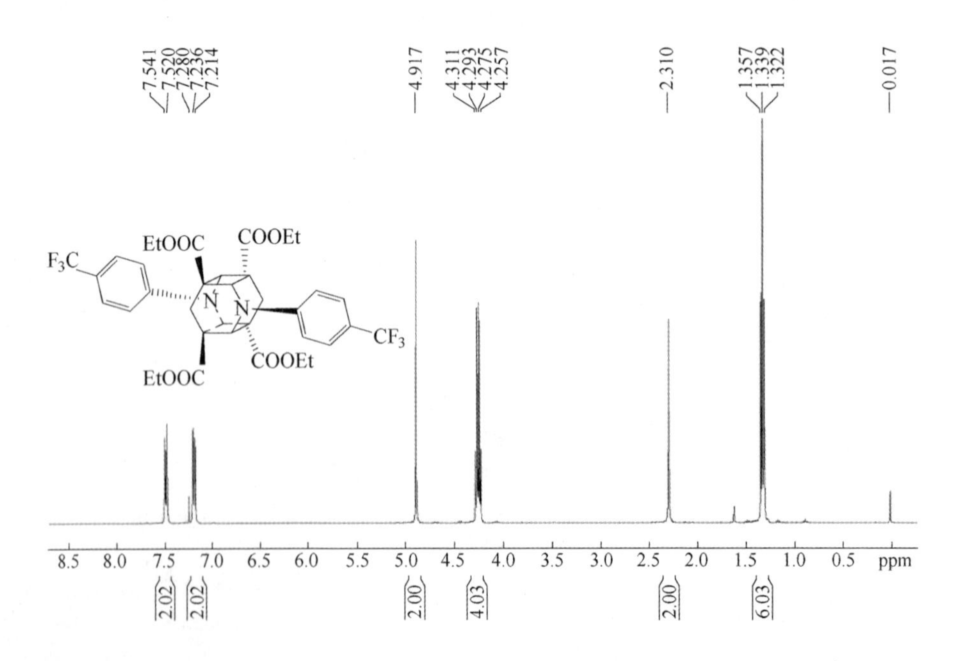

图2-12　化合物3e的核磁氢谱

环上的亚甲基的 2 个氢原子所处的空间对称性，2 个原子所处的化学环境相同，因此，不再存在同碳耦合现象，在核磁谱图上表现为一个单峰（δ：4.92×10^{-6}）。

在核磁碳谱上（如图 2-13 所示），δ：14.1×10^{-6}峰来自甲基碳，δ：25.2×10^{-6}峰来自 4-位亚甲基碳，结合^{13}C-^{1}H COSY 谱图可知（如图 2-14 所示），δ：46.9×10^{-6}是来自环丁烷上与酯基相连的饱和碳的峰，δ：56.8×10^{-6}是来自环丁烷上含氢的饱和碳的峰，δ：61.8×10^{-6}是来自 2 个乙酯基上的亚甲基碳的峰，δ：173.5×10^{-6}明显属于 2 个羰基碳的峰。6e 在经过[2+2]光环合反应生成 3,9-二(4-三氟甲基苯基)-3,9-二氮杂四星烷-1,5,7,11-四甲酸乙酯后，发生反应的碳的化学位移也发生了明显的变化，对应的碳原子的化学位移从低场 120×10^{-6}附近迁移至高场 55×10^{-6}附近，这是由于双键经加成反应之后变为单键的原因。从高分辨质谱数据可知，分子离子峰 $[M+H]^+$ 的检测结果也与其分子组成 $[M+H]^+$($C_{36}H_{37}F_6N_2O_8$) 基本一致，检测数据为 739.2451，理论值为 739.2449。X-单晶衍射图进一步确认了 3e 的结构（如图 2-15 和表 2-10 所示）。

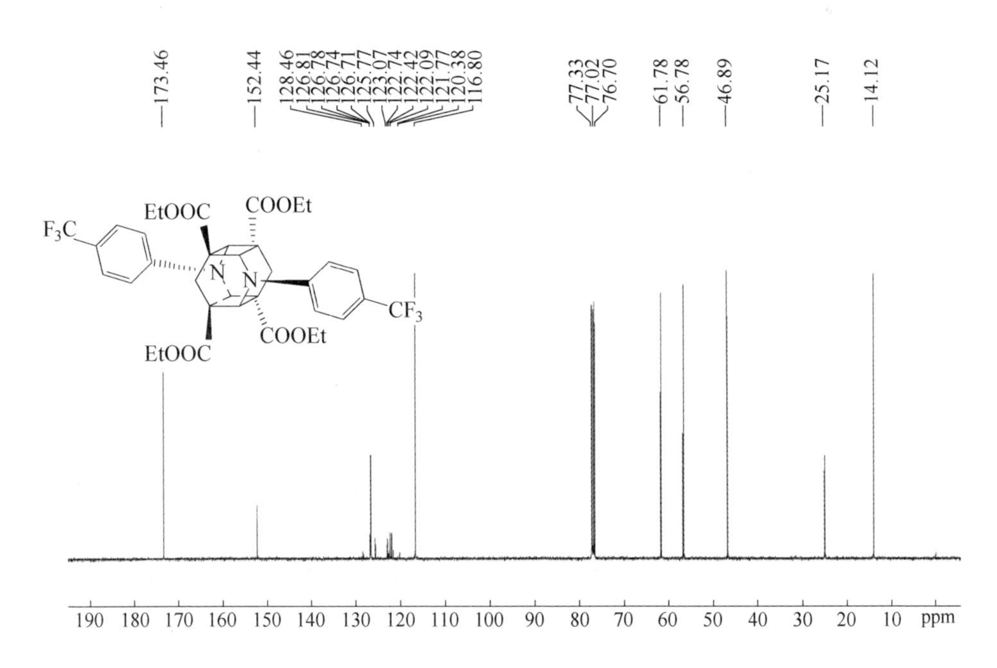

图 2-13 化合物 3e 的核磁碳谱

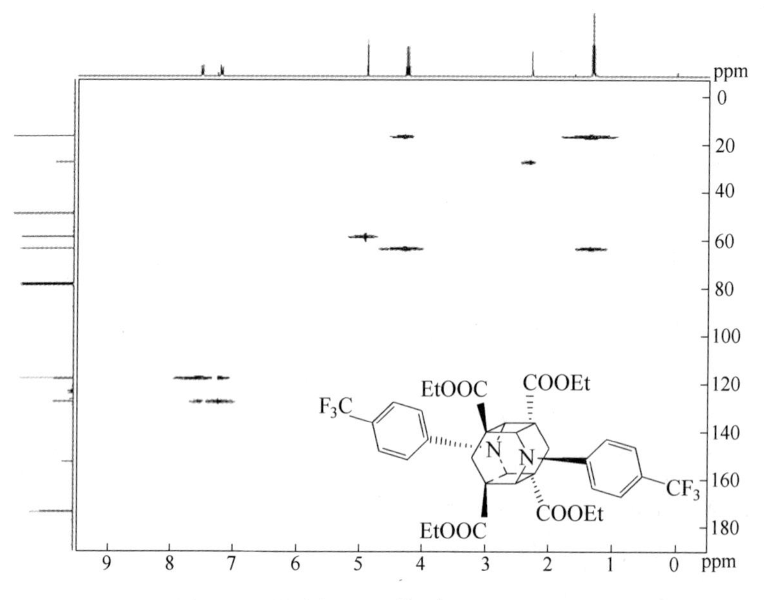

图 2-14　化合物 3e 的^{13}C-^{1}H COSY 谱图

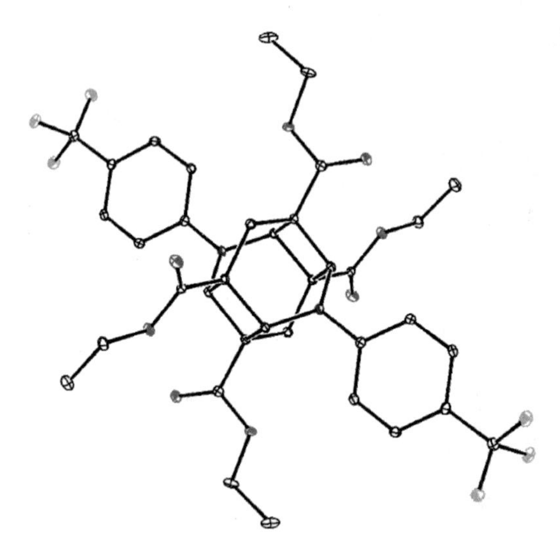

图 2-15　化合物 3e 的 X-单晶衍射图

表 2-10　化合物 3e 的晶体学基本参数

晶体学基本参数	参数值	晶体学基本参数	参数值
分子式	$C_{36}H_{36}F_2N_2O_8$	γ/(°)	83. 325（10）
分子量	738. 67	体积 V/nm^3	0. 84004（17）

续表 2-10

晶体学基本参数	参数值	晶体学基本参数	参数值
晶体大小/mm^3	0.30×0.25×0.24	计算密度/$mg \cdot m^{-3}$	1.460
晶系	Triclinic	线性吸收系数/mm^{-1}	0.124
空间群	$P1$	晶胞分子数 Z	1
晶 胞 参 数		晶胞电子的数目 F_{000}	384
a/nm	0.82463（11）	衍射实验温度/K	107.5
b/nm	0.94172（11）	衍射波长 λ/nm	0.07107
c/nm	1.16964（12）	衍射光源	Mo Kα
α/(°)	77.849（9）	衍射角度 θ/(°)	3.1444~29.2130
β/(°)	71.326（11）	R 因子	0.0502

2.3.2　顺式-1,5-二苄基-1,4,4a,4b,5,8,8a,8b-八氢双吡啶-3,4a,7,8a-四羧酸乙酯(7)的结构解析

顺式-1,5-二苄基-1,4,4a,4b,5,8,8a,8b-八氢双吡啶-3,4a,7,8a-四甲酸乙酯(7a)的^{1}H NMR(400MHz, $CDCl_3$)：δ($\times 10^{-6}$) 1.11(t, 3H, CH_3), 1.30(t, 3H, CH_3), 2.23(d, 1H, J = 18.0Hz, CH_2), 2.60(d, 1H, J = 18.0Hz, CH_2), 3.93(s, 1H, CH), 3.95~4.04(m, 2H, OCH_2), 4.10~4.23(m, 2H, OCH_2), 4.46(d, 1H, J = 15.2Hz, Ar-CH_2), 4.58(d, 1H, J = 15.2Hz, Ar-CH_2), 7.28~7.35(m, 5H, Ar-H), 7.73(s, 1H, ═CH)；^{13}C NMR(100MHz, $CDCl_3$)：δ($\times 10^{-6}$) 14.0, 14.6, 19.2, 48.1, 53.4, 57.6, 59.4, 61.3, 91.4, 127.7, 127.9, 128.6, 136.4, 145.3, 168.2, 174.3；HRMS(ESI), $C_{36}H_{43}N_2O_8$ $[M+H]^+$的理论值为 631.3014，检测数据为 631.3017。

在核磁氢谱上（如图 2-16 所示），δ 1.11(t, 3H) 和 δ 1.30(t, 3H) 分别归属于 2 个甲基，δ 2.23(d, 1H)和 δ 2.60(d, 1H) 归属于 4-位亚甲基的 2 个氢原子，2 个氢原子间存在同碳耦合（J=18.0Hz），δ 4.46(d, 1H) 和 δ 4.58(d, 1H) 归属于 4-位亚甲基的 2 个氢原子，2 个氢原子间存在同碳耦合（J=17.2Hz），说明 2 个 4-位亚甲基的氢原子和 2 个苄位亚甲基的氢原子均处在不同的化学环境当中；δ 3.93(s, 1H) 归属于环丁烷上的饱和氢原子，δ 7.73(s, 1H)归属于吡啶环上未参与反应的不饱和烯氢原子，经过光[2+2]环加成反应生成 1,5-二苄基-1,4,4a,4b,5,8,8a,8b-八氢双吡啶-3,4a,7,8a-四甲酸乙

酯后，吡啶环上发生反应 2 个烯氢原子的化学位移发生了明显的变化，从低场8×10^{-6}附近迁移至高场 4×10^{-6}附近。

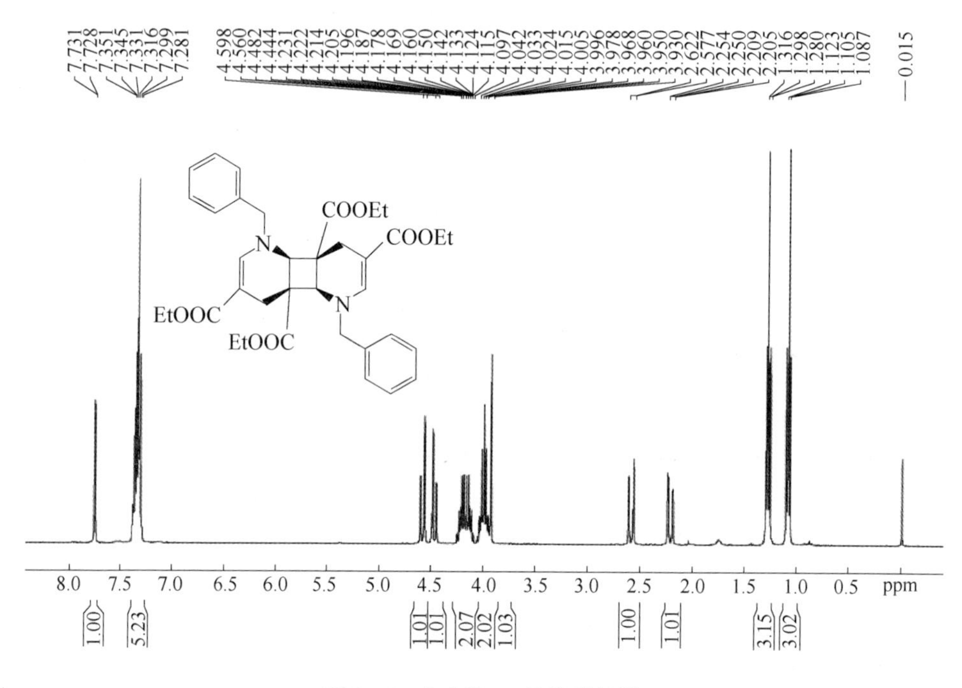

图 2-16　化合物 7a 的核磁氢谱

在核磁碳谱上（如图 2-17 所示），δ：14.0×10^{-6}，14.6×10^{-6}峰来自甲基碳，δ：19.2×10^{-6}峰来自 4-位亚甲基碳，δ：48.1×10^{-6}，53.4×10^{-6}是来自 2 个双键经加成的饱和碳的峰，δ：57.6×10^{-6}是来自苄基亚甲基碳的峰，δ：59.4×10^{-6}，61.3×10^{-6}是来自 2 个乙酯基上的亚甲基碳的峰，结合^{13}C-^{1}H COSY 谱图可知（如图 2-18 所示），δ：145.3×10^{-6}是含烯氢的不饱和碳原子的峰，δ：168.2×10^{-6}，174.3×10^{-6}明显属于 2 个羰基碳的峰。可见经过光[2+2]反应生成 1,5-二苄基-1,4,4a,4b,5,8,8a,8b-八氢双吡啶-3,4a,7,8a-四甲酸乙酯后，发生反应的碳的化学位移也发生了明显的变化，对应的碳原子的化学位移从低场 120×10^{-6}附近迁移至高场 50×10^{-6}附近，这是由于双键经加成变为单键的原因。从高分辨质谱数据可知，分子离子峰 $[M+H]^+$ 的检测结果也与其分子组成 $[M+H]^+$($C_{36}H_{43}N_2O_8$) 基本一致，检测数据为 631.3017，理论值为 631.3014。

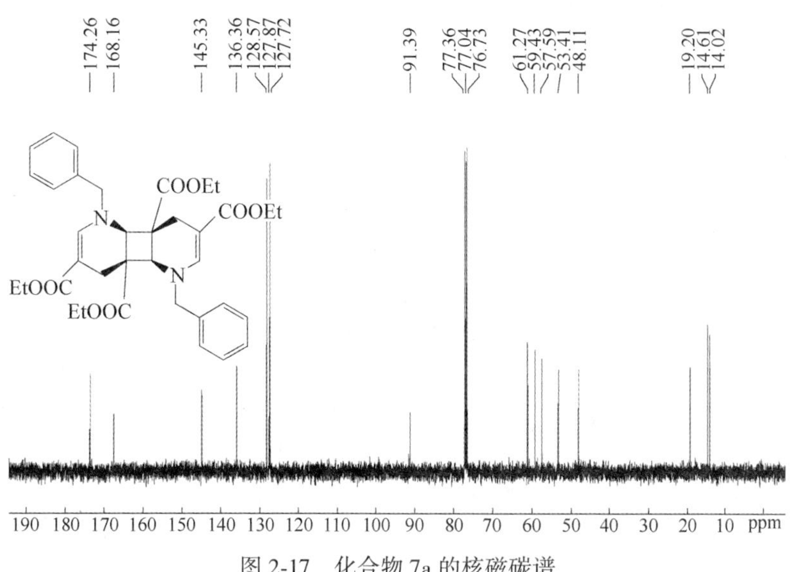

图 2-17 化合物 7a 的核磁碳谱

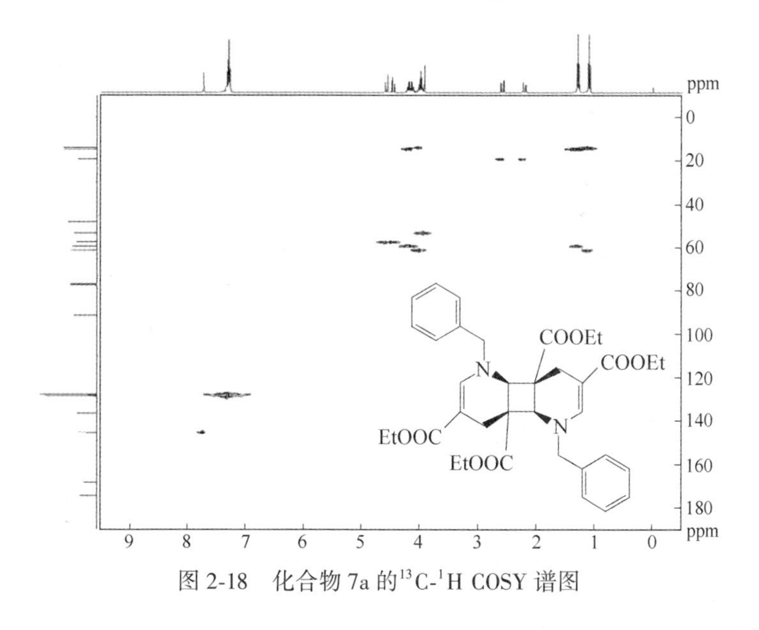

图 2-18 化合物 7a 的 ^{13}C-^{1}H COSY 谱图

2.4 实验部分

2.4.1 试剂与仪器

本章实验所用化学试剂均为市售商品，常用溶剂为分析纯，原料均为化学纯。所用硅胶薄层板为青岛海洋化工厂分厂生产的 GF_{254} 型硅胶板。实验所用化学合成仪器为常规的玻璃仪器，加热、冷却和搅拌仪器，微波合成仪（Discovery，美国 CEM 公司），光化学反应器（ACE，美国 ACE Glass 公司）。实验所用测试仪器有 X5 精密显微熔点测定仪（北京福凯仪器有限公司）、核磁共振仪（ARX400，德国 Bruker 公司）、高分辨质谱仪（G3250AA LC/MSD TOF System，美国 Agilent 公司）。

2.4.2　N-芳基和 N-苄基-1,4-二氢吡啶(1 和 2)的合成研究

2.4.2.1　N-芳基-1,4-二氢吡啶-3,5-二羧酸乙酯(1)的合成研究

A　1-苯基-1,4-二氢吡啶-3,5-二甲酸乙酯(1a)

将 0.30g（0.01mol）多聚甲醛、1.96g（0.02mol）丙炔酸乙酯、0.93g（0.01mol）苯胺和 1.0mL 乙酸加入单口瓶中，以乙醇作溶剂，利用微波辅助（温度 80℃，功率 50W），冷却浓缩后用甲醇和水（$V:V=4:1$）结晶，再用乙酸乙酯和正己烷（$V:V=1:1$）重结晶，得到黄色晶体，产率 65.2%，m.p. 131.5～132.9℃；^1H NMR(400MHz，$CDCl_3$)：$\delta(\times10^{-6})$ 1.31(t，6H，CH_3)，3.35(s，1H，CH_2)，4.23(q，4H，$J=7.2Hz$，OCH_2)，7.19～7.26(m，3H，Ar-H)，7.40(d，2H，$J=8.0Hz$，Ar-H)，7.44(s，2H，=CH)；^{13}C NMR(100MHz，$CDCl_3$)：$\delta(\times10^{-6})$ 14.5，22.0，60.3，107.1，120.3，125.9，129.8，137.0，143.2，167.3；HRMS(ESI)，$C_{17}H_{20}NO_4[M+H]^+$ 的理论值为 302.1387，检测数据为 302.1389。

化合物 1a 的核磁氢谱和核磁碳谱如图 2-19 和图 2-20 所示。

B　1-(3-甲基苯基)-1,4-二氢吡啶-3,5-二甲酸乙酯(1b)

合成方法同 1a，浅黄色晶体，产率 70.1%，m.p. 126.8～127.9℃；^1H NMR(400MHz，$CDCl_3$)：$\delta(\times10^{-6})$ 1.30(t，6H，CH_3)，2.37(s，3H，CH_3)，3.33(s，1H，CH_2)，4.22(q，4H，$J=7.2Hz$，OCH_2)，6.97～7.29(m，4H，Ar-H)，7.41(s，2H，=CH)；^{13}C NMR(100MHz，$CDCl_3$)：$\delta(\times10^{-6})$ 14.4，21.4，22.0，60.2，106.8，117.3，120.8，126.7，129.5，137.0，139.9，143.0，167.2；HRMS(ESI)，$C_{18}H_{22}NO_4[M+H]^+$ 的理论值为 316.1543，检测数据为 316.1548。

化合物 1b 的核磁氢谱和核磁碳谱如图 2-21 和图 2-22 所示。

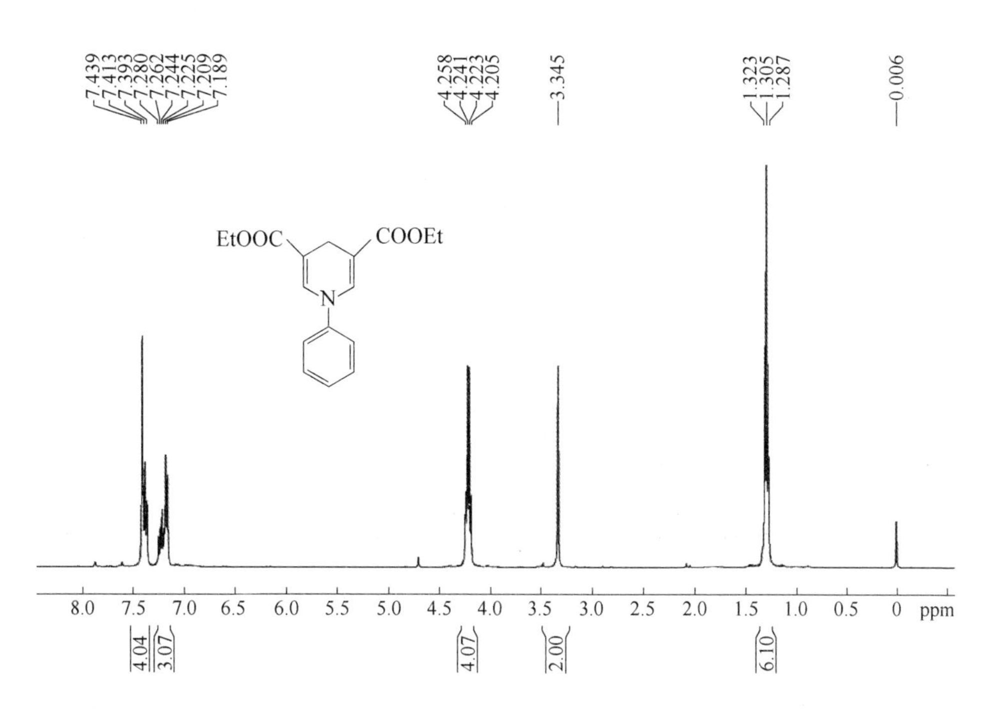

图 2-19 化合物 1a 的核磁氢谱

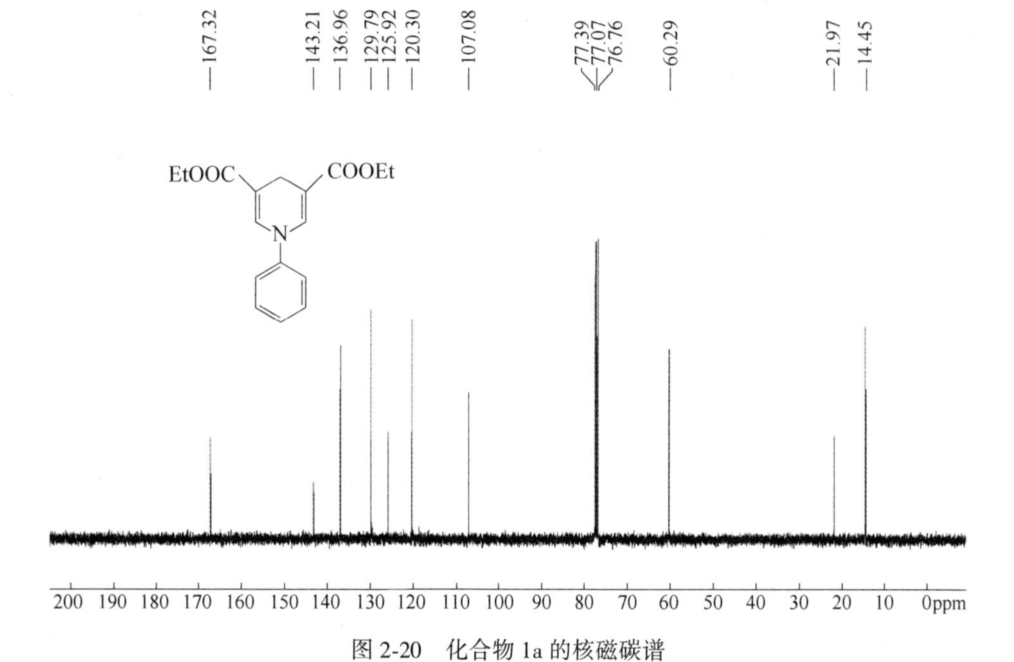

图 2-20 化合物 1a 的核磁碳谱

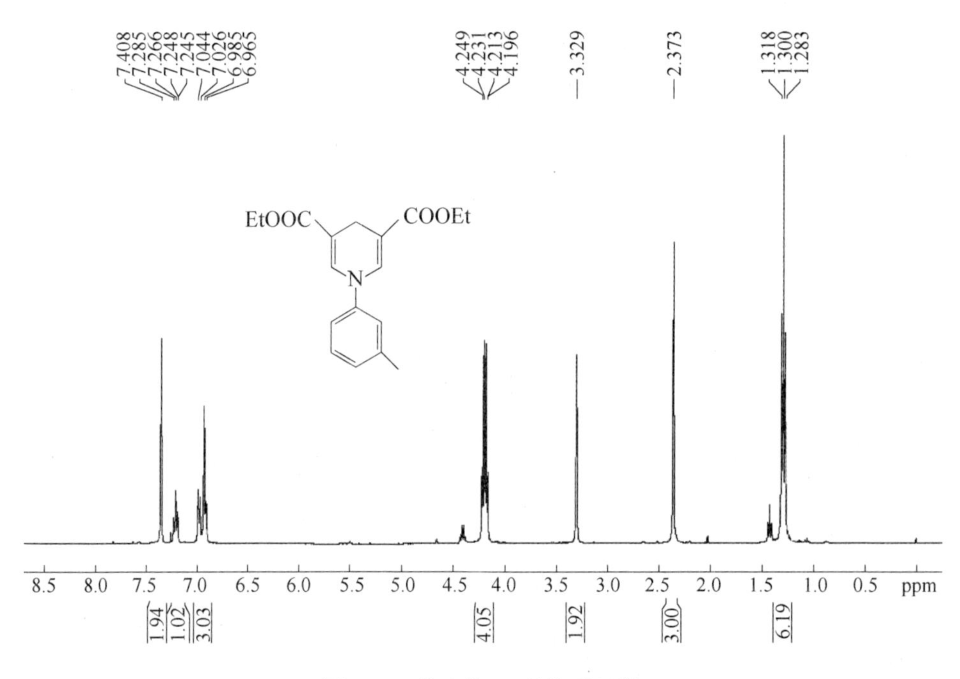

图 2-21　化合物 1b 的核磁氢谱

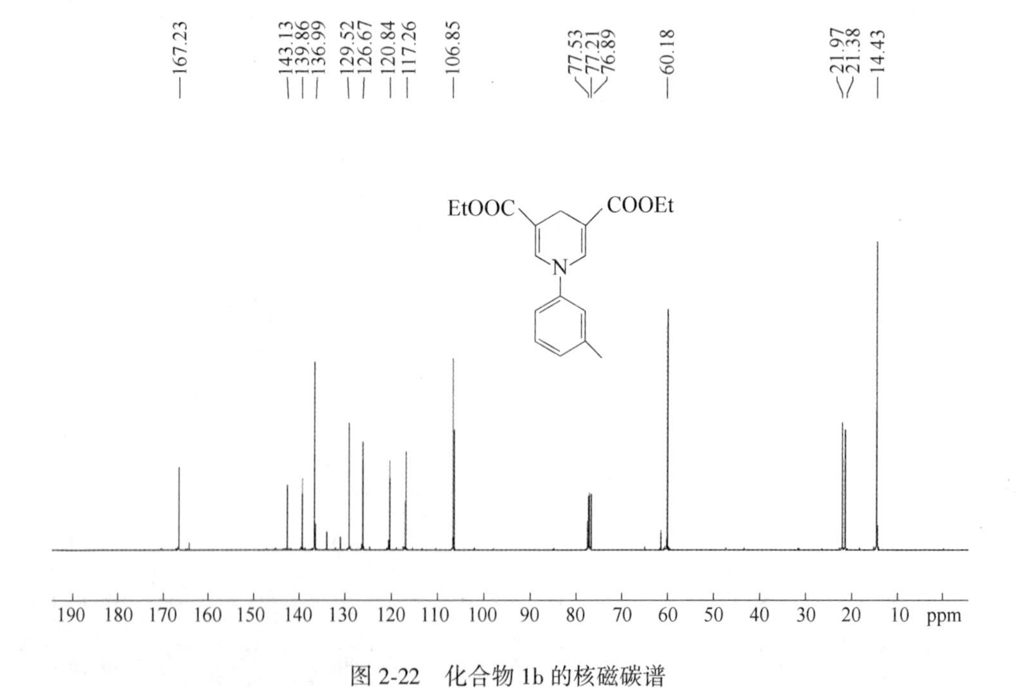

图 2-22　化合物 1b 的核磁碳谱

C 1-(4-甲基苯基)-1,4-二氢吡啶-3,5-二甲酸乙酯(1c)

合成方法同1a，黄色固体，产率63.1%，m.p. 129.1~130.7℃；^{1}H NMR (400MHz，$CDCl_3$)：$\delta(\times10^{-6})$1.29(t，6H，CH_3)，2.35(s，3H，CH_3)，3.33(s，1H，CH_2)，4.26(q，4H，J=7.2Hz，OCH_2)，7.07(d，2H，J=8.4Hz，Ar-H)，7.19(d，2H，J=8.4Hz，Ar-H)，7.39(s，2H，═CH)；^{13}C NMR (100MHz，$CDCl_3$)：$\delta(\times10^{-6})$14.4，20.8，21.9，60.2，106.7，120.4，130.3，135.8，137.2，140.9，167.3；HRMS(ESI)，$C_{18}H_{22}NO_4[M+H]^+$的理论值为316.1543，检测数据为316.1548。

化合物1c的核磁氢谱和核磁碳谱如图2-23和图2-24所示。

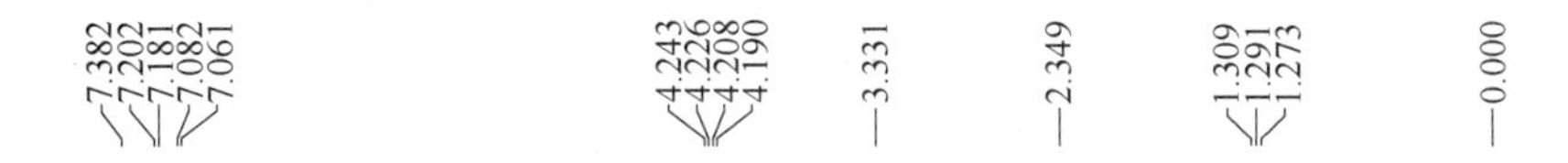

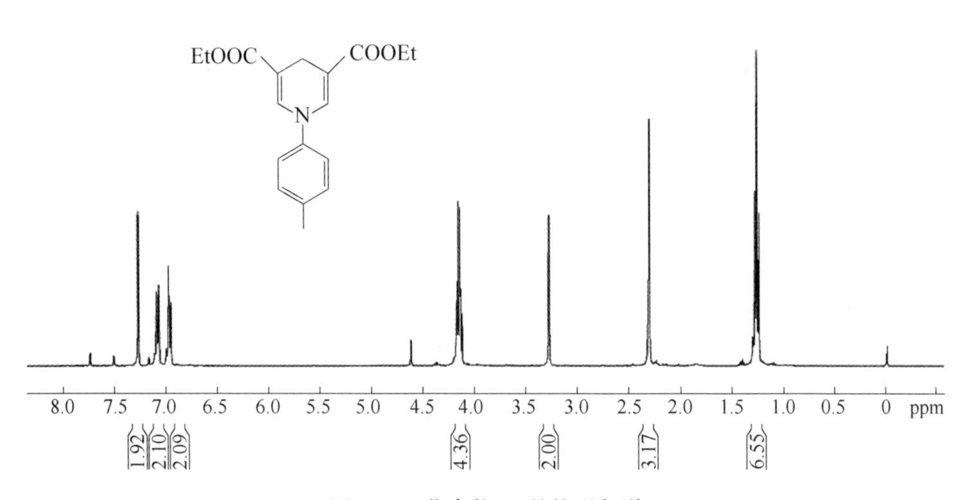

图2-23 化合物1c的核磁氢谱

D 1-(4-甲氧基苯基)-1,4-二氢吡啶-3,5-二甲酸乙酯(1d)

合成方法同1a，黄色晶体，产率67.5%，m.p. 119.3~120.8℃；^{1}H NMR (400MHz，$CDCl_3$)：$\delta(\times10^{-6})$1.29(t，6H，CH_3)，3.33(s，2H，CH_2)，3.82(s，3H，OCH_3)，4.21(q，4H，J=7.2Hz，OCH_2)，6.91(d，2H，J=8.8Hz，Ar-H)，7.12(d，2H，J=8.8Hz，Ar-H)，7.32(s，2H，═CH)；^{13}C NMR(100MHz，$CDCl_3$)：$\delta(\times10^{-6})$14.5，21.9，55.6，60.2，106.3，114.8，114.8，122.5，

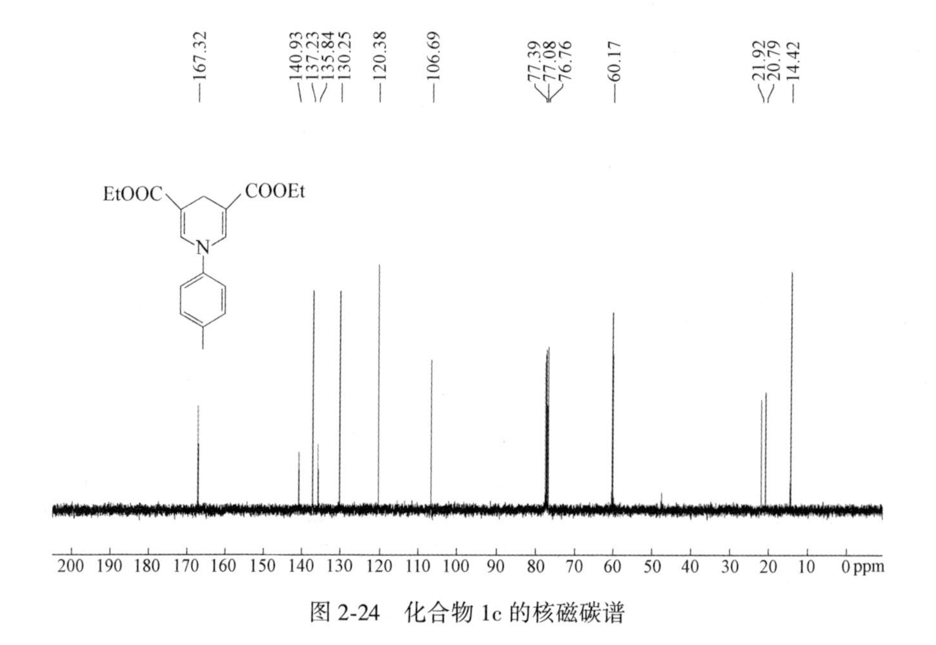

图 2-24　化合物 1c 的核磁碳谱

136.8, 137.7, 157.9, 167.4; HRMS (ESI), $C_{18}H_{22}NO_5$[M+H]$^+$的理论值为 332.1492, 检测数据为 332.1496。

化合物 1d 的核磁氢谱和核磁碳谱如图 2-25 和图 2-26 所示。

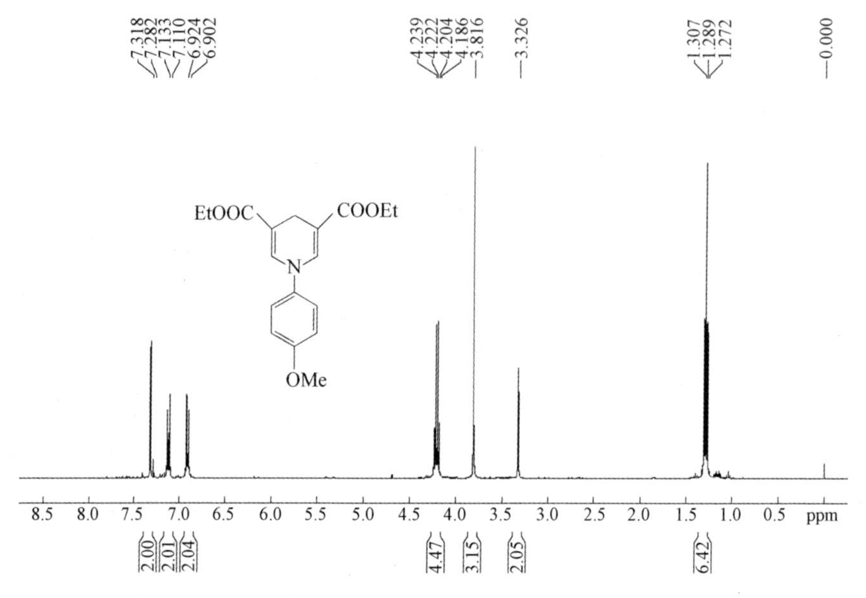

图 2-25　化合物 1d 的核磁氢谱

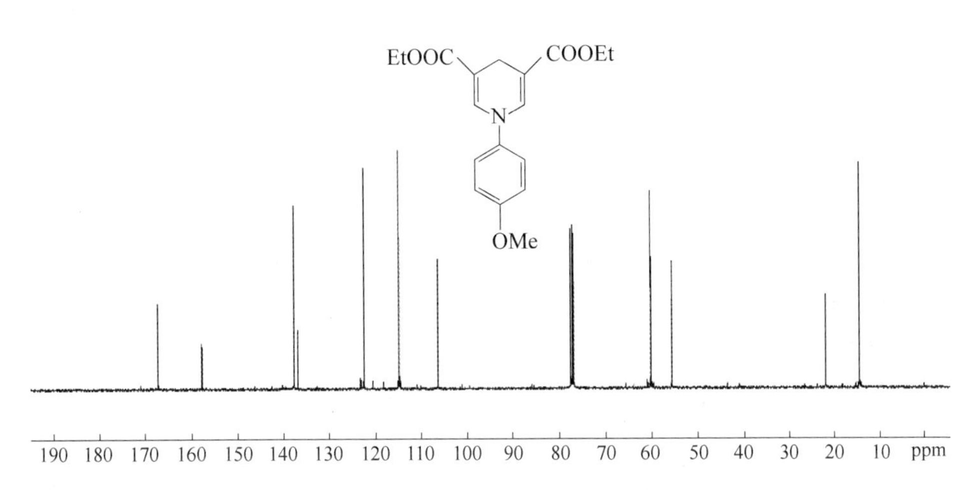

图 2-26 化合物 1d 的核磁碳谱

E 1-(4-三氟苯基)-1,4-二氢吡啶-3,5-二甲酸乙酯(1e)

合成方法同 1a，淡黄色晶体，产率 71.0%，m. p. 144.6～145.9℃；^{1}H NMR (400MHz, $CDCl_3$)：$\delta(\times10^{-6})$ 1.32(t, 6H, CH_3), 3.35(s, 1H, CH_2), 4.26(q, 4H, J = 7.2Hz, OCH_2), 7.31(d, 2H, J = 8.4Hz, Ar-H), 7.49(s, 2H, ═CH), 7.68(d, 2H, J = 8.4Hz, Ar-H)；^{13}C NMR(100MHz, $CDCl_3$)：$\delta(\times10^{-6})$ 14.4, 22.0, 60.5, 108.6, 119.6, 127.1, (127.1), 135.6, 145.6, 166.9；HRMS(ESI), $C_{18}H_{19}F_3NO_4$[M+H]$^+$的理论值为 370.1261，检测数据为 370.1263。

化合物 1e 的核磁氢谱和核磁碳谱如图 2-27 和图 2-28 所示。

F 2,4-二((4-氯苯胺)亚甲基)-1,5-二戊酸乙酯(5f)

将 0.30g (0.01mol) 多聚甲醛、1.96g (0.02mol) 丙炔酸乙酯、0.93g (0.01mol) 苯胺和 1.0mL 乙酸加入单口瓶中，以乙醇作溶剂，利用微波辅助 (温度 80℃，功率 50W)，冷却浓缩后用甲醇和水 (V : V = 4 : 1) 结晶，再用乙酸乙酯和正己烷 (V : V = 1 : 1) 重结晶，得到浅黄色晶体，产率 45.3%，m. p. 112.3～113.8℃；^{1}H NMR(400MHz, $CDCl_3$)：δ $(\times10^{-6})$1.34(t,

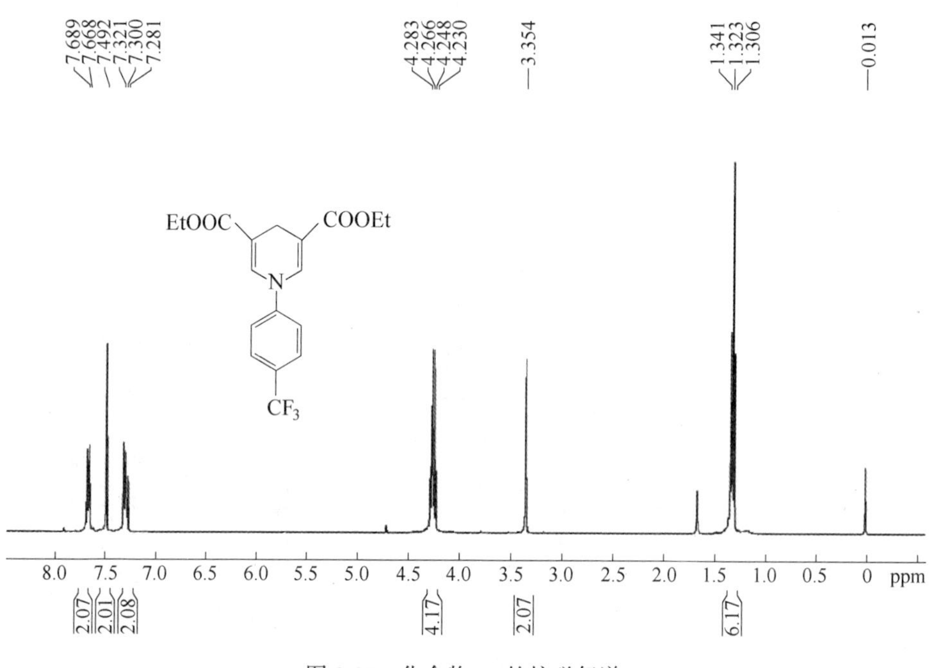

图 2-27　化合物 1e 的核磁氢谱

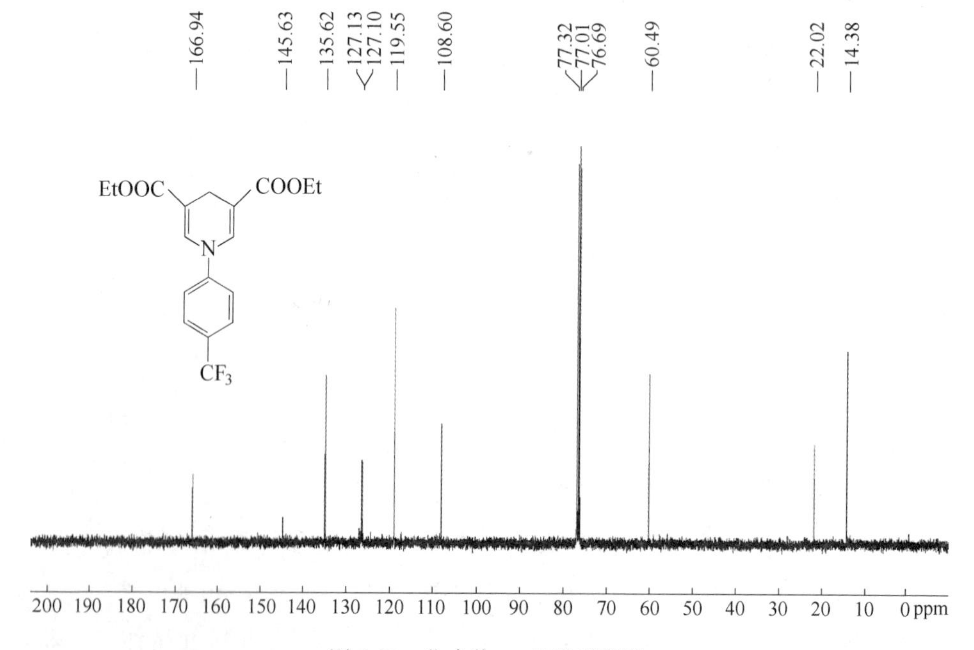

图 2-28　化合物 1e 的核磁碳谱

6H，CH_3），3.39（s，2H，CH_2），4.28（q，4H，$J=7.2$Hz，OCH_2），7.01（d，4H，$J=8.8$Hz，Ar-H），7.26（d，4H，$J=8.8$Hz，Ar-H），7.94（d，2H，$J=12.8$Hz，═CH），9.61（d，2H，$J=12.8$Hz，NH）；^{13}C NMR（100MHz，$CDCl_3$）：$\delta(\times10^{-6})$ 14.6，21.3，60.5，102.2，116.4，126.8，129.5，140.2，140.3，171.7；HRMS（ESI），$C_{23}H_{25}Cl_2N_2O_4$[M+H]$^+$的理论值为463.1186，检测数据为463.1189。

化合物5f的核磁氢谱和核磁碳谱如图2-29和图2-30所示。

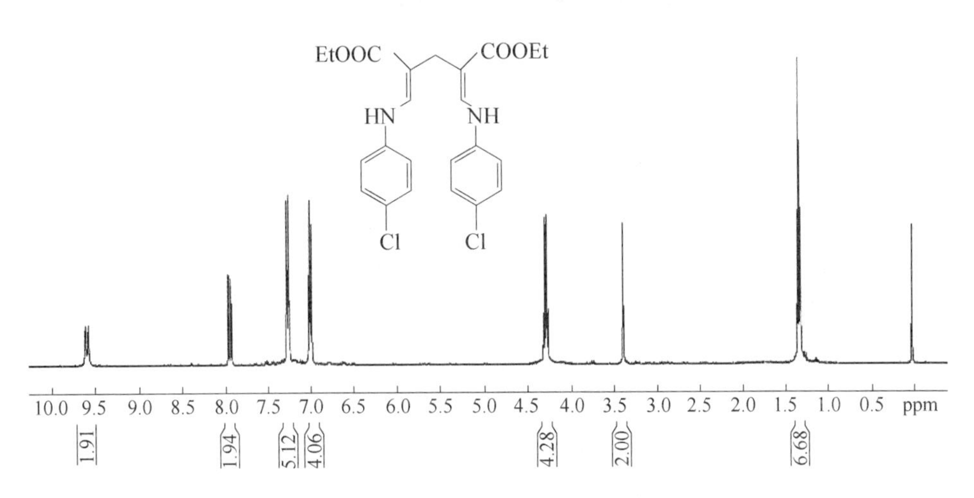

图2-29 化合物5f的核磁氢谱

G 2,4-二((4-溴苯胺)亚甲基)-1,5-二戊酸乙酯(5g)

合成方法同5f，黄色固体，产率43.1%，m.p. 114.6~116.0℃；^{1}H NMR（400MHz，$CDCl_3$）：$\delta(\times10^{-6})$1.32（t，6H，CH_3），3.36（s，2H，CH_2），4.26（q，4H，$J=7.2$Hz，OCH_2），6.93（d，4H，$J=8.8$Hz，Ar-H），7.38（d，4H，$J=8.8$Hz，Ar-H），7.92（d，2H，$J=13.2$Hz，═CH），9.59（d，2H，$J=13.2$Hz，NH）；^{13}C NMR（100MHz，$CDCl_3$）：$\delta(\times10^{-6})$14.6，21.2，60.6，102.3，114.2，116.7，132.3，140.1，140.6，171.7；HRMS（ESI），$C_{23}H_{25}Br_2N_2O_4$ [M+H]$^+$的理论值为553.0155，检测数据为553.0157。X-单晶衍射数据剑桥号：CCDC

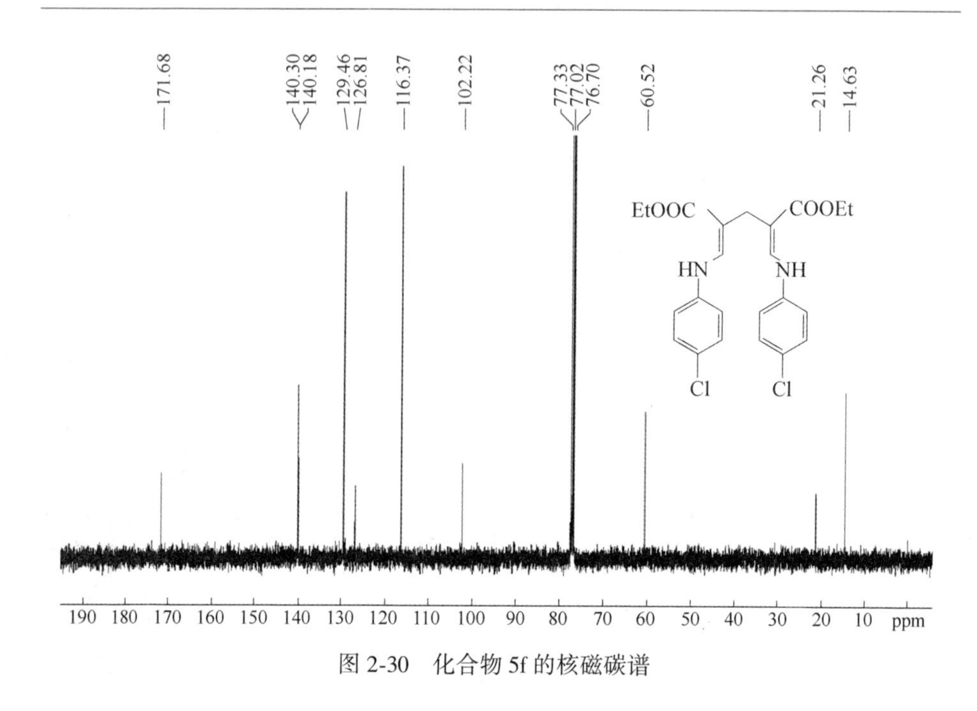

图 2-30　化合物 5f 的核磁碳谱

1537241。X-单晶衍射谱图如图 2-1 所示。

化合物 5g 的核磁氢谱和核磁碳谱如图 2-31 和图 2-32 所示。

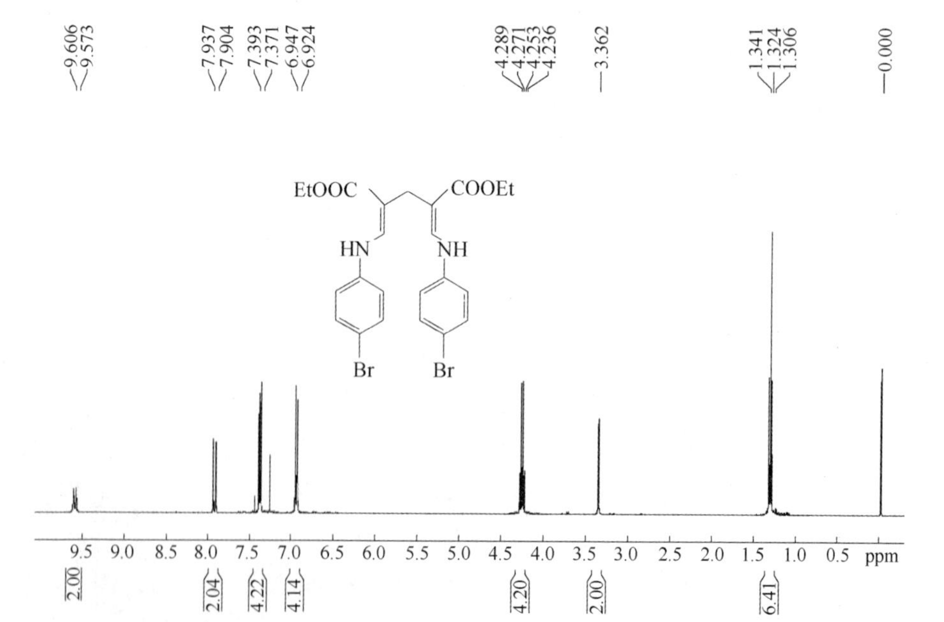

图 2-31　化合物 5g 的核磁氢谱

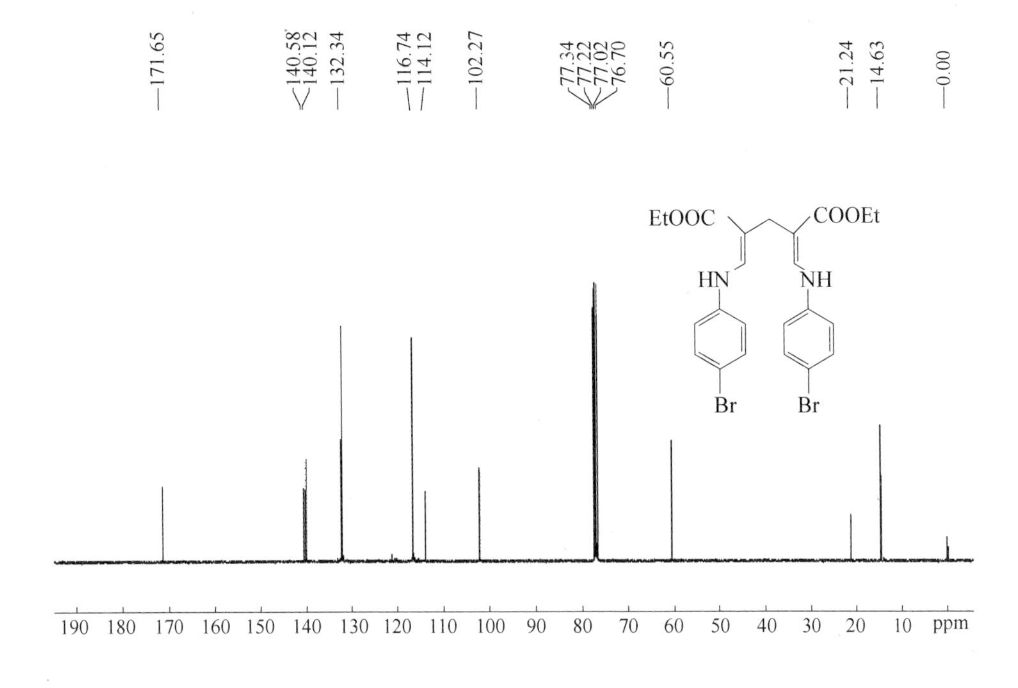

图 2-32 化合物 5g 的核磁碳谱

2.4.2.2 N-苄基-1,4-二氢吡啶-3,5-二羧酸乙酯(2)的合成研究

A 4-苄基-1,4-二氢吡啶-3,5-二甲酸乙酯(2a)

将 0.30g (0.01mol) 多聚甲醛、1.96g (0.02mol) 丙炔酸乙酯、1.07g (0.01mol) 苄胺和 1.0mL 乙酸加入单口瓶中，利用微波辅助（温度 80℃，功率 50W），冷却浓缩后用甲醇和水（$V:V=4:1$）结晶，再用乙酸乙酯和正己烷（$V:V=1:1$）重结晶，得到黄色晶体，产率 49.3%，m.p. 134.3～135.9℃；^{1}H NMR(400MHz, $CDCl_3$)：$\delta(\times10^{-6})$ 1.27(t, 6H, CH_3), 3.27(s, 1H, CH_2), 4.18(q, 4H, $J=7.2$Hz, OCH_2), 4.42(s, 2H, Ar-CH_2), 7.39(s, 2H, ═CH), 7.24～7.40 (m, 5H, Ar-H)；^{13}C NMR (100MHz, $CDCl_3$)：$\delta(\times10^{-6})$ 14.4, 21.7, 57.7, 60.1, 105.1, 127.0, 128.2, 129.1, 136.3, 139.0, 167.4；HRMS(ESI)，$C_{18}H_{21}NO_4[M+H]^+$的理论值为 316.1543，检测数据为 316.1548。

化合物 2a 的核磁氢谱和核磁碳谱如图 2-33 和图 2-34 所示。

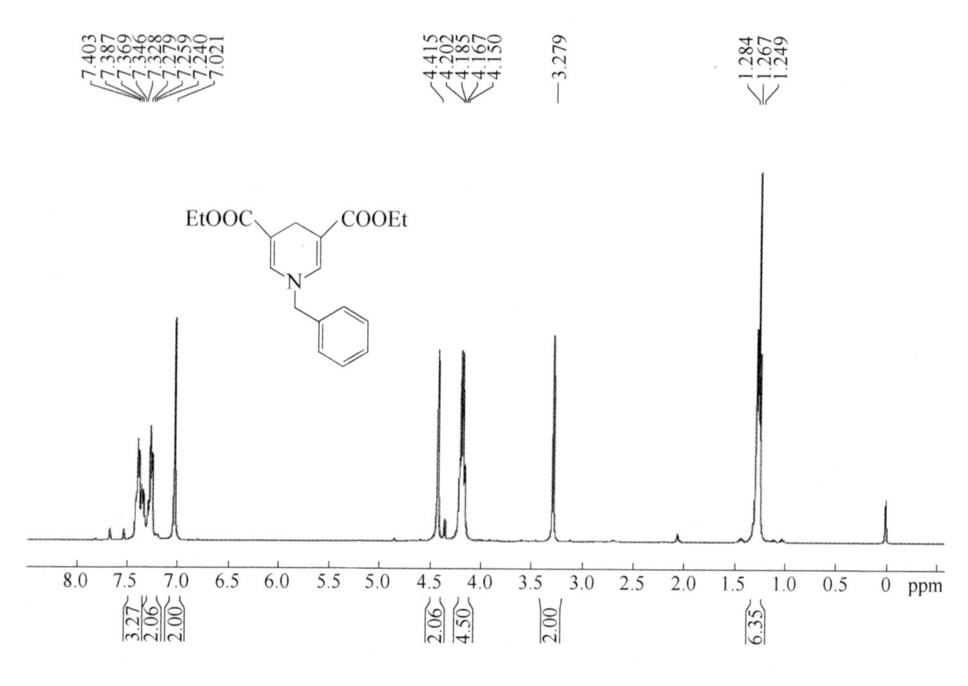

图 2-33　化合物 2a 的核磁氢谱

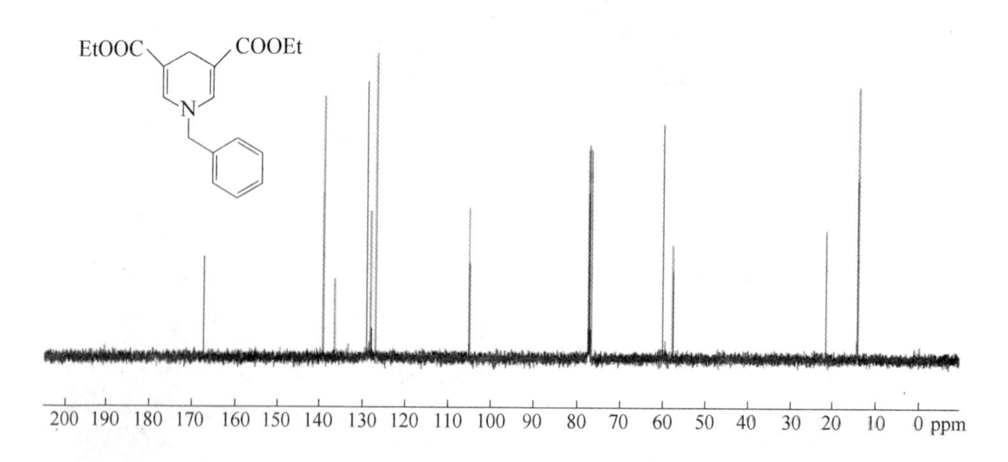

图 2-34　化合物 2a 的核磁碳谱

B 4-(4-甲氧基苄基)-1,4-二氢吡啶-3,5-二甲酸乙酯(2b)

合成方法同 2a，浅黄色晶体，产率 53.4%，m. p. 139.3~140.8℃；^{1}H NMR(400MHz，CDCl$_3$)：$\delta(\times10^{-6})$ 1.27(t，6H，CH$_3$)，3.26(s，1H，CH$_2$)，3.82(s，3H，OCH$_3$)，4.18(q，4H，J=7.2Hz，OCH$_2$)，4.35(s，2H，Ar-CH$_2$)，6.91(d，2H，J = 8.4Hz，Ar-H)，7.01(s，2H，═CH)，7.18(d，2H，J = 8.4Hz，Ar-H)；^{13}C NMR(100MHz，CDCl$_3$)：$\delta(\times10^{-6})$ 14.4，21.8，55.3，57.3，60.0，105.0，114.5，128.2，128.5，138.9，159.6，167.4；HRMS(ESI)，$C_{19}H_{24}NO_5$ $[M+H]^+$的理论值为 346.1649，检测数据为 346.1652。

化合物 2b 的核磁氢谱和核磁碳谱如图 2-35 和图 2-36 所示。

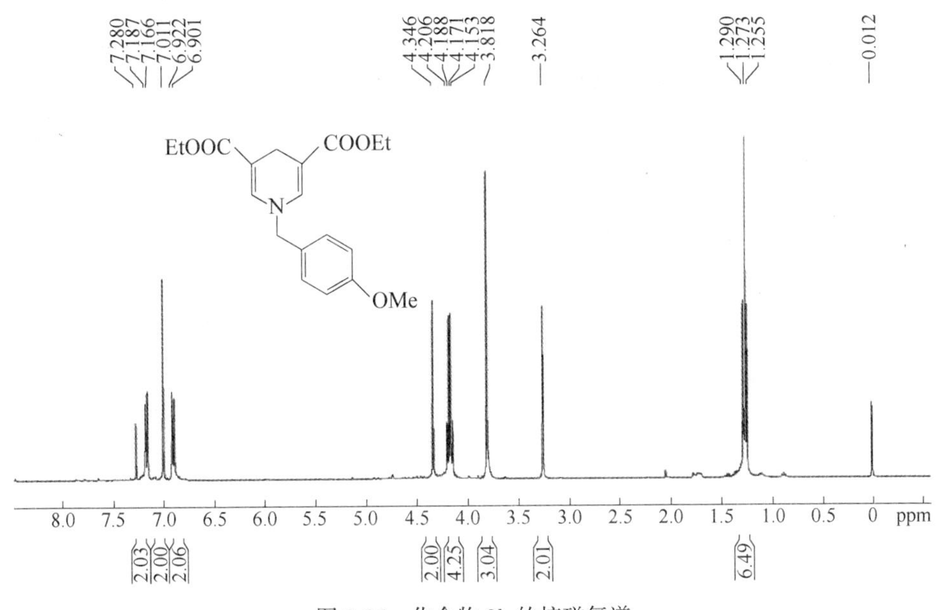

图 2-35 化合物 2b 的核磁氢谱

C 4-(2,4-二甲氧基苄基)-1,4-二氢吡啶-3,5-二甲酸乙酯(2c)

合成方法同 2a，黄色固体，产率 44.3%，m. p. 154.3~155.7℃；^{1}H NMR(400MHz，CDCl$_3$)：$\delta(\times10^{-6})$ 1.26(t，6H，CH$_3$)，3.22(s，2H，CH$_2$)，3.81(s，3H，OCH$_3$)，3.83(s，3H，OCH$_3$)，4.16(q，4H，J=7.2Hz，OCH$_2$)，4.30(s，2H，Ar-CH$_2$)，6.46~6.48(m，2H，Ar-H)，7.07(s，2H，═CH)，7.09(d，1H，J=9.2Hz，Ar-H)；^{13}C NMR(100MHz，CDCl$_3$)：$\delta(\times10^{-6})$ 14.4，53.0，55.3，55.4，59.9，98.8，104.2，(104.2)，117.1，130.0，139.5，167.6；HRMS

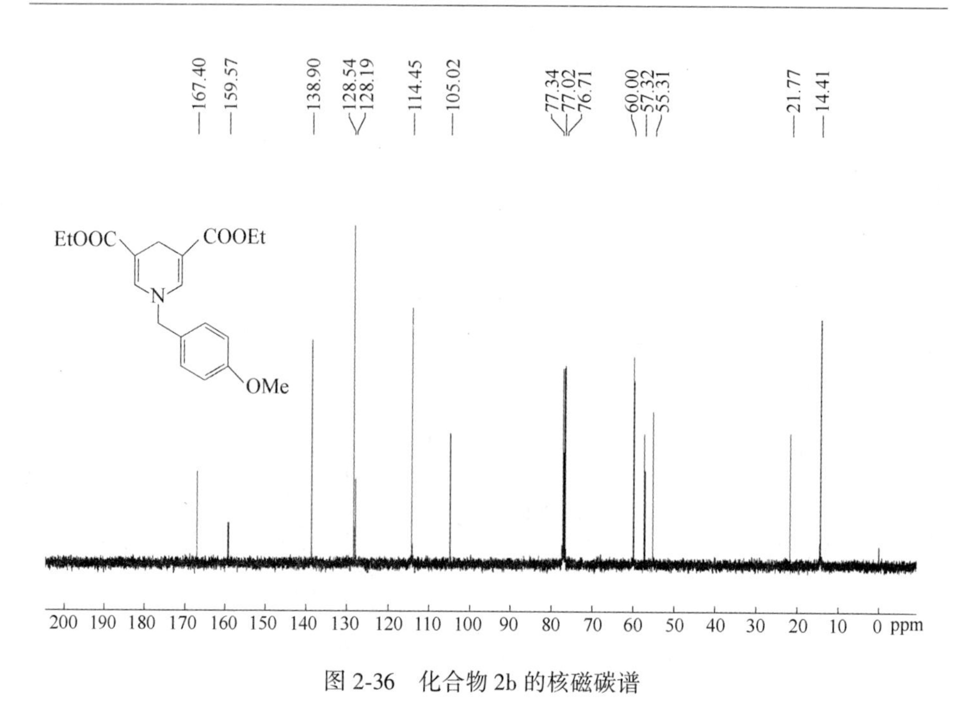

图 2-36　化合物 2b 的核磁碳谱

(ESI)，$C_{20}H_{26}NO_6$[M+H]$^+$的理论值为 376. 1755，检测数据为 376. 1758。

化合物 2c 的核磁氢谱和核磁碳谱如图 2-37 和图 2-38 所示。

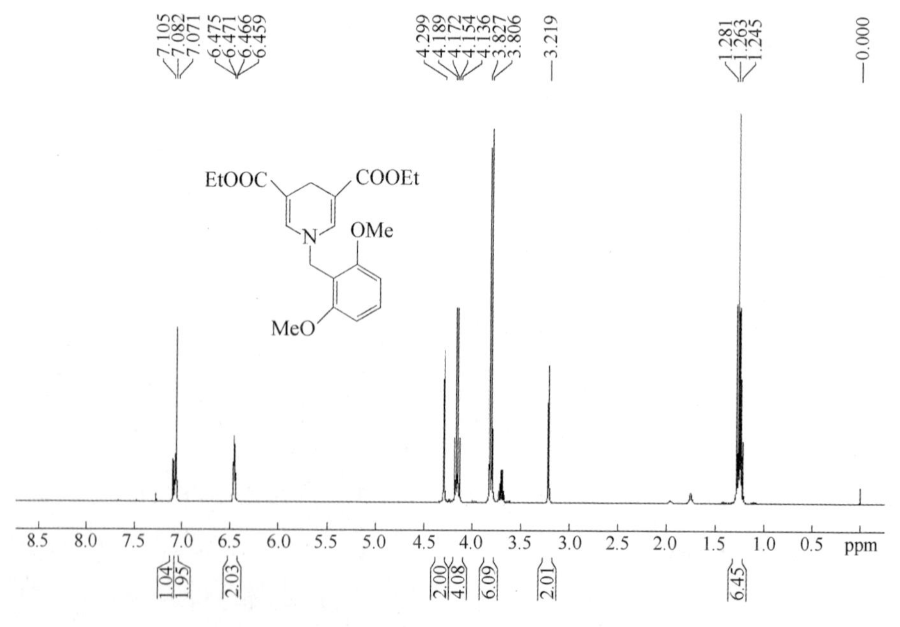

图 2-37　化合物 2c 的核磁氢谱

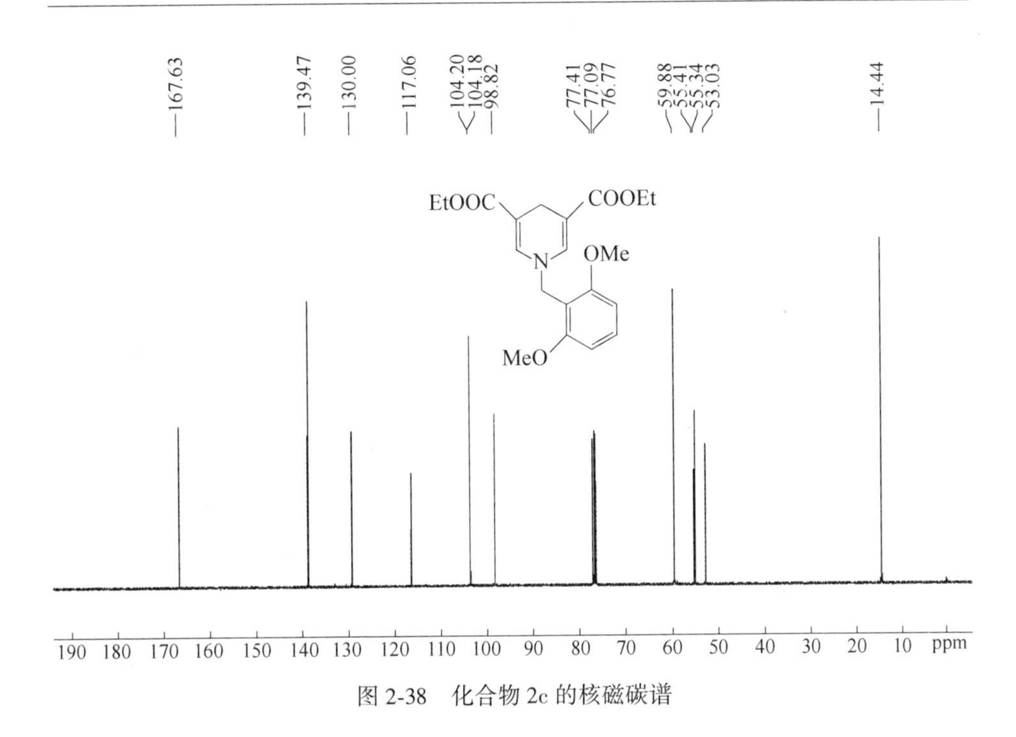

图 2-38 化合物 2c 的核磁碳谱

D 4-(3-氟苄基)-1,4-二氢吡啶-3,5-二甲酸乙酯(2d)

合成方法同 2a，淡黄色晶体，产率 48.6%，m.p. 132.3～133.9℃；^{1}H NMR(400MHz, $CDCl_3$)：$\delta(\times10^{-6})$ 1.27(t, 6H, CH_3), 3.27(s, 2H, CH_2), 4.19(q, 4H, J=7.2Hz, OCH_2), 4.41(s, 2H, Ar-CH_2), 6.94～7.38(m, 4H, Ar-H), 7.00(s, 2H, ═CH)；^{13}C NMR(100MHz, $CDCl_3$)：$\delta(\times10^{-6})$ 14.4, 21.7, 57.1, (57.1), 60.1, 105.4, 113.8, 114.1, 115.1, 115.3, 122.5, 122.6, 130.7, 130.8, 138.8, 167.3；HRMS(ESI)，$C_{18}H_{21}FNO_4[M+H]^+$的理论值为 334.1449，检测数据为 334.1452。

化合物 2d 的核磁氢谱和核磁碳谱如图 2-39 和图 2-40 所示。

E 4-(4-三氟甲基苄基)-1,4-二氢吡啶-3,5-二甲酸乙酯(2e)

合成方法同 2a，淡黄色晶体，产率 57.9%，m.p. 144.8～145.9℃；^{1}H NMR(400MHz, $CDCl_3$)：$\delta(\times10^{-6})$ 1.27(t, 6H, CH_3), 3.29(s, 1H, CH_2), 4.19(q, 4H, J=6.8Hz, OCH_2), 4.48(s, 2H, Ar-CH_2), 6.99(s, 2H, ═CH), 7.38(d, 2H, J = 8.4Hz, Ar-H), 7.65(d, 2H, J = 8.4Hz, Ar-H)；^{13}C NMR (100MHz, $CDCl_3$)：δ $(\times10^{-6})$14.4, 21.7, 57.1, 60.2, 105.7, 126.0, 126.1, 127.3,

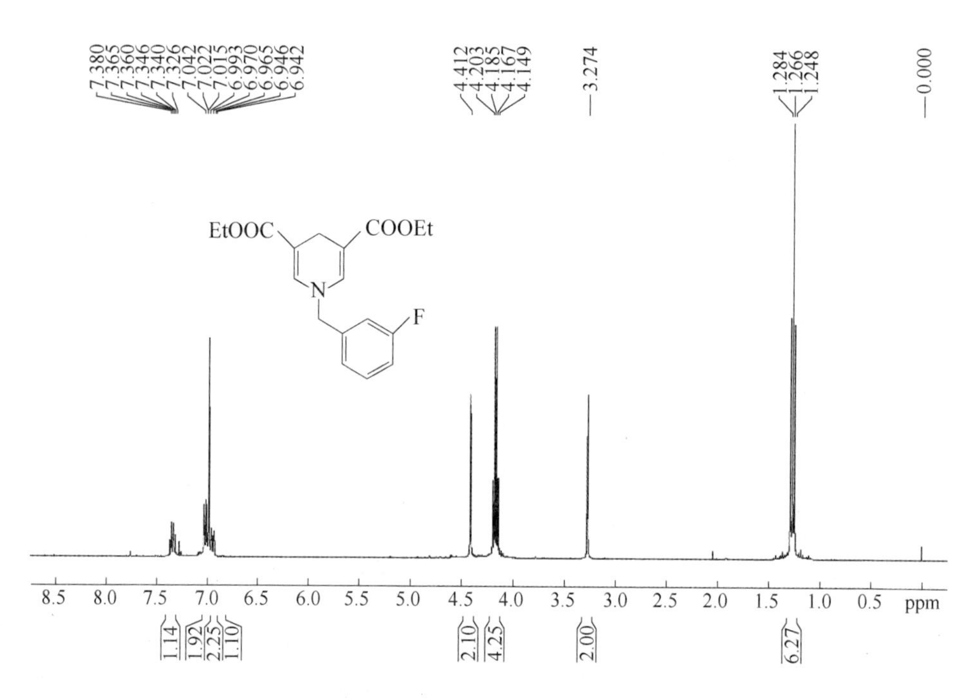

图 2-39　化合物 2d 的核磁氢谱

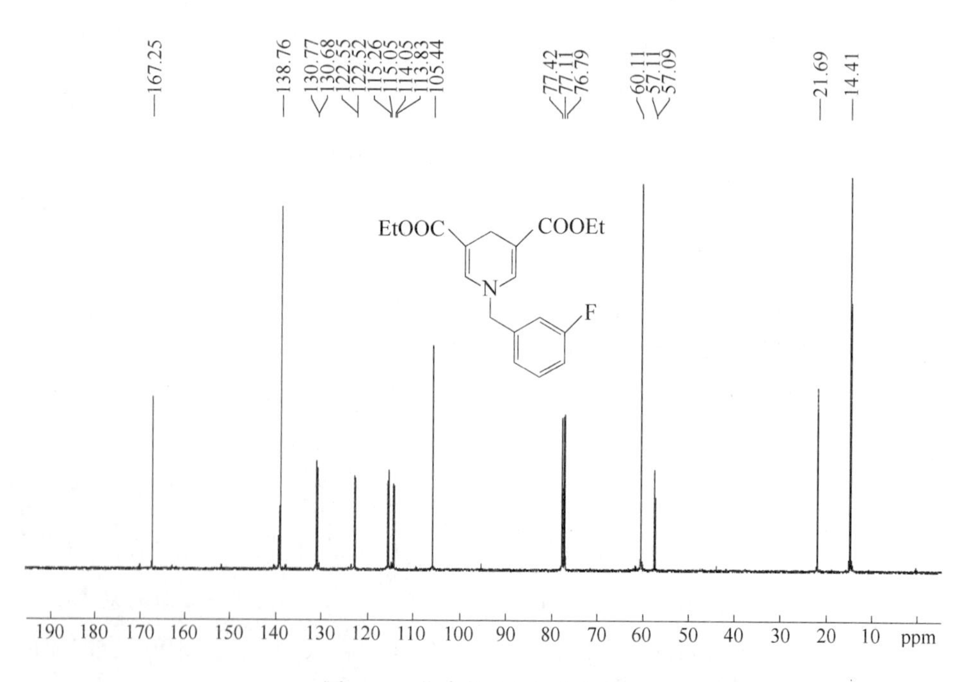

图 2-40　化合物 2d 的核磁碳谱

128. 2, 138. 6, 167. 2; HRMS (ESI), $C_{19}H_{21}F_3NO_4$ $[M+H]^+$ 的理论值为 383. 1417, 检测数据为 384. 1419。

化合物 2e 的核磁氢谱和核磁碳谱如图 2-41 和图 2-42 所示。

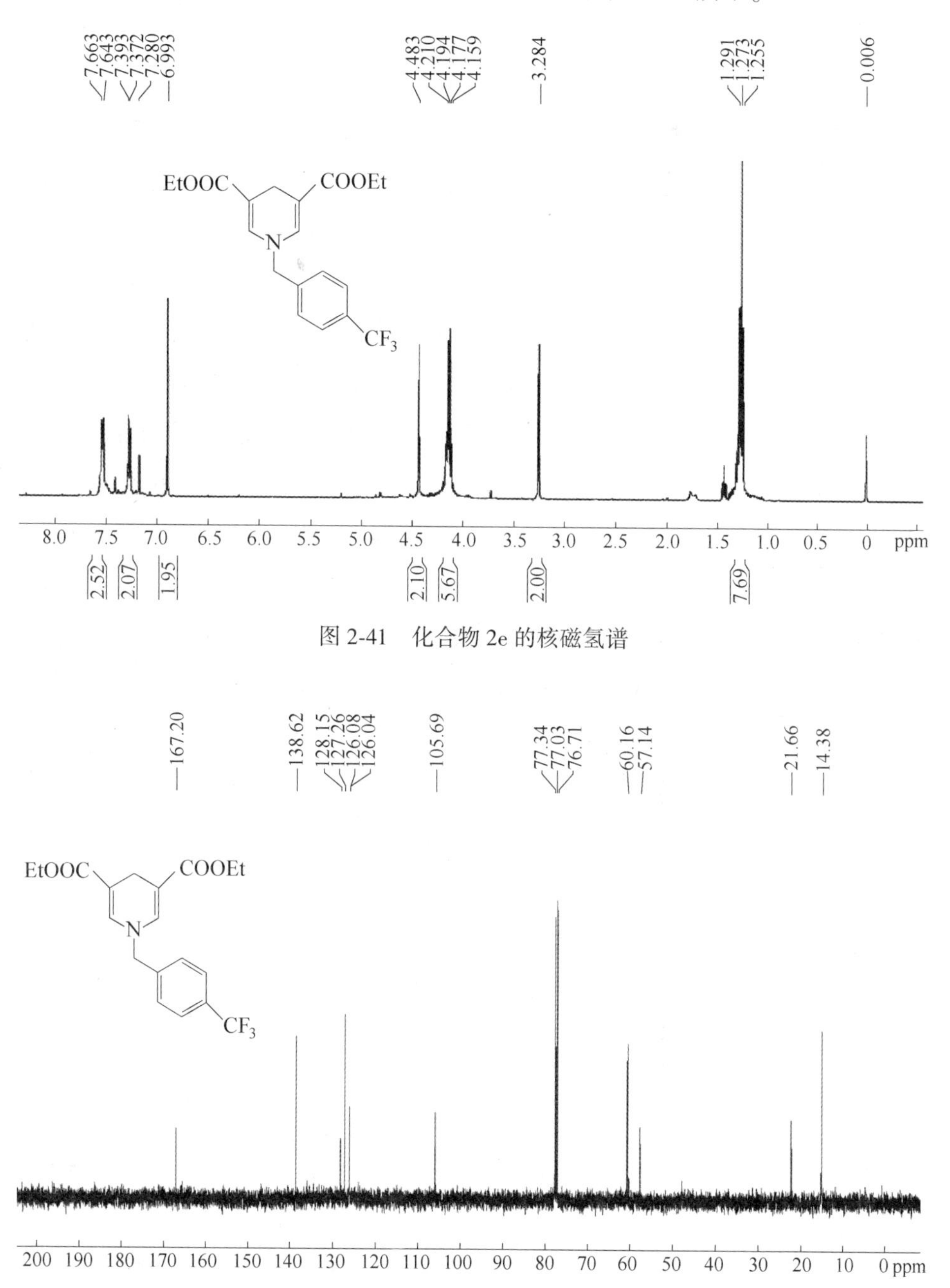

图 2-41 化合物 2e 的核磁氢谱

图 2-42 化合物 2e 的核磁碳谱

2.4.3　C_2-3,9-二氮杂四星烷类化合物的光化学合成研究

2.4.3.1　3,9-二芳基-3,9-二氮杂四星烷-1,5,7,11-四羧酸乙酯(3)的合成研究

A　3,9-二苯基-3,9-二氮杂四星烷-1,5,7,11-四甲酸乙酯(3a)

将 2mmol 1-苯基-1,4-二氢吡啶-3,5-二甲酸乙酯(1a)溶于 10mL 四氢呋喃/甲醇（V∶V = 1∶1）中，溶液倒入石英光反应器中，通入 N_2 为保护气，以 120W 环形内照式 LED 灯为光源，反应约 12h(TLC 监测)，浓缩，柱层析，用乙酸乙酯/正己烷（V∶V = 1∶4）重结晶，得无色晶体，产率 85.3%，m.p. 234.6~235.9℃；^{1}H NMR(400MHz, $CDCl_3$)：$\delta(\times10^{-6})$ 1.33(t, 6H, CH_3), 2.35(s, 2H, CH_2), 4.26(q, 4H, J=7.2Hz, OCH_2), 4.85(s, 2H, CH), 6.90(t, 1H, Ar-H), 7.15~7.30(m, 4H, Ar-H)；^{13}C NMR(100MHz, $CDCl_3$)：$\delta(\times10^{-6})$ 14.2, 25.2, 47.0, 57.2, 61.4, 117.7, 120.5, 129.4, 150.1, 174.1；HRMS(ESI)，$C_{34}H_{39}N_2O_8$ $[M+H]^+$ 的理论值为 603.2701，检测数据为 603.2703。

化合物 3a 的核磁氢谱和核磁碳谱如图 2-43 和图 2-44 所示。

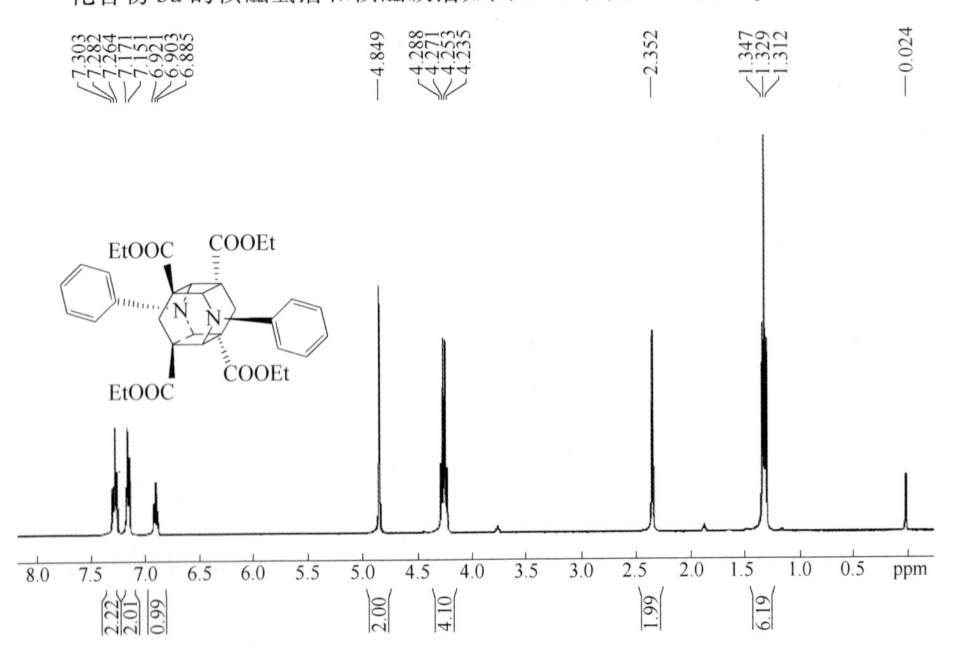

图 2-43　化合物 3a 的核磁氢谱

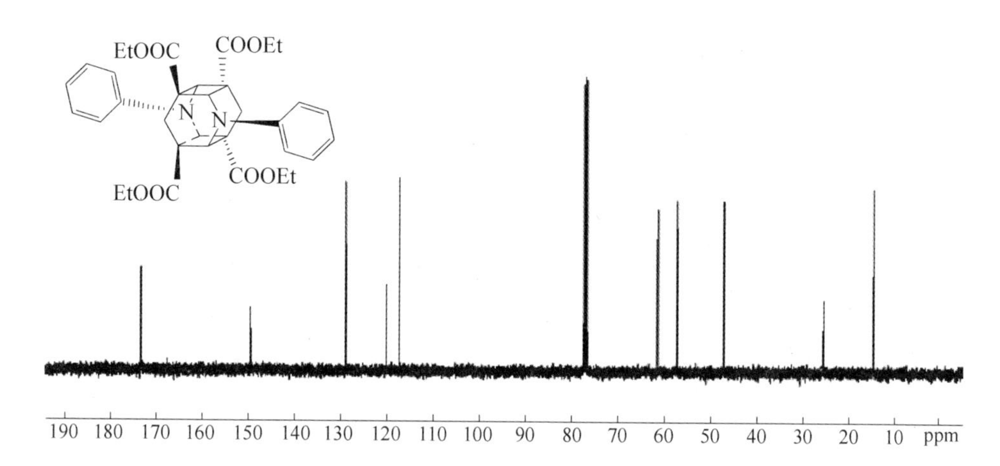

图 2-44 化合物 3a 的核磁碳谱

B 3,9-二(3-甲基苯基)-3,9-二氮杂四星烷-1,5,7,11-四甲酸乙酯(3b)

合成方法同 3a，无色晶体，产率 88.1%，m.p. 236.8~237.9℃；^{1}H NMR (400MHz, $CDCl_3$)：$\delta(\times10^{-6})$ 1.34(t, 6H, CH_3), 2.35(s, 3H, CH_3), 2.35(s, 2H, CH_2), 4.27(q, 4H, J=7.2Hz, CH_2), 4.84(s, 2H, CH), 6.72~6.98(m, 3H, Ar-H), 7.17(t, 1H, Ar-H)；^{13}C NMR(100MHz, $CDCl_3$)：$\delta(\times10^{-6})$ 14.2, 21.7, 25.2, 47.0, 57.2, 61.4, 114.8, 118.4, 121.4, 129.2, 139.1, 150.2, 174.2；HRMS(ESI)，$C_{36}H_{43}N_2O_8$ $[M+H]^+$ 的理论值为 631.3014，检测数据为 631.3019。

化合物 3b 的核磁氢谱和核磁碳谱如图 2-45 和图 2-46 所示。

C 3,9-二(4-甲基苯基)-3,9-二氮杂四星烷-1,5,7,11-四甲酸乙酯(3c)

合成方法同 3a，白色固体，产率 82.5%，m.p. 228.9~230.4℃；^{1}H NMR (400MHz, $CDCl_3$)：$\delta(\times10^{-6})$ 1.32(t, 6H, CH_3), 2.29(t, 3H, CH_3), 2.34(s, 2H, CH_2), 4.25(q, 4H, J=7.2Hz, CH_2), 4.79(s, 2H, CH), 7.03~7.09(m, 4H, Ar-H)；^{13}C NMR(100MHz, $CDCl_3$)：$\delta(\times10^{-6})$ 14.2, 20.5, 25.1, 46.9, 57.3, 61.3, 117.7, 129.8, 129.9, 147.9, 174.2；HRMS(ESI)，$C_{36}H_{43}N_2O_8$

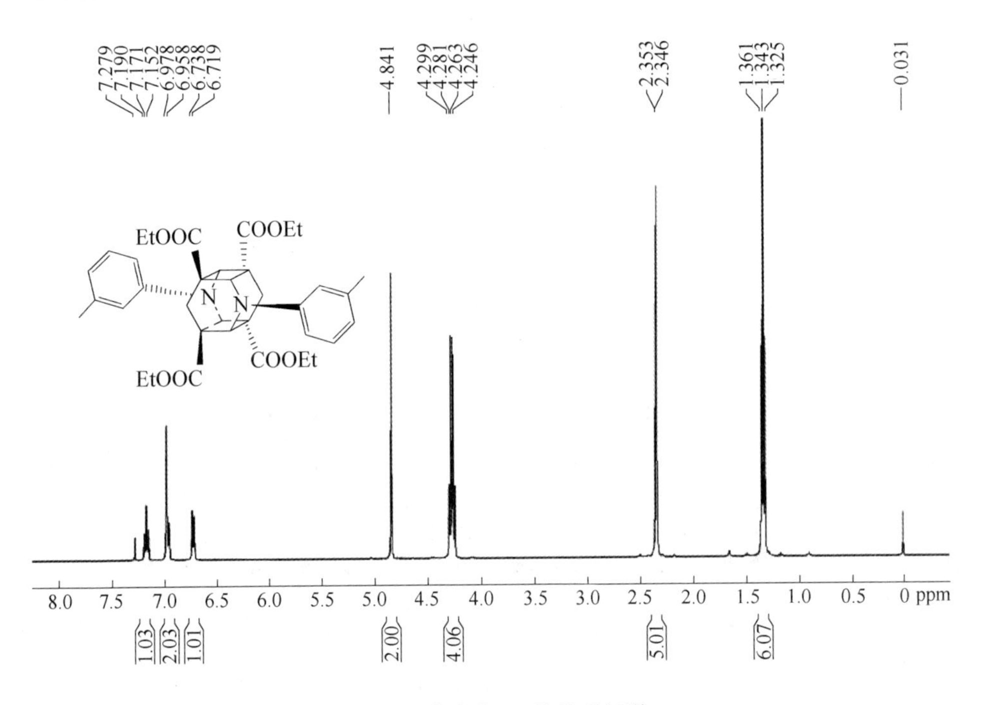

图 2-45　化合物 3b 的核磁氢谱

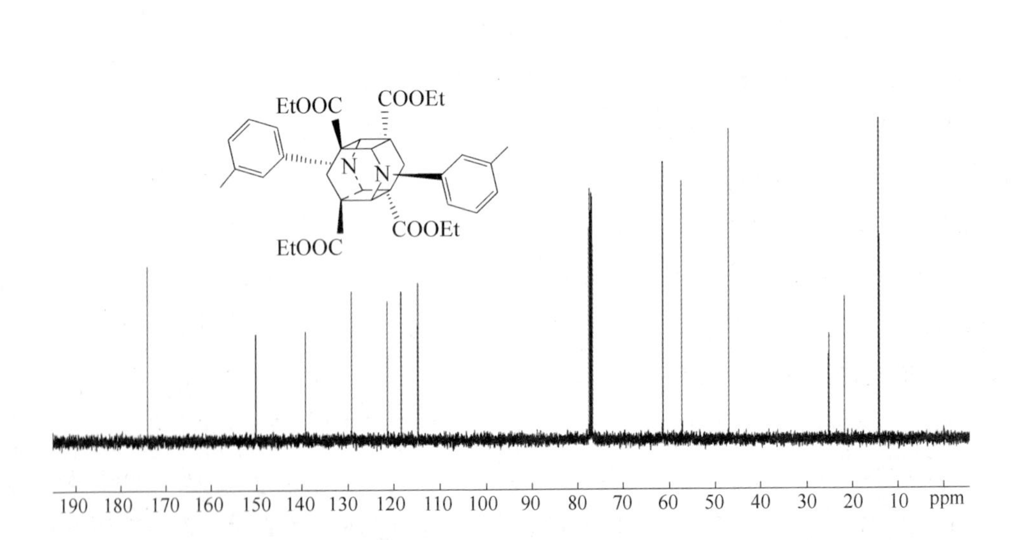

图 2-46　化合物 3b 的核磁碳谱

$[M+H]^+$的理论值为 631.3014，检测数据为 631.3019。

化合物 3c 的核磁氢谱和核磁碳谱如图 2-47 和图 2-48 所示。

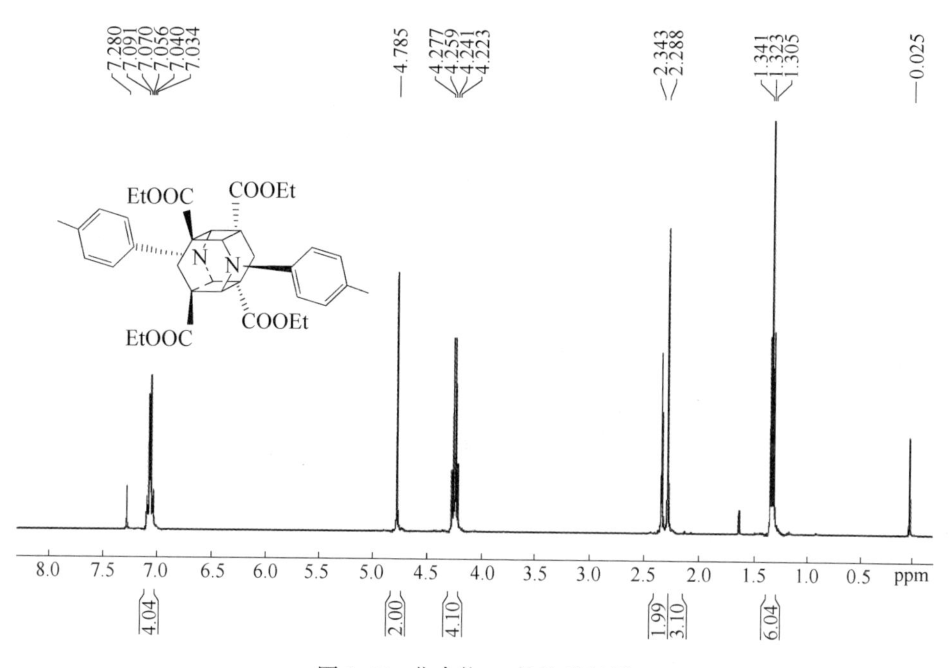

图 2-47 化合物 3c 的核磁氢谱

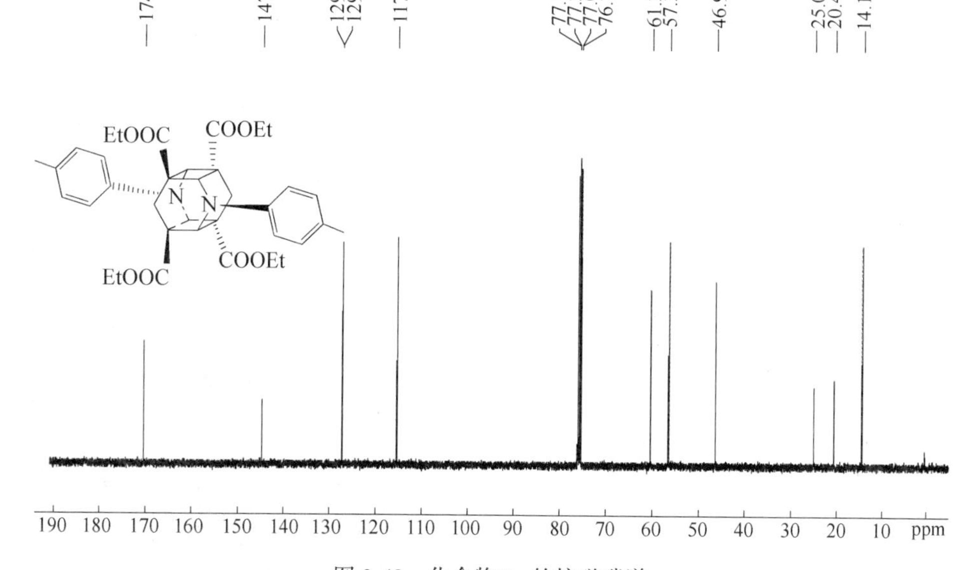

图 2-48 化合物 3c 的核磁碳谱

D　3,9-二(4-甲氧基苯基)-3,9-二氮杂四星烷-1,5,7,11-四甲酸乙酯(3d)

合成方法同 3a，无色晶体，产率 93.2%，m. p. 237.8～239.4℃；^{1}H NMR (400MHz, $CDCl_3$)：$\delta(\times10^{-6})$ 1.32(t, 6H, CH_3), 2.37(s, 2H, CH_2), 3.78(s, 3H, OCH_3), 4.24(q, 4H, J=7.2Hz, CH_2), 4.39(s, 2H, CH), 6.83(d, 2H, J= 8.8Hz, Ar-H), 7.09(d, 2H, J = 8.8Hz, Ar-H)；^{13}C NMR (100MHz, $CDCl_3$)：$\delta(\times10^{-6})$ 14.2, 25.1, 46.9, 55.6, 57.8, 61.3, 114.6, 119.5, 144.2, 153.9, 174.2；HRMS(ESI)，$C_{36}H_{43}N_2O_{10}$[M+H]$^+$的理论值为 663.2912，检测数据为 663.2916。

化合物 3d 的核磁氢谱和核磁碳谱如图 2-49 和图 2-50 所示。

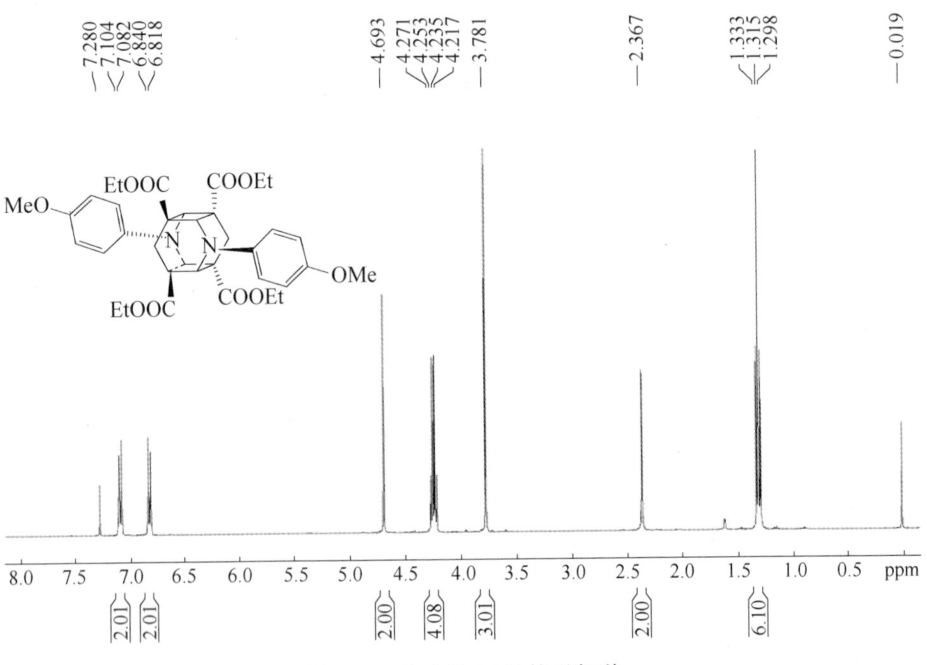

图 2-49　化合物 3d 的核磁氢谱

E　3,9-二(4-三氟甲基苯基)-3,9-二氮杂四星烷-1,5,7,11-四甲酸乙酯(3e)

合成方法同 3a，无色晶体，产率 86.4%，m. p. 255.0～256.3℃；^{1}H NMR (400MHz, $CDCl_3$)：$\delta(\times10^{-6})$ 1.34(t, 6H, CH_3), 2.31(s, 2H, CH_2), 4.28(q, 4H, J=7.2Hz, CH_2), 4.92(s, 2H, CH), 7.22(d, 2H, J=8.4Hz, Ar-H), 7.53(d, 2H, J=8.4Hz, Ar-H)；^{13}C NMR(100MHz, $CDCl_3$)：$\delta(\times10^{-6})$ 14.1,

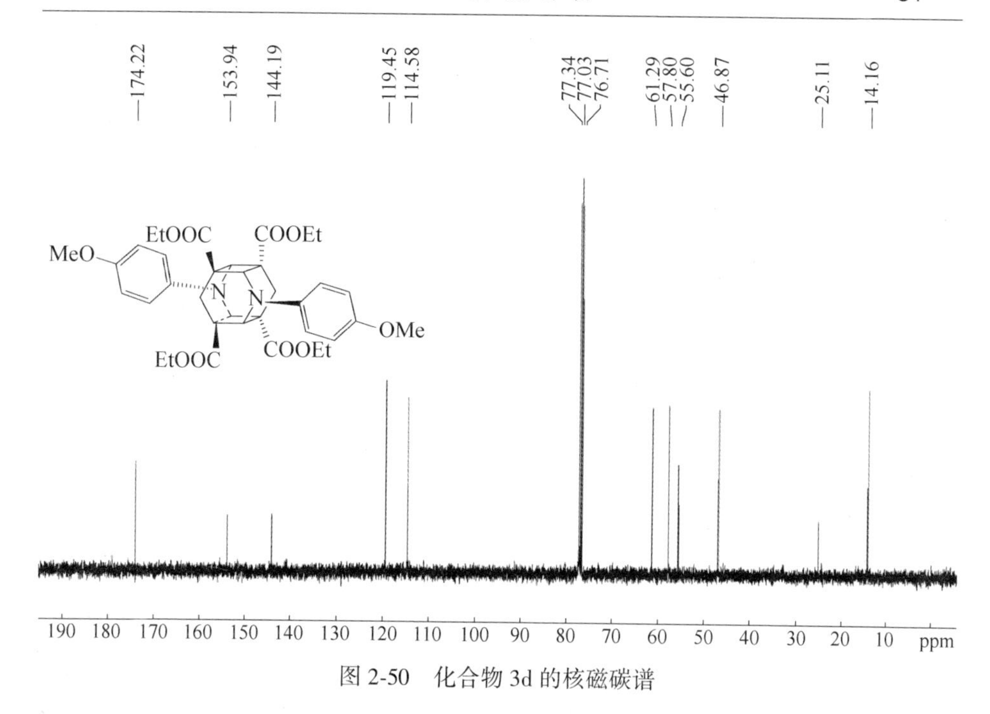

图 2-50 化合物 3d 的核磁碳谱

25.2, 46.9, 56.8, 61.8, 116.8, 120.4, 121.8, 122.1, 122.4, 122.7, 123.1, 125.8, 126.7, (126.7), 126.8, (126.8), 128.5, 152.4, 173.5; HRMS (ESI), $C_{36}H_{37}F_6N_2O_8$ $[M+H]^+$的理论值为 739.2449, 检测数据为 739.2451。X-单晶衍射数据剑桥号: CCDC 1537604。谱图如图 2-12～图 2-15 所示。

F 顺式-1,5-二(4-三氟甲基苯基)-1,4,4a,4b,5,8,8a,8b-八氢双吡啶-3,4a,7,8a-四羧酸乙酯(6e)

将 2mmol 1-(4-三氟苯基)-1,4-二氢吡啶-3,5-二甲酸乙酯(1e)溶于 10mL 四氢呋喃/甲醇 ($V:V=1:1$) 中, 溶液倒入石英光反应器中, 通入 N_2为保护气, 以 120W 环形内照式 LED 灯为光源 (波长 365nm), 反应 5～6h(TLC 监测), 浓缩, 柱层析, 用乙酸乙酯/正己烷 ($V:V=1:4$) 重结晶, 得无色晶体, 产率 30.3%, m.p. 216.8～218.2℃; ^1H NMR(400MHz, $CDCl_3$): $\delta(\times 10^{-6})$ 1.19(t, 3H, CH_3), 1.30(t, 3H, CH_3), 2.31(d, 1H, $J=18.0Hz$, CH_2), 2.85(d, 1H, $J=18.0Hz$, CH_2), 4.15～4.23(m, 4H, CH_2), 5.00(s, 1H, CH), 7.31(d, 2H, $J=8.4Hz$, Ar-H), 7.64(d, 2H, $J=8.4Hz$, Ar-H), 7.96(s, 1H, ═CH); ^{13}C NMR(100MHz, $CDCl_3$): $\delta(\times 10^{-6})$ 13.9, 14.5, 18.3, 50.4, 54.9, 60.2, 62.2, 100.6, 119.1, 122.6, 125.3, 125.7, 126.0, 126.4, 126.8, 126.9, 139.1, 146.8, 167.2, 172.9; HRMS(ESI), $C_{36}H_{37}F_6N_2$

O_8[M+H]$^+$的理论值为739.2449，检测数据为739.2453。X-单晶衍射数据剑桥号：CCDC 1540348。谱图如图2-3、图2-9~图2-11所示。

2.4.3.2　顺式-1,5-二苄基-1,4,4a,4b,5,8,8a,8b-八氢双吡啶-3,4a,7,8a-四羧酸乙酯(7)的合成研究

A　顺式-1,5-二苄基-1,4,4a,4b,5,8,8a,8b-八氢双吡啶-3,4a,7,8a-四甲酸乙酯(7a)

将2mmol 1-苄基-1,4-二氢吡啶-3,5-二甲酸乙酯(2a)溶于10mL四氢呋喃/甲醇（$V:V=1:1$）中，溶液倒入石英光反应器中，通入N_2为保护气，以120W环形内照式LED灯为光源，反应约12h(TLC监测)，浓缩，柱层析，用乙酸乙酯/正己烷（$V:V=1:4$）重结晶，得无色晶体，产率95.3%，m.p. 216.8~217.9℃；^{1}H NMR(400MHz，$CDCl_3$)：$\delta(\times10^{-6})$ 1.11(t，3H，CH_3)，1.30(t，3H，CH_3)，2.23(d，1H，J=18.0Hz，CH_2)，2.60(d，1H，J=18.0Hz，CH_2)，3.93(s，1H，CH)，3.95~4.04(m，2H，OCH_2)，4.10~4.23(m，2H，OCH_2)，4.46(d，1H，J=15.2Hz，Ar-CH_2)，4.58(d，1H，J=15.2Hz，Ar-CH_2)，7.28~7.35(m，5H，Ar-H)，7.73(s，1H，═CH)；^{13}C NMR(100MHz，$CDCl_3$)：$\delta(\times10^{-6})$ 14.0，14.6，19.2，48.1，53.4，57.6，59.4，61.3，91.4，127.7，127.9，128.6，136.4，145.3，168.2，174.3；HRMS(ESI)，$C_{36}H_{43}N_2O_8$[M+H]$^+$的理论值为631.3014，检测数据为631.3017。X-单晶衍射数据剑桥号：CCDC 1537242。谱图如图2-4、图2-16~图2-18所示。

B　顺式-1,5-二(4-甲氧基苄基)-1,4,4a,4b,5,8,8a,8b-八氢双吡啶-3,4a,7,8a-四甲酸乙酯(7b)

合成方法同7a，无色晶体，产率92.1%，m.p. 220.4~221.7℃；^{1}H NMR(400MHz，$CDCl_3$)：$\delta(\times10^{-6})$ 1.11(t，3H，CH_3)，1.30(t，3H，CH_3)，2.21(d，1H，J=18.0Hz，CH_2)，2.59(d，1H，J=18.0Hz，CH_2)，3.79(s，3H，OCH_3)，3.92(s，1H，CH)，3.95~4.04(m，2H，OCH_2)，4.11~4.23(m，2H，OCH_2)，4.39(d，1H，J=15.2Hz，Ar-CH_2)，4.49(d，1H，J=15.2Hz，Ar-CH_2)，6.85(d，2H，J=8.4Hz，Ar-H)，7.21(d，2H，J=8.4Hz，Ar-H)，7.71(s，1H，═CH)；^{13}C NMR(100MHz，$CDCl_3$)：$\delta(\times10^{-6})$ 14.0，14.6，19.2，48.1，53.3，55.3，57.2，59.4，61.2，91.2，113.9，128.3，129.2，145.3，159.3，168.2，

174.3；HRMS(ESI)，$C_{38}H_{47}N_2O_{10}$[M+H]$^+$的理论值为 691.3225，检测数据为 691.3229。

化合物 7b 的核磁氢谱和核磁碳谱如图 2-51 和图 2-52 所示。

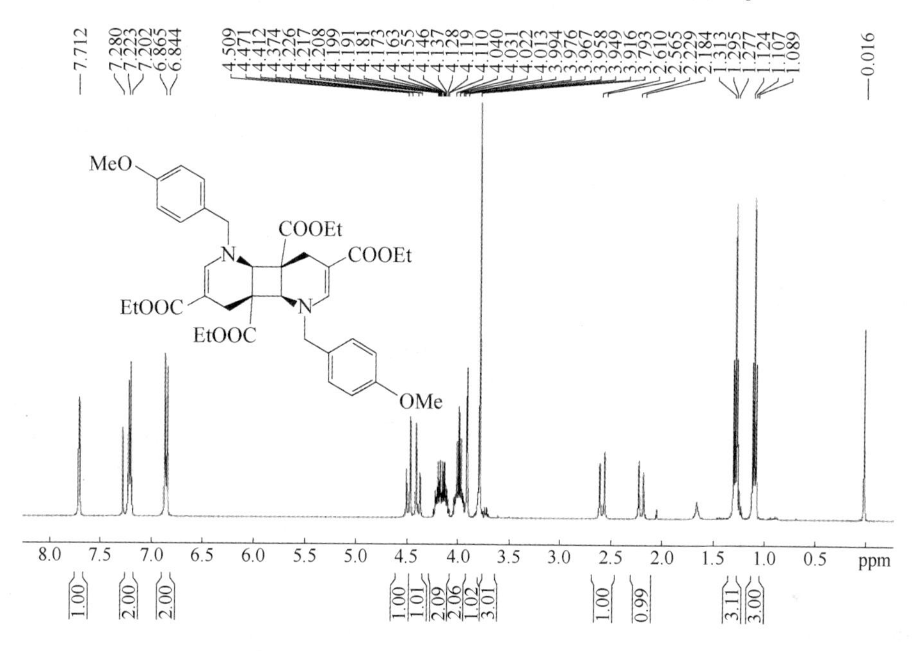

图 2-51 化合物 7b 的核磁氢谱

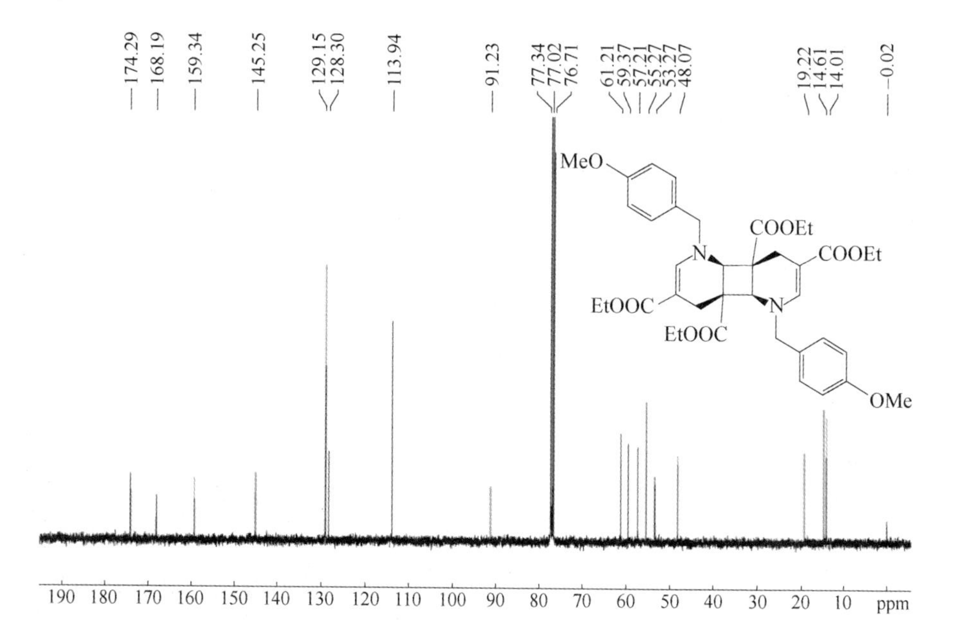

图 2-52 化合物 7b 的核磁碳谱

C 顺式-1,5-二(2,4-二甲氧基苄基)-1,4,4a,4b,5,8,8a,8b-八氢双吡啶-3,4a,7,8a-四甲酸乙酯(7c)

合成方法同 7a，无色晶体，产率 86.2%，m. p. 236.7 ~ 238.4℃；^{1}H NMR(400MHz, $CDCl_3$)：$\delta(\times 10^{-6})$ 1.07(t, 3H, CH_3), 1.27(t, 3H, CH_3), 2.13(d, 1H, J=18.0Hz, CH_2), 2.49(d, 1H, J=18.0Hz, CH_2), 3.78(s, 3H, OCH_3), 3.80(s, 3H, OCH_3), 3.95 ~ 4.01(m, 2H, OCH_2), 4.00(s, 1H, CH), 4.09 ~ 4.17(m, 2H, OCH_2), 4.35(d, 1H, J=15.2Hz, Ar-CH_2), 4.42(d, 1H, J=15.2Hz, Ar-CH_2), 6.38 ~ 6.44(m, 2H, Ar-H), 7.12(d, 1H, J=4.4Hz, Ar-H), 7.72(s, 1H, ═CH)；^{13}C NMR(100MHz, $CDCl_3$)：$\delta(\times 10^{-6})$ 13.8, 14.7, 18.7, 48.3, 53.1, 53.8, 55.2, 55.3, 59.1, 61.1, 90.2, 98.7, 103.6, 116.9, 130.6, 146.0, 159.0, 160.9, 168.4, 174.3；HRMS(ESI)，$C_{40}H_{51}N_2O_{12}$ $[M+H]^+$的理论值为 751.3437，检测数据为 751.3439。

化合物 7c 的核磁氢谱和核磁碳谱如图 2-53 和图 2-54 所示。

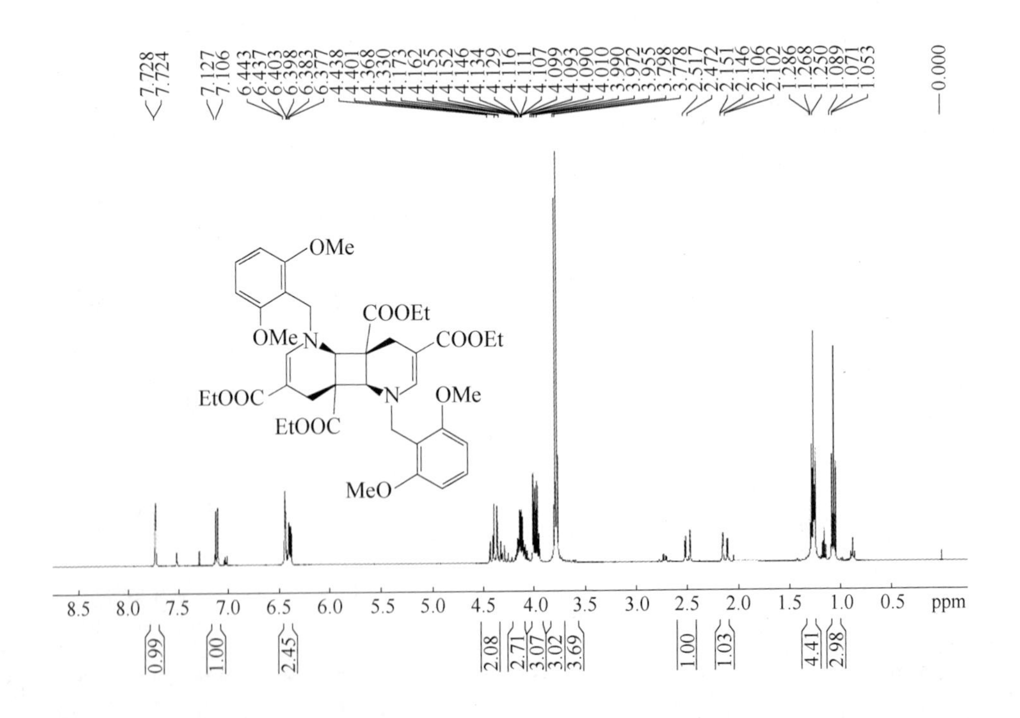

图 2-53 化合物 7c 的核磁氢谱

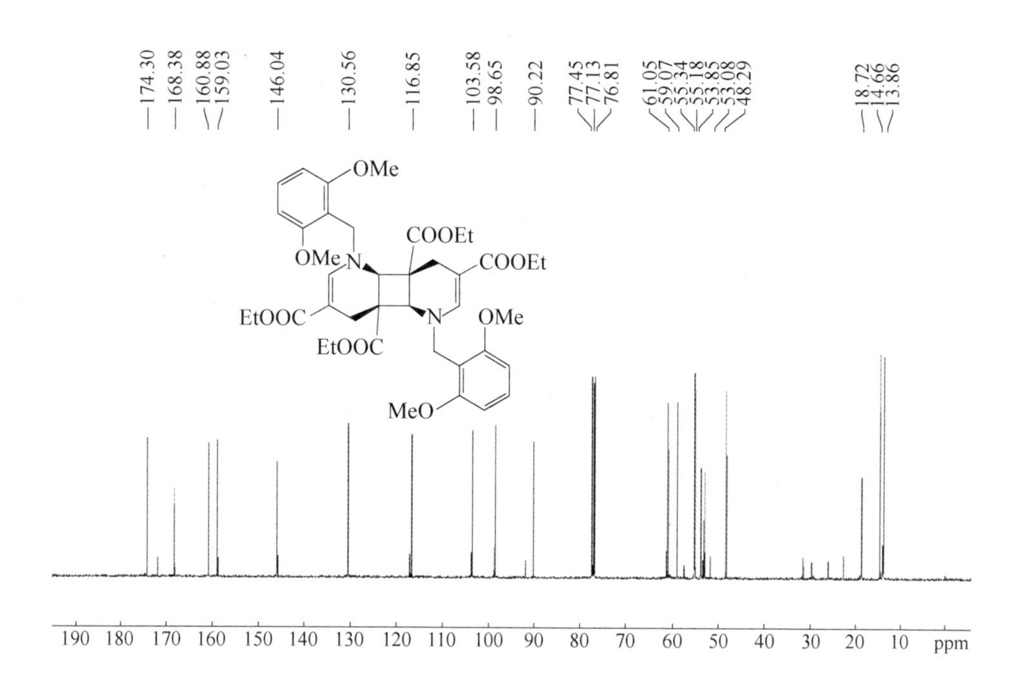

图 2-54 化合物 7c 的核磁碳谱

D 顺式-1,5-二(3-氟苄基)-1,4,4a,4b,5,8,8a,8b-八氢双吡啶-3,4a,7,8a-四甲酸乙酯(7d)

合成方法同 7a，白色固体，产率 91.8%，m. p. 240.8～242.3℃；^{1}H NMR(400MHz，$CDCl_3$)：$\delta(\times10^{-6})$ 1.12(t，3H，CH_3)，1.29(t，3H，CH_3)，2.21(d，1H，J=18.0Hz，CH_2)，2.59(d，1H，J=18.0Hz，CH_2)，3.90(s，1H，CH)，3.98～4.48(m，4H，OCH_2)，4.46(d，1H，J=15.6Hz，Ar-CH_2)，4.49(d，1H，J=15.6Hz，Ar-CH_2)，6.95～7.33(m，4H，Ar-H)，7.71(s，1H，=CH)；^{13}C NMR(100MHz，$CDCl_3$)：$\delta(\times10^{-6})$ 14.0，14.6，19.2，48.0，53.3，56.8，59.5，61.4，91.7，114.2，114.4，114.6，114.9，123.3，123.4，130.1，130.2，139.1，139.2，145.1，160.7，164.2，168.0，174.3；HRMS(ESI)，$C_{36}H_{41}F_2N_2O_8[M+H]^+$的理论值为 667.2825，检测数据为 667.2829。

化合物 7d 的核磁氢谱和核磁碳谱如图 2-55 和图 2-56 所示。

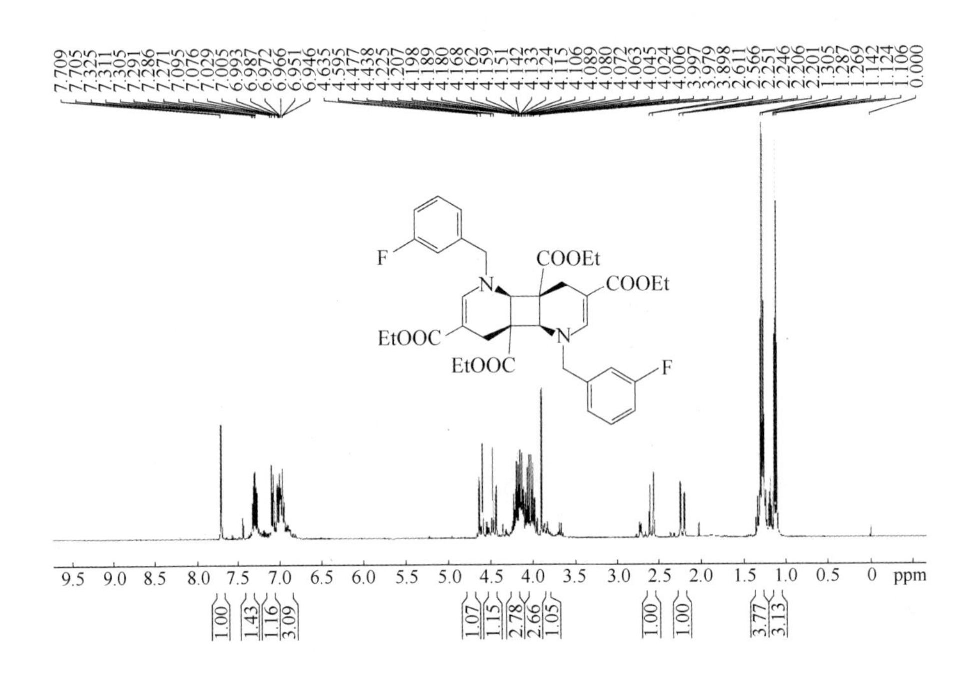

图 2-55　化合物 7d 的核磁氢谱

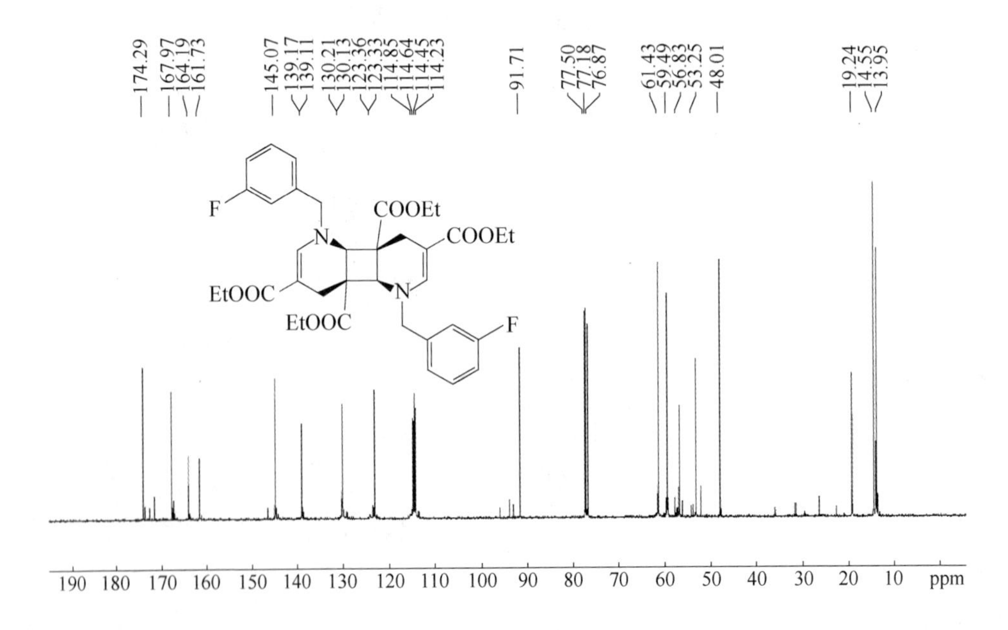

图 2-56　化合物 7d 的核磁碳谱

E 顺式-1,5-二(4-三氟甲基苄基)-1,4,4a,4b,5,8,8a,8b-八氢双吡啶-3,4a,7,8a-四甲酸乙酯(7e)

合成方法同 7a，无色晶体，产率 90.2%，m. p. 255.3~256.7℃；^{1}H NMR (400MHz，$CDCl_3$)：$\delta(\times10^{-6})$ 1.09(t，3H，CH_3)，1.29(t，3H，CH_3)，2.24(d，1H，J=18.0Hz，CH_2)，2.59(d，1H，J=18.0Hz，CH_2)，3.84(s，1H，CH)，3.95~4.23(m，4H，OCH_2)，4.52(d，1H，J=15.6Hz，Ar-CH_2)，4.67(d，1H，J=15.6Hz，Ar-CH_2)，7.43(d，2H，J=8.4Hz，Ar-CH_2)，7.64(d，2H，J=8.4Hz，Ar-CH_2)，7.71(s，1H，=CH)；^{13}C NMR(100MHz，$CDCl_3$)：$\delta(\times10^{-6})$ 14.0，14.6，19.3，48.1，53.3，56.9，59.6，61.5，92.0，122.6，125.3，125.5，125.6，(125.6)，128.0，130.1，140.5，145.0，168.0，174.3；HRMS(ESI)，$C_{38}H_{41}F_6N_2O_8$ $[M+H]^+$ 的理论值为 767.2762，检测数据为 767.2765。

化合物 7e 的核磁氢谱和核磁碳谱如图 2-57 和图 2-58 所示。

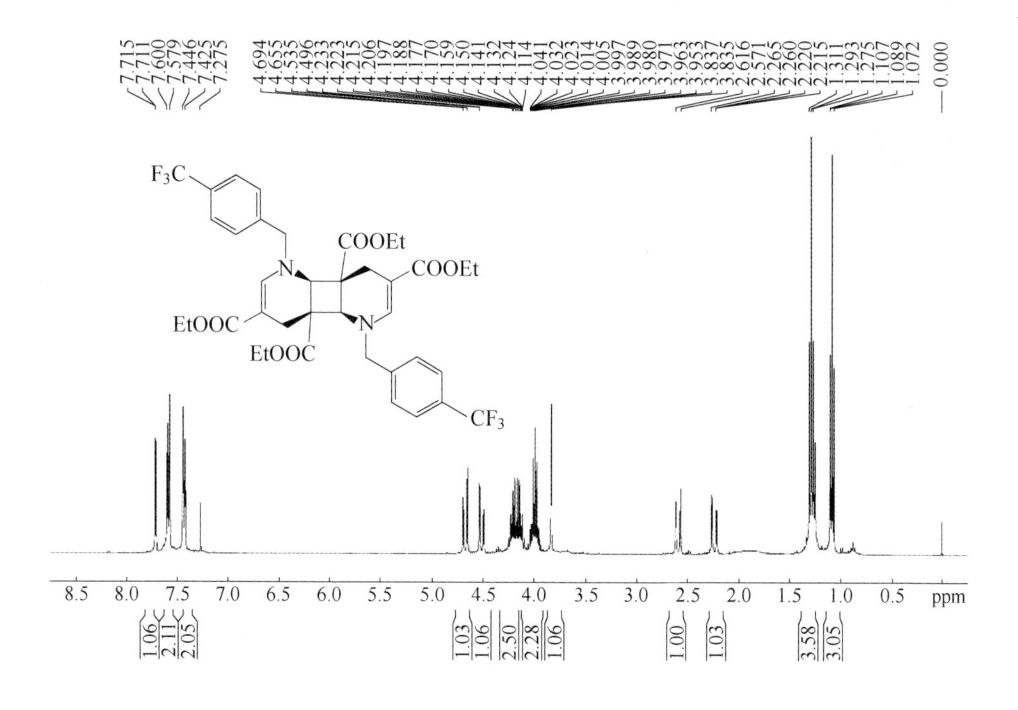

图 2-57 化合物 7e 的核磁氢谱

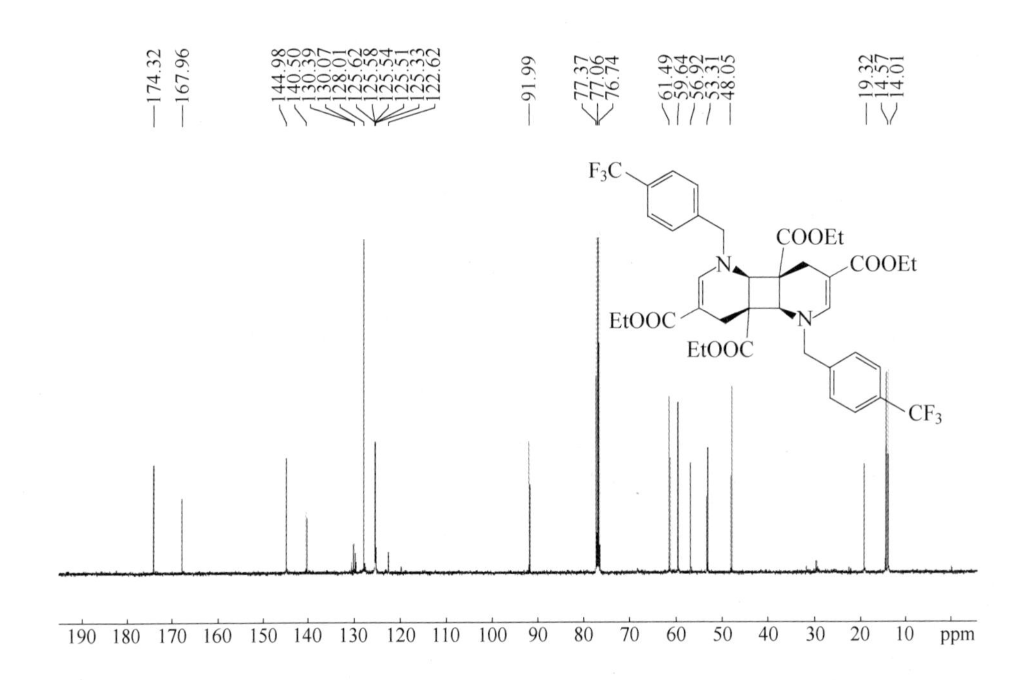

图 2-58　化合物 7e 的核磁碳谱

2.5　本章小结

在 C_2-3,9-二氮杂四星烷的合成研究过程中，首先，采用 Hantzsch 合成法，以多聚甲醛、丙炔酸乙酯和芳胺或苄胺为原料，通过缩合反应合成得到 N-芳基和 N-苄基-1,4-二氢吡啶类光反应底物，并采用微波辅助合成技术对其合成方法进行了改进，产率由 40%提高到 70%，同时反应时间只需要约 30 min，得到 12 个未见文献报道的 1,4-二氢吡啶和相关产物。其次，通过对 1,4-二氢吡啶的[2+2]光环合反应的光源及波长、溶剂、反应浓度等因素对光合成产物影响进行研究，确定了 C_2-3,9-二氮杂四星烷的合成方法，共得到 11 个半合和全合的 C_2-3,9-二氮杂四星烷化合物。最后，对 N-芳基-1,4-二氢吡啶和 N-苄基-1,4-二氢吡啶的光化学合成反应机理进行探讨，推测目标化合物 C_2-3,9-二氮杂四星烷的生成是先经历一个双自由基反应中间体得到顺式半合产物，再经历另一个类似的双自由基中间体而得到。通过密度泛函理论方法对 N-芳基和 N-苄基-1,4-二氢吡啶的顺式半合产物的静电势分布进行研究，发现 N 原子上引入的苯基和苄基产生的不同电子效应引起分子内 2 个双键的静电势分布不同，导致两类化合物的反应活性不同。即 N-芳基-1,4-二氢吡啶的顺式半合产物可进一步发生分子内的[2+2]光环合反应生成全合产物，而 N-苄基-1,4-二氢吡啶的顺式半合产物由于分子内 2 个双键之间的静电排斥作用导致不能进一步发生分子内的[2+2]光环合反应生成全合产物。

3　非 C_2-3,9 二氮杂四星烷的光化学合成研究

目前已知的 3,9-二氮杂四星烷均为具有 C_2-轴对称结构的四星烷化合物，未见有非 C_2-轴对称的 3,9-二氮杂四星烷化合物的报道。为了系统研究 3,9-二氮杂四星烷的结构特点与合成方法和药理活性等之间的关系，以不同的双分子 1,4-二氢吡啶(8 和 9)为光化学反应底物，以期通过分子间交互[2+2]光环合反应合成新颖的非 C_2-3,9-二氮杂四星烷(10 和 11)；同时通过对 C_2-3,9-二氮杂四星烷进行选择性官能团化，以期得到非 C_2-3,9-二氮杂四星烷(12)。

具体反应式如下：

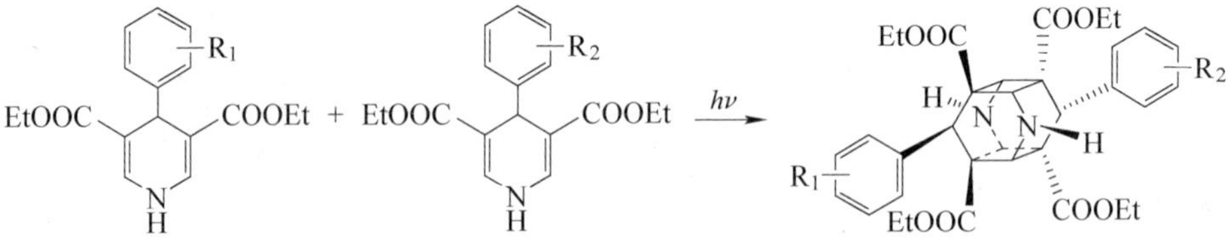

R_1　EtOOC　COOEt　N　H　+　R_2　EtOOC　COOEt　N　H　$h\nu$　→　EtOOC　COOEt　H　N　N　H　R_2　R_1　EtOOC　COOEt

8x　8y　10xy

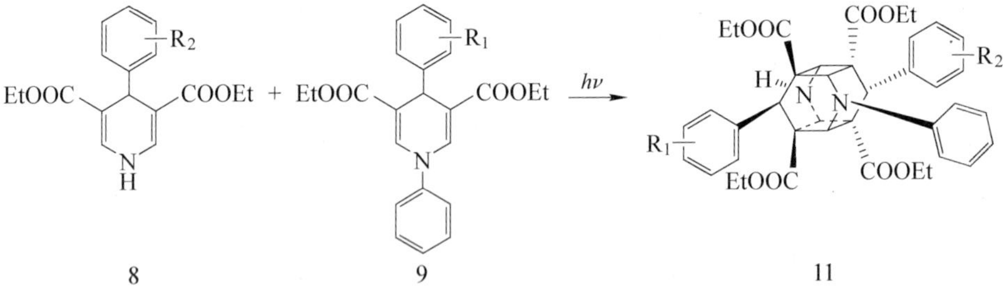

R_2　EtOOC　COOEt　N　H　+　R_1　EtOOC　COOEt　N　$h\nu$　→　EtOOC　COOEt　H　N　N　R_2　R_1　EtOOC　COOEt

8　9　11

EtOOC　COOEt　N　H　$h\nu$　→　EtOOC　COOEt　H　N　N　H　EtOOC　COOEt　R–COCl　→　EtOOC　COOEt　H　N　N　R　EtOOC　COOEt　O

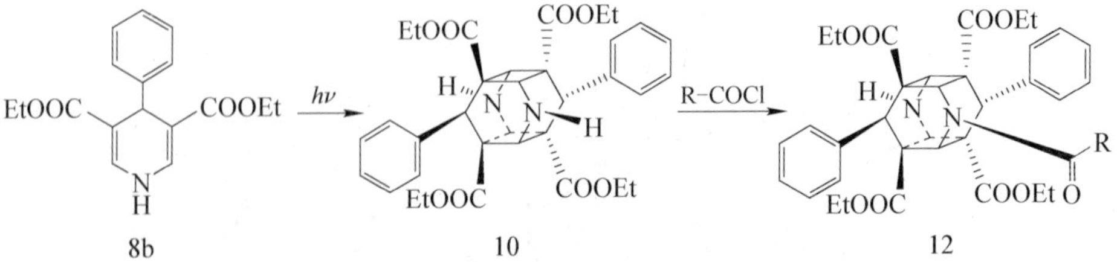

8b　10　12

3.1 1,4-二氢吡啶-3,5-二羧酸乙酯的合成研究

3.1.1 1,4-二氢吡啶-3,5-二羧酸乙酯(8)的合成研究

1,4-二氢吡啶-3,5-二羧酸乙酯(8a)的合成参考N-芳基-1,4-二氢吡啶-3,5-二羧酸乙酯(1)的合成条件[131]，以多聚甲醛和丙炔酸乙酯为原料，醋酸铵为氮源，冰醋酸为催化剂，乙醇为溶剂，经微波辅助（温度80℃，功率50W）合成得到，反应时间为30 min，产率约63%。反应式如下：

$(CH_2O)_n$ + 丙炔酸乙酯 + NH_4OAc $\xrightarrow[EtOH]{HOAc}$ 8a

4-芳基-1,4-二氢吡啶（8b-8j）的制备参照文献[115]的方法，以芳醛和丙炔酸乙酯为原料，苯胺为氮源，冰醋酸为催化剂，乙醇为溶剂，经微波辅助（温度80℃，功率50W）合成得到，该方法操作简单高效，反应时间约为30min，产率也较为稳定，得到的具有不同取代基的4-芳基-1,4-二氢吡啶（8b-8j）的产率见表3-1。

反应式如下：

芳醛 + 丙炔酸乙酯 + NH_4OAc $\xrightarrow[EtOH]{HOAc}$ 8b–8g

表3-1 化合物8b-8g的产率

化合物	R	产率/%	反应时间/min
8b	H	71	30
8c	3-Me	69	30
8d	4-tBu	75	30
8e	4-OMe	67	30
8f	3,4-diOMe	73	30
8g	3,4,5-triOMe	75	30

3.1.2　1,4-二芳基-1,4-二氢吡啶-3,5-二羧酸乙酯(9)的合成研究

1,4-二芳基-1,4-二氢吡啶(9)的制备参照文献[120]的方法，以芳醛和丙炔酸乙酯为原料，苯胺为氮源，冰醋酸为催化剂，在乙醇溶剂中加热反应（约 1h）合成得到，该方法操作简单，产率也较为稳定，其产率见表 3-2。反应式如下：

HOAc
EtOH
EtOOC
COOEt
OEt
NH_2
R
9a~9e

表 3-2　化合物 9 的产率

化合物	R	产率/%	反应时间/h
9a	H	65	1
9b	4-Me	59	1.5
9c	4-OMe	66	1
9d	3,4,5-triOMe	68	1
9e	4-F	53	1.5

3.2　非 C_2-3,9-二氮杂四星烷-1,5,7,11-四羧酸乙酯的合成研究

3.2.1　6,12-二芳基-3,9-二氮杂四星烷-1,5,7,11-四羧酸乙酯(10)的合成研究

6,12-二芳基-3,9-二氮杂四星烷(10)的光照条件参考 3,9-二芳基-3,9-二氮杂四星烷(3a)的条件（见 2.2.1 节），即以四氢呋喃/甲醇（$V:V=1:1$）为溶剂，吡啶混合溶液（1∶1）浓度为 0.2mol/L（近饱和浓度），在 120W 的环形内照式 LED 灯（365nm）的照射下，反应进程以 TLC 监测，以原料消失为反应终点。选取两种不同的 4-芳基-1,4-二氢吡啶原料 8b 和 8g 进行混合液相光照反应，经 12h 之后得到 10bg，产率约为 30%。

在反应过程中，同时也能分离得到 8b 和 8g 的自身[2+2]光环合产物 10b 与 10g，其产率为 20%~25%，说明两者自身的[2+2]光环合反应之间不存在明显的竞争关系；该结果与薄层色谱（PE/EA = 2/1）检测结果一致。

反应式如下：

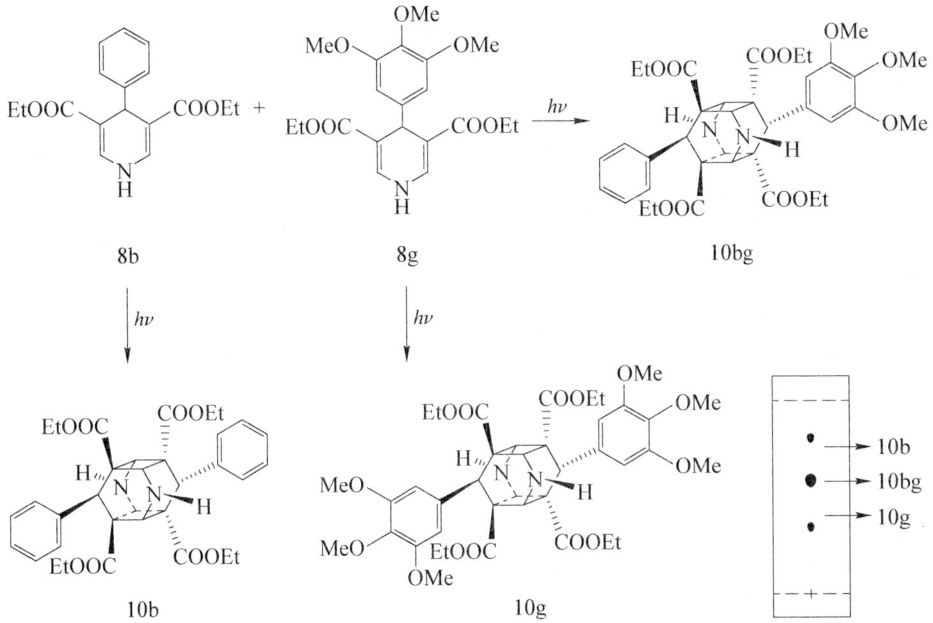

8b　8g　10bg

10b　10g

10b　10bg　10g

在上述的反应过程中，分离得到交互[2+2]顺式半合中间体 13bg（如图 3-1 和表 3-3 所示）。中间体 13bg 是顺式半合产物，经进一步光照后，可发生分子内[2+2]光环合反应生成 6,12-二芳基-3,9-二氮杂四星烷 10bg。

反应式如下：

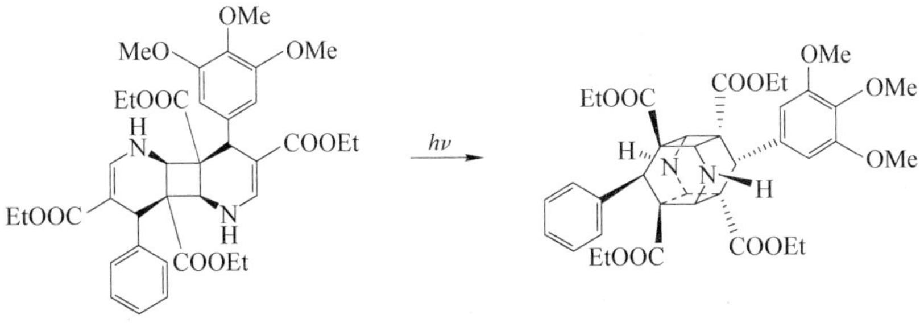

13bg　10bg

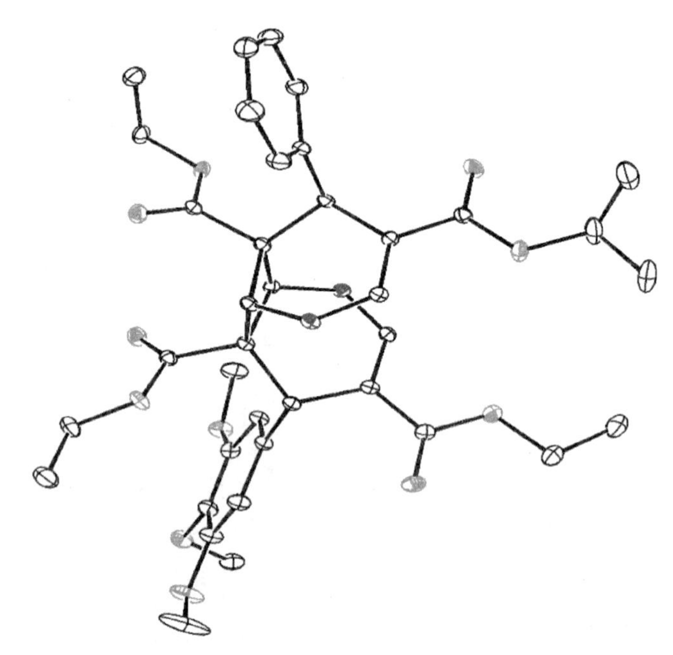

图 3-1　化合物 13bg 的 X-单晶衍射图

表 3-3　化合物 13bg 的晶体学基本参数

晶体学基本参数	参数值	晶体学基本参数	参数值
分子式	$C_{37}H_{42}N_2O_{11}$	γ/(°)	76.611（7）
分子量	690.72	体积 V/nm^3	3.7999（9）
晶体大小/mm^3	0.23×0.22×0.18	计算密度/mg · m^{-3}	1.207
晶系	Triclinic	线性吸收系数/mm^{-1}	0.089
空间群	$P1$	晶胞分子数 Z	4
晶 胞 参 数		晶胞电子的数目 F_{000}	1464
a/nm	1.09132（13）	衍射实验温度/K	113
b/nm	1.6828（2）	衍射波长 λ/nm	0.071073
c/nm	2.1963（3）	衍射光源	Mo Kα
α/(°)	88.088（9）	衍射角度 θ/(°)	2.265~27.860
β/(°)	75.632（7）	R 因子	0.1166

在研究过程中发现，光照反应经 6h 左右时半合中间体 13bg 的产率最高，约 30%；随着时间的推移半合产物 13bg 逐渐生成全合产物 10bg，在 12h 后，几乎全部转变为全合产物。当用半合产物 13bg 直接光照时发现，经过约 6h

后全部转变为全合产物，且产率可达 92%。这说明在 3,9-二氮杂四星烷 10bg 的合成过程中，分子间的[2+2]光环合反应和分子内的[2+2]光环合反应所需的反应时间几乎是一样长的。

3.2.2 3,6,12-三芳基-3,9-二氮杂四星烷-1,5,7,11-四甲酸乙酯(11)的合成研究

3,6,12-三芳基-3,9-二氮杂四星烷(11)的光照条件参考 6,12-二芳基-3,9-二氮杂四星烷(10bg)的条件（见 3.2.1 节），即以四氢呋喃/甲醇（$V:V=1:1$）为溶剂，吡啶混合溶液（1∶1）浓度为 0.2mol/L（近饱和浓度），在 120W 的环形内照式 LED 灯（365nm）的照射下，反应进程以 TLC 监测，以吡啶原料消失为反应终点（约 12h）。选取 4-芳基-1,4-二氢吡啶(8)和 1,4-二芳基-1,4-二氢吡啶(9)为吡啶原料，通过交互[2+2]光环合反应，合成了一系列 3,6,12-三芳基-3,9-二氮杂四星烷-1,5,7,11-四甲酸乙酯(11)，其结果见表 3-4。

反应式如下：

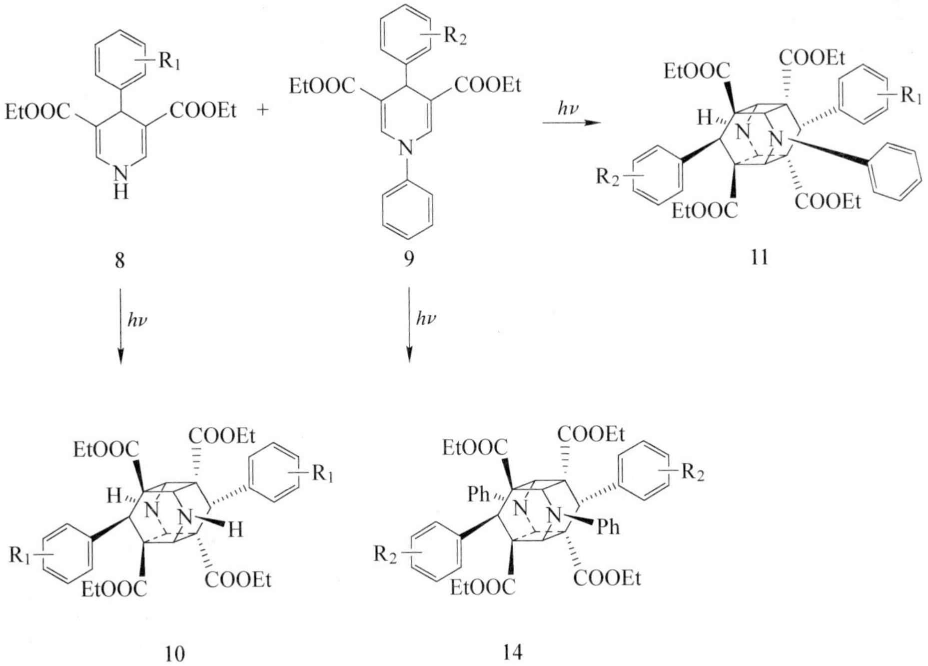

8 + 9 → (hν) 11

8 → (hν) 10

9 → (hν) 14

表 3-4　化合物 11 的产率

化合物	R_1	R_2	产率/%	反应时间/h
11ad	4-tBu	H	31	10
11ae	4-OMe	H	25	9
11ag	3,4,5-triOMe	H	27	11
11bb	H	4-OMe	28	10
11bg	3,4,5-triOMe	4-OMe	27	10
11cd	4-tBu	3,4-diOMe	30	12
11cf	3,4-diOMe	3,4-diOMe	24	10

从表 3-4 中可以看出，4-芳基-1,4-二氢吡啶(8)和 1,4-二芳基-1,4-二氢吡啶(9)自身的[2+2]光环合反应之间无明显竞争关系，N-H 和 N-Ar 对[2+2]光环合反应没有明显的影响，彼此间可顺利发生交互[2+2]光环合反应，可为非 C_2-3,9-二氮杂四星烷的合成提供一种新的方法与思路，并且该方法的提出可为更多种类的多取代不对称的四星烷或者多面体烷的合成提供理论和实验基础。

3.2.3　3-芳甲酰基-6,12-二芳基-3,9-二氮杂四星烷-1,5,7,11-四甲酸乙酯(12)的合成研究

非 C_2-3,9-二氮杂四星烷的合成是对 C_2-3,9-二氮杂四星烷的选择性官能团化，即以 3,9-二氮杂四星烷(10)为底物进行酰化反应，以得到非 C_2-3,9-二氮杂四星烷(12)。以化合物 12a 的合成为例，对投料比、溶剂、缚酸剂 3 个影响因素进行了考察。投料比（10:苯甲酰氯）的选择是 1/1.0、1/1.1 和 1/1.2；溶剂选用 DCM 和 THF；缚酸剂选择三乙胺、吡啶、碳酸钠和碳酸氢钠，结果见表 3-5。

反应式如下：

EtOOC　COOEt　N H　8b　$h\nu$　EtOOC　COOEt　H　N　N　H　EtOOC　COOEt　10b　R-COCl　EtOOC　COOEt　H　N　N　R　EtOOC　COOEt　O　12

表 3-5 不同条件下化合物 12a 的产率

缚酸剂	溶剂	反应时间/h	产率/%		
			投料比(1∶1)	投料比(1∶1.1)	投料比(1∶1.2)
三乙胺	THF	8	78	81	76
	DCM	6	80	85	79
吡啶	THF	7	69	72	66
	DCM	4	73	78	74
Na_2CO_3	THF	24	60	66	60
	DCM	12	61	63	62
$NaHCO_3$	THF	24	52	55	51
	DCM	11	57	59	54

由表 3-5 可知，反应在 DCM 中进行，用三乙胺作为缚酸剂时，反应时间短产物产率相对较高；当 10b 与苯甲酰氯的投料比为 1∶1.1 时，产物产率最高；当投料比为 1∶1 时，反应原料 10b 反应不完全；而如果进一步增大反应物的量，易形成双取代的副产物，因此选择 1∶1.1 为最佳投料比。在此条件下，以化合物 10b 和不同的酰氯为原料合成得到了一系列的 3-芳甲酰基-6,12-二芳基-3,9-二氮杂四星烷 12，结果见表 3-6。

表 3-6 化合物 12 的产率

化合物	R—CO—	产率/%	反应时间/h
12a	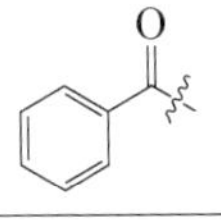	85	6
12b	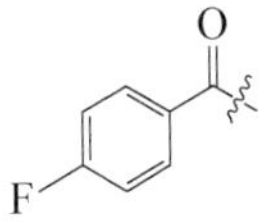 F	77	6
12c	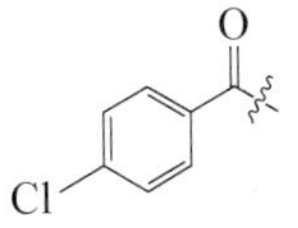 Cl	81	6
12d	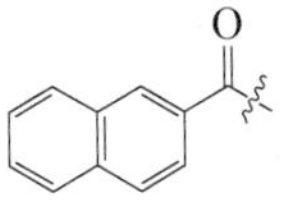	84	6
12e	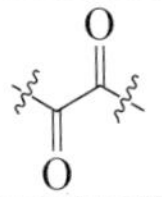	73	6

从表 3-6 中可以看出，R—CO—的取代基的性质对反应几乎没有影响，其中 10b 与芳甲酰氯反应的产率较高，可达到 85%左右（如 12a 和 12d）；另外，链状的酰氯也可与 10b 发生反应合成得到目标化合物，如选取草酰氯可顺利合成得到目标化合物 12e，该化合物为双二氮杂四星烷结构，产率为 73%（如图 3-2 和表 3-7 所示）。

反应式如下：

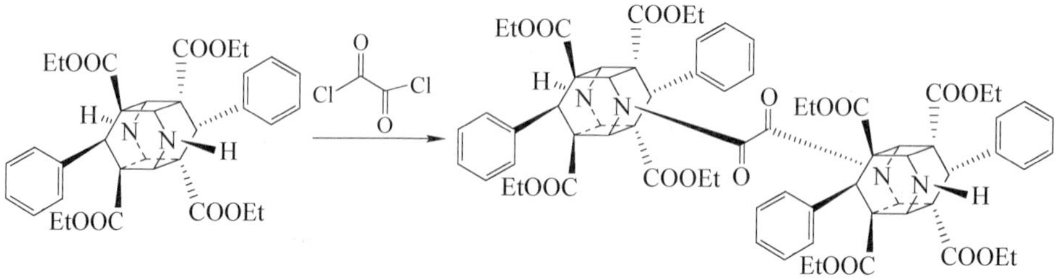

10e

12e

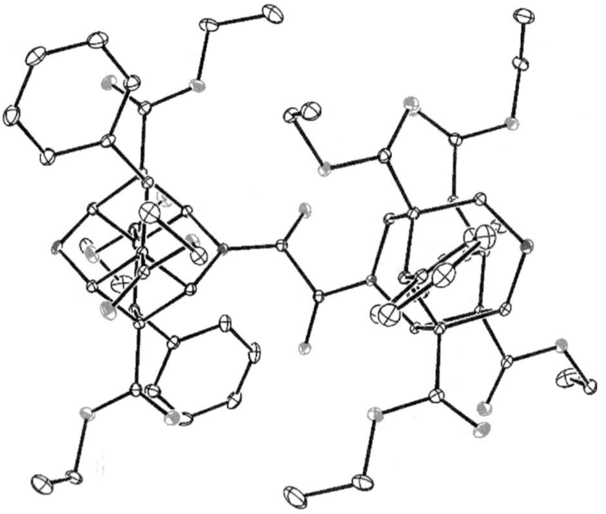

图 3-2　化合物 12e 的 X-单晶衍射图

表 3-7　化合物 12e 的晶体学基本参数

晶体学基本参数	参数值	晶体学基本参数	参数值
分子式	$C_{70}H_{74}N_4O_{18}$	γ/(°)	90. 00
分子量	1259. 33	体积 V/nm³	6. 535（3）
晶体大小/mm³	0. 20×0. 18×0. 12	计算密度/mg · m⁻³	1. 280
晶系	Monoclinic	线性吸收系数/mm⁻¹	0. 093

续表 3-7

晶体学基本参数	参数值	晶体学基本参数	参数值
空间群	$C2/c$	晶胞分子数 Z	4
晶 胞 参 数		晶胞电子的数目 F_{000}	2664
a/nm	1.5019 (5)	衍射实验温度/K	113.15
b/nm	1.8185 (5)	衍射波长 λ/nm	0.071073
c/nm	2.4423 (7)	衍射光源	Mo Kα
α/ (°)	90.00	衍射角度 θ/(°)	3.334~27.501
β/(°)	101.580 (9)	R 因子	0.1139

3.2.4 非 C_2-3,9-二氮杂四星烷的光化学合成机理讨论

根据 α,β-不饱和羧酸衍生物的双自由基中间体的机理[15~22]，两个不同二氢吡啶之间发生交互[2+2]光环合反应先生成交互的顺式半合四星烷，再经分子内的[2+2]光环合反应生成相应的全合四星烷。以 10bg 的合成为例，8b 和 8g 发生交互[2+2]光环合反应先生成顺式半合中间体 13bg，再经过分子内的[2+2]光环合反应生成 10bg。13bg 在固相和液相条件下均可发生分子内的[2+2]光环合反应生成 10bg，是因为分子内的两个双键的距离相近且呈平行排列。如图 3-3 所示，新生成的环丁烷几乎在一个平面上，因此，两个双键（C2═C8 和 C1═C9）几乎呈平行排列，且双键中心距离介于 0.3203nm 与 0.3243nm 之间，满足发生固相[2+2]光环合反应的条件，同样在液相光照条件下也可发生[2+2]光环合反应。

反应式如下：

8b 8g 13bg 10bg

根据 α,β-不饱和羰基类化合物的[2+2]光环合反应的机理[15~22]，可以推测在顺式半合产物 13bg 的生成过程中，应该有两个路径，一个是 8b 和 8g* 之间发生反应，另一个是 8b* 和 8g 之间发生反应（合成路径如图 3-4 所示）。

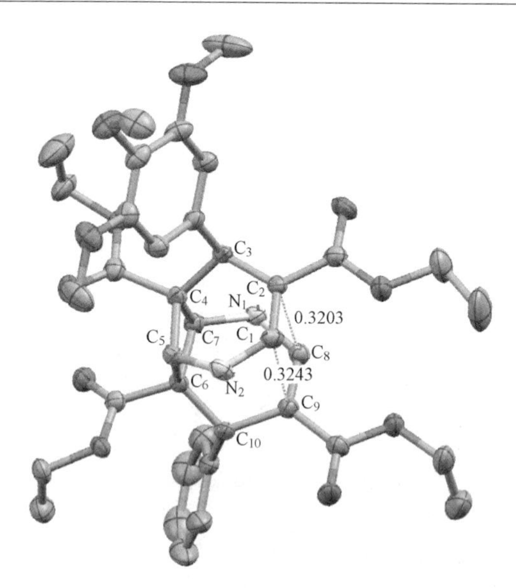

图 3-3　化合物 13bg 的晶体学分析

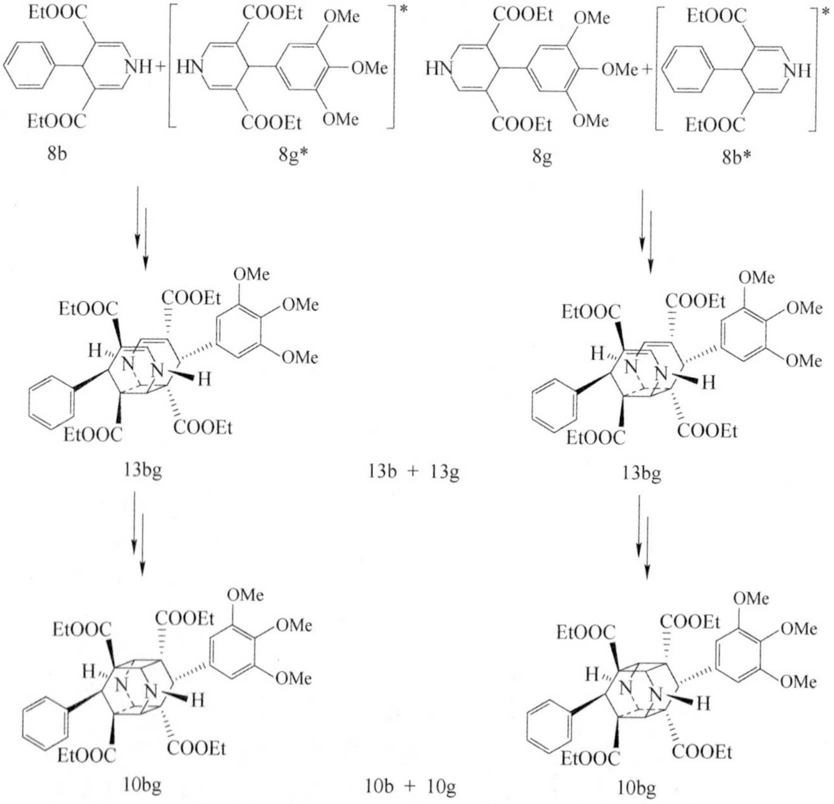

EtOOC　COOEt　OMe　COOEt　OMe　EtOOC

NH +　HN　OMe　HN　OMe +　NH

EtOOC　COOEt　OMe　COOEt　OMe　EtOOC

8b　8g*　8g　8b*

13bg　13b + 13g　13bg

10bg　10b + 10g　10bg

图 3-4　化合物 10bg 的合成路径

当然，在整个反应体系中 8b 和 8b* 以及 8g 和 8g* 同样发生反应生成对应的顺式半合中间体，相应的中间体再经过光化学反应生成对应的四星烷 10b 和 10g。在 13bg 的生成过程中，13b 和 13g 与之构成竞争关系，化合物 13bg 的产率（30%~35%）略高于 13b 和 13g 的产率（20%~25%）。三个顺式半合中间体经过进一步分子内的[2+2]光环合反应生成对应的四星烷化合物 10b、10g 和 10bg。

以 8b* 和 8g 这一反应路径为例探讨化合物 10bg 的生成机理（如图 3-5 所示）。8b 经光照首先激发得到相应的单重激发态 S_1，再经由系间窜越（ISC，如自旋反转）生成对应的三重激发态 T_1，随后被处于基态（S_0）的 8g 分子进攻而生成双自由基中间体 M1，该中间体通过进一步合环可生成对应的顺式半合产物 13bg。化合物 13bg 在光照下可经历类似的反应过程，发生分子内的[2+2]光环合反应生成目标化合物 10bg，反应过程如下：化合物 13bg 分子内

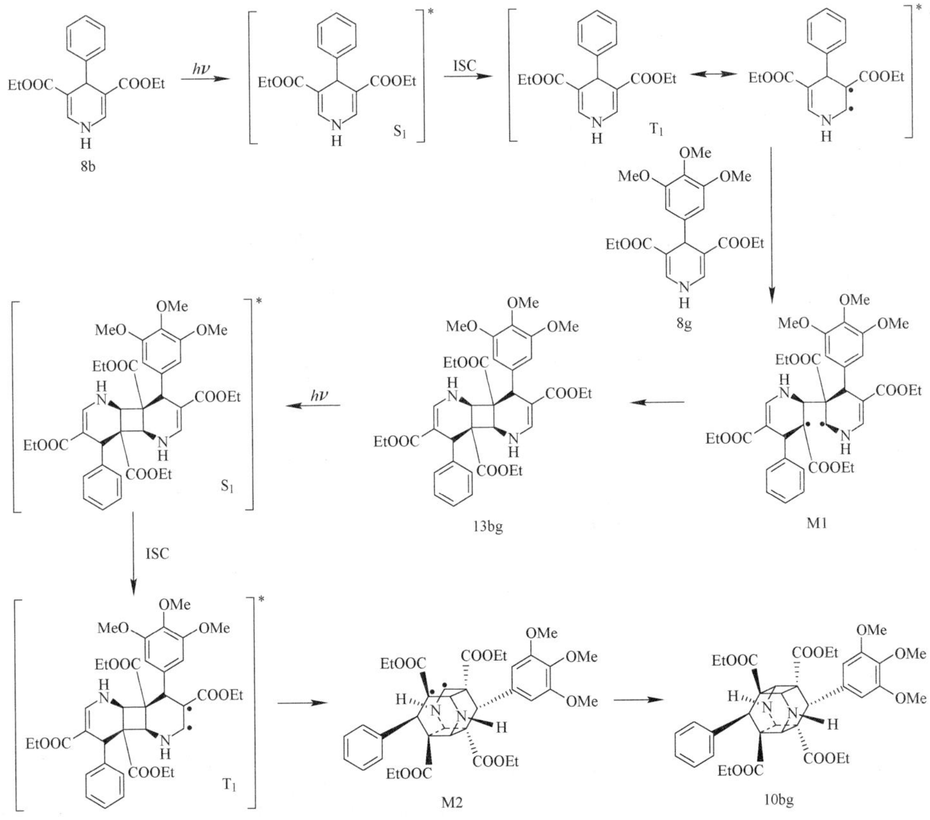

图 3-5 化合物 10bg 的生成机理

的其中一个双键首先激发得到相应的单重激发态 S_1，并经由系间窜越（ISC）生成对应的三重激发态 T_1，随后被分子内另一处于基态（S_0）的双键进攻而生成双自由基中间体 M2，该中间体通过进一步合环生成目标化合物 10bg。

3.3 化合物结构解析

在6,12-二芳基-3,9-二氮杂四星烷-1,5,7,11-四羧酸乙酯(10)、3,6,12-三芳基-3,9-二氮杂四星烷-1,5,7,11-四甲酸乙酯相关化合物(11)和3-芳甲酰基-6,12-二芳基-3,9-二氮杂四星烷-1,5,7,11-四甲酸乙酯(12)的合成研究中，分离得到的化合物的结构均经过^{1}H NMR、^{13}C NMR、HRMS 以及 X-单晶衍射技术的确认。根据^{1}H NMR、^{13}C NMR、HRMS 和 X-单晶衍射数据，对合成得到的部分代表性化合物进行结构解析。

3.3.1 6,12-二芳基-3,9-二氮杂四星烷-1,5,7,11-四羧酸乙酯(10)及相关化合物的结构解析

3.3.1.1 顺式-4-(3,4,5-三甲氧基苯基)-8-苯基-1,4,4a,4b,5,8,8a,8b-八氢双吡啶-3,4a,7,8a-四甲酸乙酯(13bg)

^{1}H NMR（400MHz，$CDCl_3$）：$\delta(\times10^{-6})$ 0.94(t，3H，CH_3)，0.99(t，3H，CH_3)，1.22(t，3H，CH_3)，1.26(t，3H，CH_3)，3.66～3.88(m，4H，CH_2)，3.76(s，3H，OCH_3)，3.79(s，6H，OCH_3)，3.99(s，1H，Ar-CH)，3.99～4.09(m，2H，CH_2)，4.05(s，1H，Ar-CH)，4.13～4.27(m，2H，CH_2)，4.78(s，1H，CH)，4.80(s，1H，CH)，5.24(d，1H，J=5.6Hz，NH)，5.46(d，1H，J=6.0Hz，N-H)，6.38(s，2H，Ar-H)，7.12～7.19(m，5H，Ar-H)，7.48～7.52(m，2H，=CH)；^{13}C NMR(100MHz，$CDCl_3$)：$\delta(\times10^{-6})$ 13.6，13.8，14.5，(14.5)，39.2，39.3，51.9，(51.9)，55.6，55.8，56.1，59.3，59.4，60.8，61.5，(61.5)，100.9，105.7，126.6，127.9，128.5，136.8，137.8，141.5，142.1，152.6，167.4，167.5，172.0，172.1；HRMS(ESI)，$C_{37}H_{45}N_2O_{11}$ $[M+H]^+$的理论值为693.3018，检测数据为693.3021。

在核磁氢谱上（如图3-6所示），δ 0.94(t，3H)，0.99(t，3H)，1.22(t，3H)和δ 1.26(t，3H)分别归属于4个甲基；δ 3.99(s，1H)和δ 4.05(s，1H)归属于2个与芳基相连的次甲基氢原子；δ 5.24(d，1H)和δ 5.46(d，

1H）归属于 2 个与氮原子相连的氢；δ 4.78（s，1H）和 δ 4.80（s，1H）归属于环丁烷上的次甲基氢原子，说明 2 个环丁烷的氢原子处在不同的化学环境当中，δ 7.48~7.52（m，2H）归属于 2 个吡啶环上未参与反应的烯氢原子。8b 与 8g 在经过交互[2+2]光环合反应生成 4-(3,4,5-三甲氧基苯基)-8-苯基-1,4,4a,4b,5,8,8a,8b-八氢双吡啶-3,4a,7,8a-四甲酸乙酯后，2 个吡啶环上 2 个氢原子的化学位移发生了明显的变化，从低场 7×10^{-6} 附近分别迁移至高场 5×10^{-6} 附近，且生成产物的对称性遭到破坏。

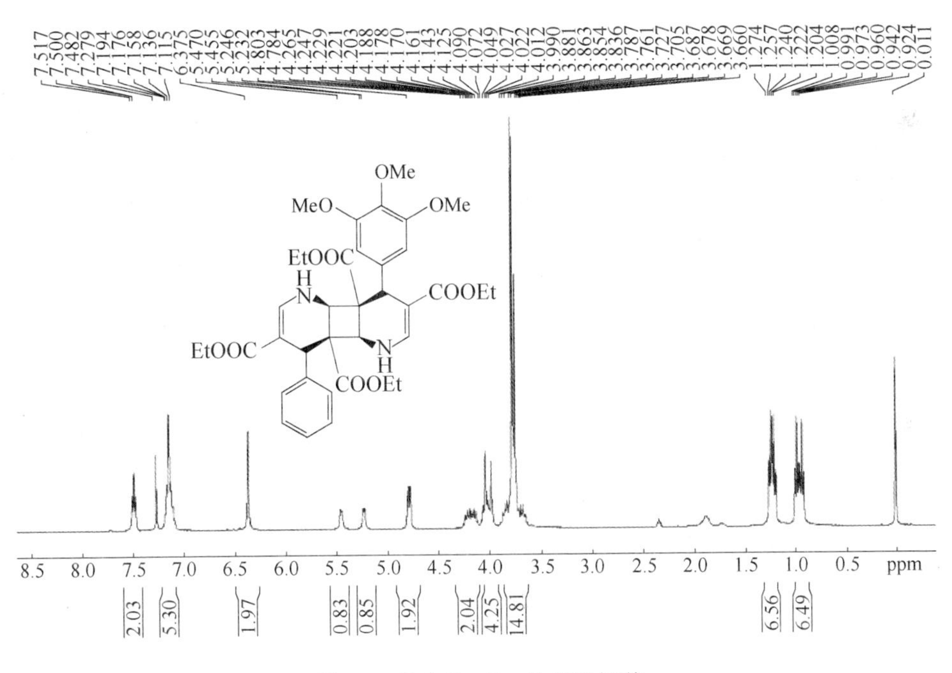

图 3-6　化合物 13bg 的核磁氢谱

在核磁碳谱上（如图 3-7 所示），δ：13.6×10^{-6}，13.8×10^{-6}，14.5×10^{-6}，$(14.5)\times10^{-6}$峰分别来自 4 个甲基碳，其中 2 个信号部分重合在 14.5×10^{-6}，δ：55.6×10^{-6}，55.8×10^{-6}，56.1×10^{-6}，59.3×10^{-6}是来自同一个环丁烷的 4 个饱和碳的峰，δ：59.4×10^{-6}，60.8×10^{-6}，61.5×10^{-6}，$(61.5)\times10^{-6}$是来自 4 个乙酯基上的亚甲基碳的峰，其中 2 个信号部分重合在 61.5×10^{-6}，结合 ^{13}C-^{1}H COSY 谱图可知（如图 3-8 所示），δ：136.8×10^{-6}，137.8×10^{-6}是含烯氢的不饱和碳原子的峰，δ：167.4×10^{-6}，167.5×10^{-6}，172.0×10^{-6}，172.1×10^{-6}明显属于 4 个羰基碳的峰。8b 与 8g 在经过光交互[2+2]环加成反应生成 4-(3,4,5-三甲氧

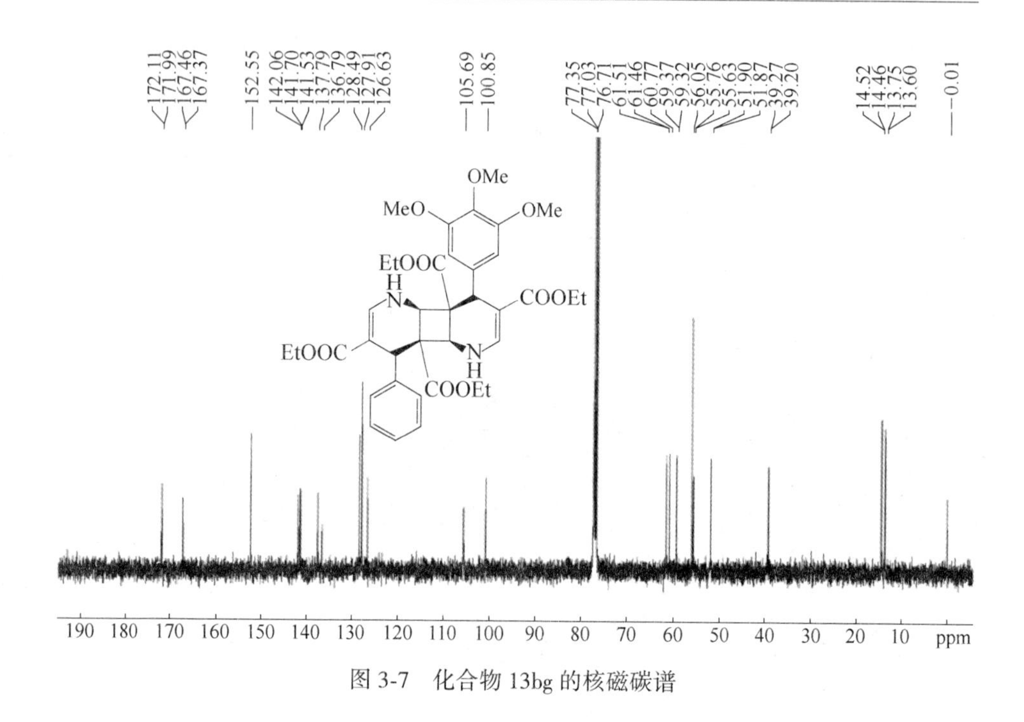

图 3-7　化合物 13bg 的核磁碳谱

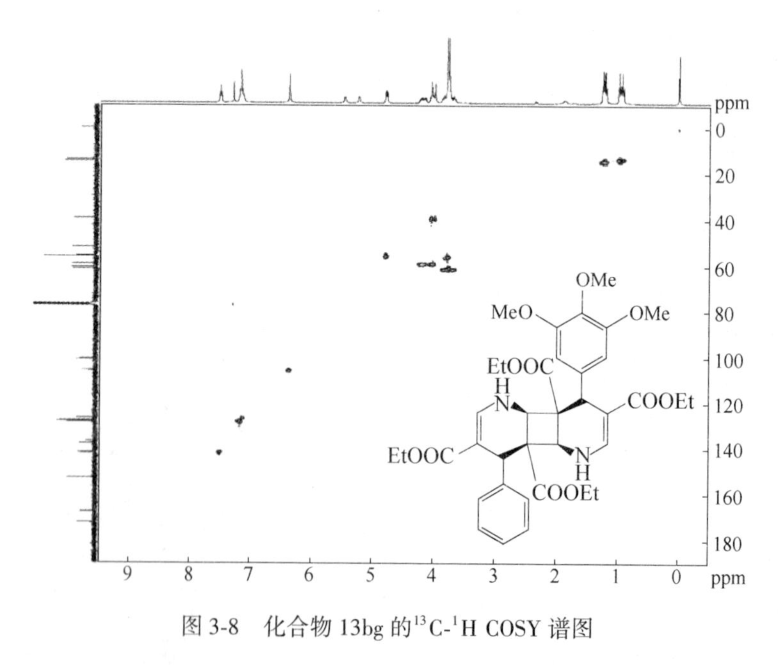

图 3-8　化合物 13bg 的 ^{13}C-^{1}H COSY 谱图

基苯基)-8-苯基-1,4,4a,4b,5,8,8a,8b-八氢双吡啶-3,4a,7,8a-四甲酸乙酯后，发生反应的碳的化学位移也发生了明显的变化，对应的碳原子的化学位移分

别从低场 120×10^{-6}附近迁移至高场（55～60）$\times10^{-6}$之间，这是由于双键经加成变为单键且产物中2个吡啶的4-位取代基不同导致的。从高分辨质谱数据可知，分子离子峰［M+H］$^+$的检测结果也与其分子组成［M+H］$^+$（$C_{37}H_{45}N_2O_{11}$）基本一致，检测数据为693.3021，理论值为693.3018。X-单晶衍射图进一步确证了13bg的结构（如图3-1和表3-3所示）。

3.3.1.2　6-苯基-12-(3,4,5-三甲氧基苯基)-3,9-二氮杂四星烷-1,5,7,11-四甲酸乙酯(10bg)

^{1}H NMR（400MHz，$CDCl_3$）：δ（$\times10^{-6}$）1.00（t，6H，CH_3），1.05（t，6H，CH_3），3.04（brs，2H，NH），3.80（s，3H，OCH_3），3.81（s，6H，OCH_3），3.87（s，1H，Ar-CH），3.91（s，1H，Ar-CH），3.95～4.04（m，8H，CH_2），4.33（s，2H，CH），4.34（s，2H，CH），6.88（s，2H，Ar-H），7.15～7.23（m，3H，Ar-H），7.53（d，2H，J=7.2Hz，Ar-H）；^{13}C NMR（100MHz，$CDCl_3$）：δ（$\times10^{-6}$）13.9，14.0，43.9，44.0，48.7，48.9，55.0，55.2，56.0，60.8，60.9，（60.9），108.5，126.9，127.8，130.9，133.0，136.8，137.3，152.3，173.2，（173.2）；HRMS（ESI），$C_{37}H_{45}N_2O_{11}$［M+H］$^+$的理论值为693.3018，检测数据为693.3021。

在核磁氢谱上（如图3-9所示），δ 1.00（t，3H）和δ 1.05（t，3H）分别

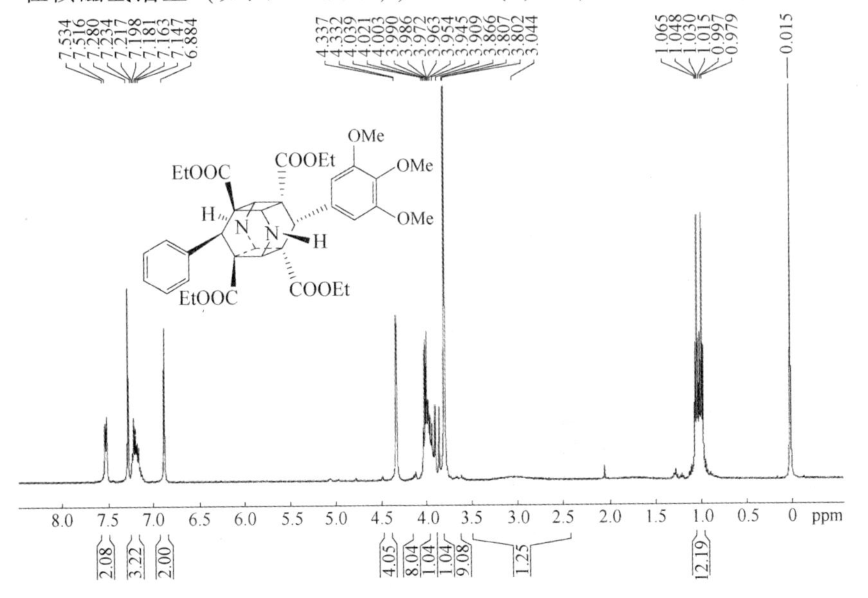

图3-9　化合物10bg的核磁氢谱

归属于 2 个哌啶环上的甲基，δ 3.87(s，1H) 和 δ 3.91(s，1H) 归属于 2 个与芳基相连的次甲基氢原子，δ 4.33(s，1H) 和 δ 4.34(s，1H) 归属于环丁烷上的 2 个次甲基氢原子，说明 2 个环丁烷的氢原子处在不同的化学环境当中。9bg 在经过光[2+2]环加成反应生成 6-苯基-12-(3,4,5-三甲氧基苯基)-3,9-二氮杂四星烷-1,5,7,11-四甲酸乙酯后，2 个吡啶环上 2 个氢原子的化学位移发生了明显的变化，从低场 7×10^{-6}附近分别迁移至高场 4×10^{-6}附近，且生成的 2 个哌啶环均保持左右对称性。

在核磁碳谱上（如图 3-10 所示），δ：13.9$\times10^{-6}$，14.0$\times10^{-6}$峰分别来自 2 个哌啶环上的甲基碳，结合^{13}C-^{1}H COSY 谱图可知（如图 3-11 所示），δ：55.0$\times10^{-6}$，55.2$\times10^{-6}$是含环丁烷上含氢的 2 个饱和碳原子的峰，δ：56.0$\times10^{-6}$，60.8$\times10^{-6}$是来自同一个环丁烷的与酯基相连的 2 个饱和碳的峰，δ：60.9$\times10^{-6}$，(60.9)$\times10^{-6}$是分别来自 2 个哌啶环上的亚甲基碳的峰，其中 2 个信号部分重合在 60.9$\times10^{-6}$，δ：173.2$\times10^{-6}$，(173.2)$\times10^{-6}$明显属于两类羰基碳的峰，其中 2 个信号部分重合在 173.2$\times10^{-6}$。9bg 在经过光[2+2]环加成反应生成 6-苯基-12-(3,4,5-三甲氧基苯基)-3,9-二氮杂四星烷-1,5,7,11-四甲酸乙酯后，发生反应的碳的化学位移也发生了明显的变化，对应的碳原子的化学位

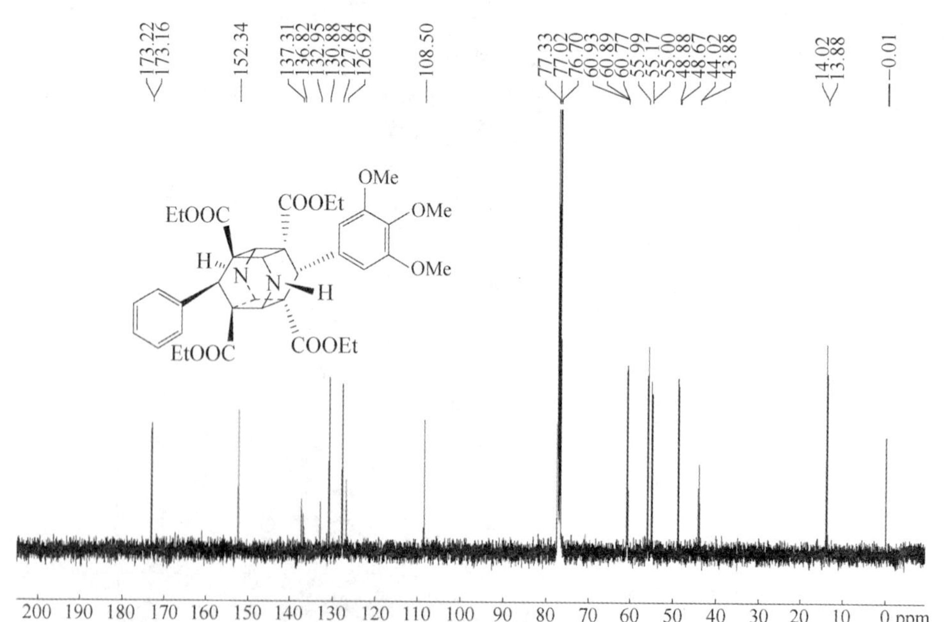

图 3-10　化合物 10bg 的核磁碳谱

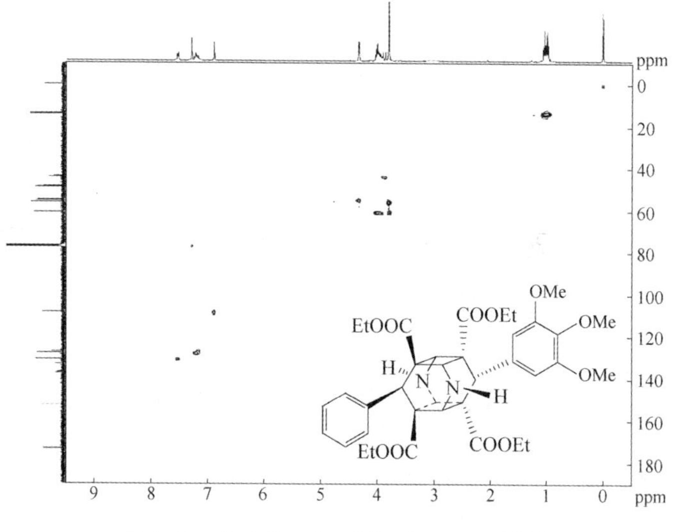

图 3-11 化合物 10bg 的 ^{13}C-^{1}H COSY 谱图

移分别从低场 120×10^{-6} 附近迁移至高场 $(55\sim60)\times10^{-6}$ 之间，这是由于剩余 2 个双键经加成变为单键且产物中 2 个吡啶的 4-位取代基不同导致的。从高分辨质谱数据可知，分子离子峰［M+H］$^+$的检测结果也与其分子组成［M+H］$^+$($C_{37}H_{45}N_2O_{11}$)基本一致，检测数据为 693.3021，理论值为 693.3018。X-单晶衍射图进一步确证了 10bg 的结构（如图 3-12 和表 3-8 所示）。

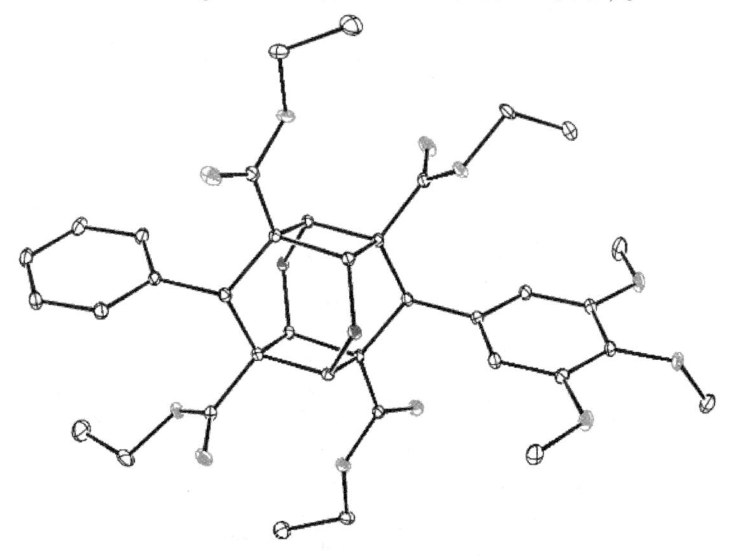

图 3-12 化合物 10bg 的 X-单晶衍射图

表 3-8　化合物 10bg 的晶体学基本参数

晶体学基本参数	参数值	晶体学基本参数	参数值
分子式	$C_{37}H_{44}N_2O_{11}$	γ/(°)	90.00
分子量	692.74	体积 V/nm³	3.3790（14）
晶体大小/mm³	0.20×0.18×0.12	计算密度/mg · m⁻³	1.362
晶系	Monoclinic	线性吸收系数/mm⁻¹	0.101
空间群	$P2_1/n$	晶胞分子数 Z	4
晶 胞 参 数		晶胞电子的数目 F_{000}	1472
a/nm	0.70677（17）	衍射实验温度/K	113（2）
b/nm	3.8091（8）	衍射波长 λ/nm	0.071073
c/nm	1.2609（3）	衍射光源	Mo Kα
α/（°）	90.00	衍射角度 θ/(°)	3.09~27.50
β/(°)	95.486（5）	R 因子	0.0991

3.3.2　3,6,12-三芳基-3,9-二氮杂四星烷-1,5,7,11-四甲酸乙酯(11)的结构解析

3,12-二苯基-6-(4-叔丁基苯基)-3,9-二氮杂四星烷-1,5,7,11-四甲酸乙酯(11ad)的^{1}H NMR(400MHz, $CDCl_3$)：δ(×10^{-6})0.92(t, 6H, CH_3), 1.02(t, 6H, CH_3), 3.02(brs, 1H, NH), 3.89(s, 1H, Ar-CH), 3.93~4.37(m, 8H, CH_2), 4.04(s, 1H, Ar-CH), 4.37(s, 2H, CH), 5.22(s, 2H, CH), 6.95~6.98(m, 1H, Ar-H), 7.10~7.21(m, 7H, Ar-H), 7.30~7.36(m, 6H, Ar-H)；^{13}C NMR(100MHz, $CDCl_3$)：δ(×10^{-6})13.6, 13.9, 31.3, 34.3, 43.6, 43.7, 50.0, 50.6, 54.9, 58.0, 60.9, 61.0, 117.4, 120.1, 124.6, 126.9, 128.0, 129.4, 130.3, (130.3), 134.0, 137.0, 149.5, 149.8, 173.1, (173.1)；HRMS (ESI), $C_{44}H_{51}N_2O_8$[M+H]$^+$ 的理论值为 735.3640, 检测数据为 735.3643。

在核磁氢谱上（如图 3-13 所示），δ 0.92(t, 3H) 和 δ 1.02(t, 3H) 分别归属于 2 个甲基，δ 3.89(s, 1H) 和 δ 4.04(s, 1H) 归属于 2 个与芳基相连的次甲基氢原子，δ 4.37(s, 2H) 和 δ 5.22(s, 2H) 归属于 2 个环丁烷上的次甲基氢原子，说明 2 个环丁烷的氢原子处在不同的化学环境当中。9a 与 8d 在经过光交互[2+2]环加成反应生成 3,12-二苯基-6-(4-叔丁基苯基)-3,9-二氮杂四

星烷-1,5,7,11-四甲酸乙酯后，2 个吡啶环上 2 个氢原子的化学位移发生了明显的变化，从低场 8×10^{-6}附近分别迁移至高场 4×10^{-6}和 5×10^{-6}附近，且两个新生成的哌啶环仍旧保持左右对称性。

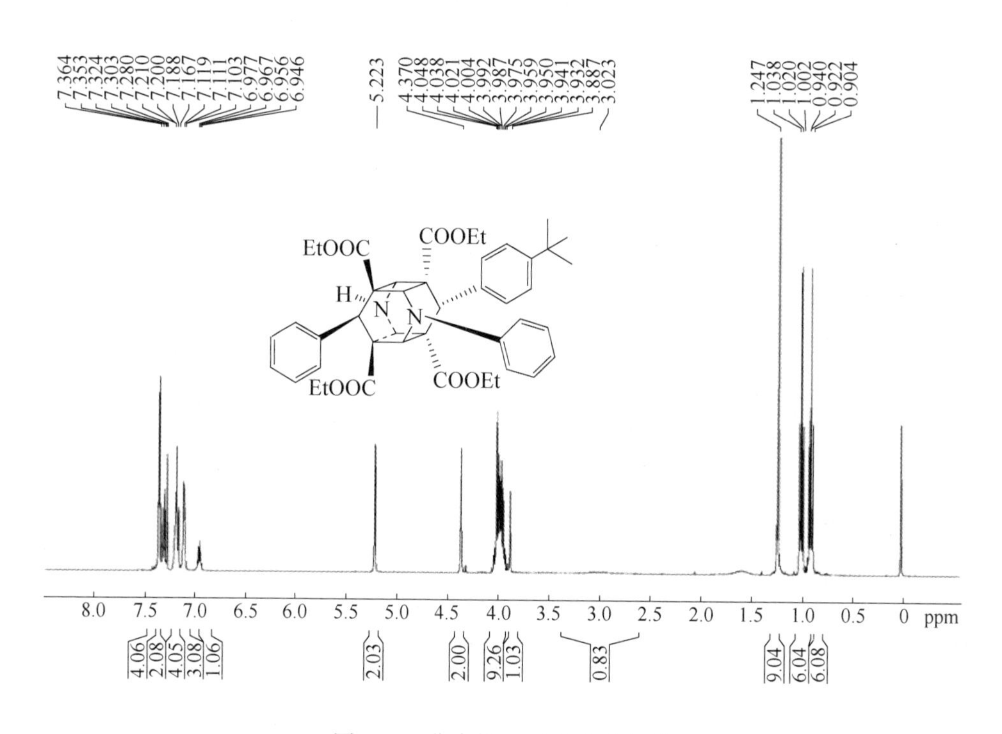

图 3-13　化合物 11ad 的核磁氢谱

在核磁碳谱上（如图 3-14 所示），δ：13.6×10^{-6}，13.9×10^{-6}峰分别来自 2 个哌啶环上的甲基碳，结合^{13}C-^{1}H COSY 谱图可知（如图 3-15 所示），δ：50.0×10^{-6}，50.6×10^{-6}来自环丁烷上与酯基相连的 2 个饱和碳原子的峰，δ：54.9×10^{-6}，58.0×10^{-6}是来自同一个环丁烷的 2 个含氢饱和碳的峰，δ：60.9×10^{-6}，61.0×10^{-6}是来自 2 个哌啶上乙酯基上的亚甲基碳的峰，δ：173.1×10^{-6}明显属于 2 个羰基碳的峰发生了部分信号的重叠。9a 与 8d 在经过光交互[2+2]环加成反应生成 3,12-二苯基-6-(4-叔丁基苯基)-3,9-二氮杂四星烷-1,5,7,11-四甲酸乙酯后，发生反应的碳的化学位移也发生了明显的变化，对应的碳原子的化学位移分别从低场 120×10^{-6}附近迁移至高场 50×10^{-6}和 55×10^{-6}附近，这是由于双键经加成变为单键且形成哌啶环的取代基不同导致的。从高分辨质谱数据可知，分子离子峰［M+H］$^{+}$的检测结果也与其分子组成[M+H]$^{+}$($C_{44}H_{51}N_2O_8$)基本一致，检测数据为 735. 3643，理论值为 735. 3640。X-单晶衍射图进一步确证了 11ad 的结构（如图 3-16 和表 3-9 所示）。

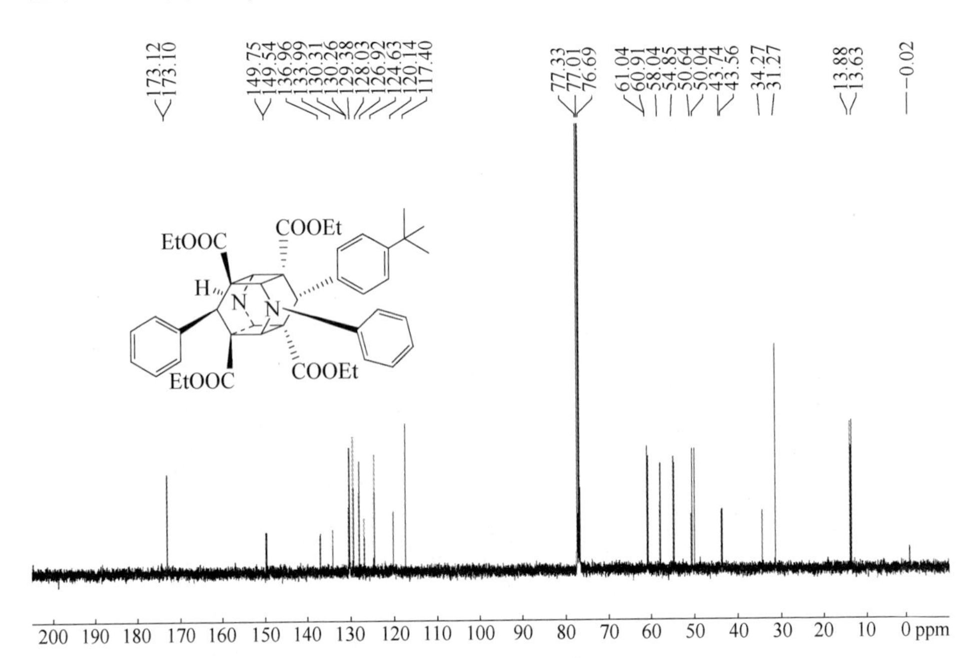

图 3-14　化合物 11ad 的核磁碳谱

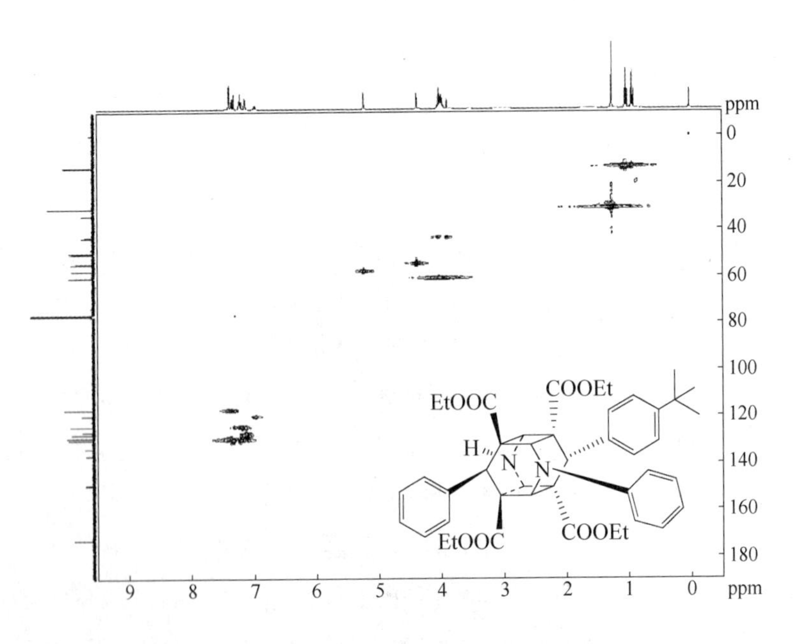

图 3-15　化合物 11ad 的 ^{13}C-^{1}H COSY 谱图

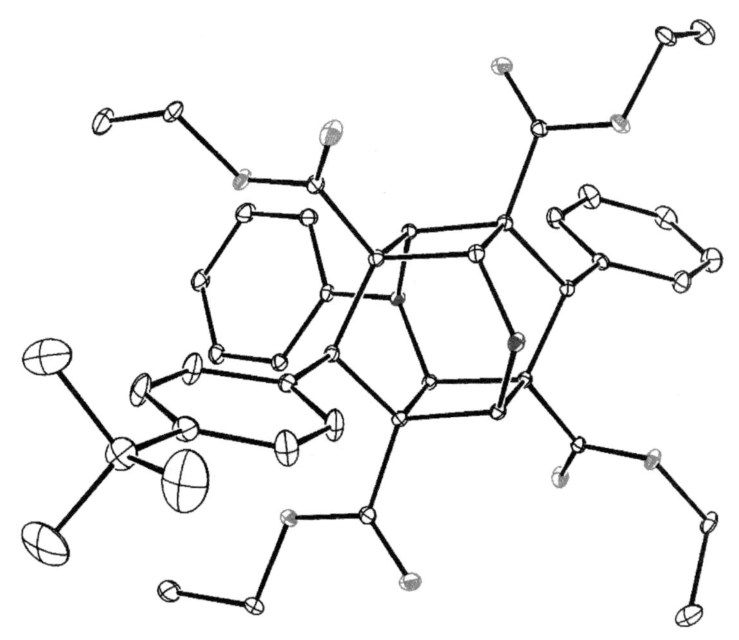

图 3-16 化合物 11ad 的 X-单晶衍射图

表 3-9 化合物 11ad 的晶体学基本参数

晶体学基本参数	参数值	晶体学基本参数	参数值
分子式	$C_{44}H_{50}N_2O_8$	γ/(°)	90.00
分子量	734.86	体积 V/nm^3	3.9325 (8)
晶体大小/mm^3	0.20×0.18×0.14	计算密度/mg · m^{-3}	1.241
晶系	Monoclinic	线性吸收系数/mm^{-1}	0.085
空间群	$P2_1/c$	晶胞分子数 Z	4
晶 胞 参 数		晶胞电子的数目 F_{000}	1568
a/nm	1.18540 (13)	衍射实验温度/K	113 (2)
b/nm	2.2738 (2)	衍射波长 λ/nm	0.071073
c/nm	1.48160 (18)	衍射光源	Mo Kα
α/(°)	90.00	衍射角度 θ/(°)	3.01~27.52
β/(°)	100.020 (3)	R 因子	0.0583

3.3.3 3-芳甲酰基-6,12-二芳基-3,9-二氮杂四星烷-1,5,7,11-四甲酸乙酯(12)及相关化合物的结构解析

3.3.3.1 6,12-二苯基-3,9-二氮杂四星烷-1,5,7,11-四甲酸乙酯(10b)

^{1}H NMR(400MHz, $CDCl_3$): δ($\times10^{-6}$)1.00(t, 12H, CH_2CH_3), 2.85(brs,

2N, NH), 3.90～4.03(m, 8H, CH_2), 3.93(s, 2H, Ar-CH), 4.34(s, 4H, CH), 7.14～7.55(m, 10H, Ar-H)。^{13}C-^1H-COSY 谱图和 X-单晶衍射图进一步证明了 10b 的正确性（如图 3-17、图 3-18 和表 3-10 所示）。

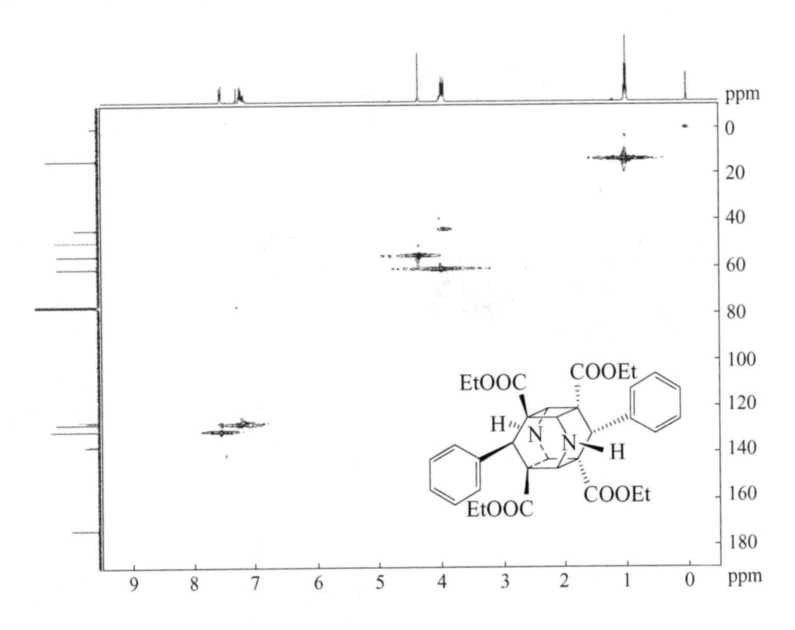

图 3-17　化合物 10b 的^{13}C-^1H COSY 谱图

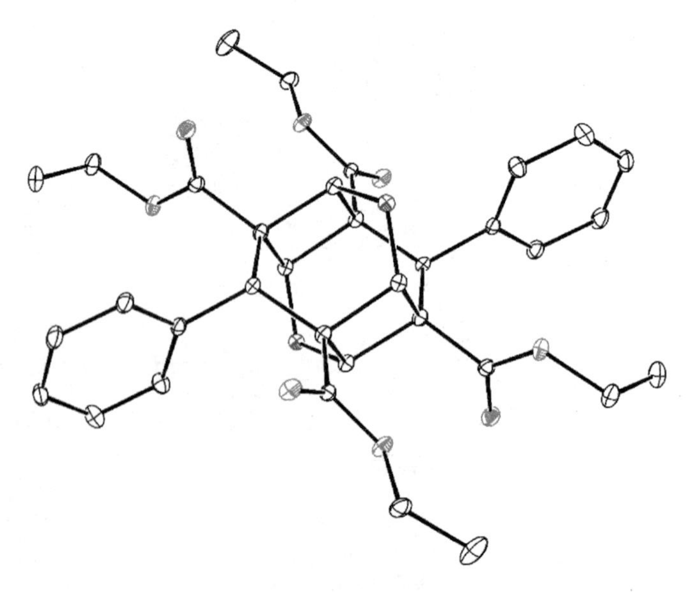

图 3-18　化合物 10b 的 X-单晶衍射图

表 3-10 化合物 10b 的晶体学基本参数

晶体学基本参数	参数值	晶体学基本参数	参数值
分子式	$C_{34}H_{38}N_2O_8$	γ/(°)	78.183 (7)
分子量	602.66	体积 V/nm^3	1.5167 (4)
晶体大小/mm^3	0.20×0.18×0.12	计算密度/$mg \cdot m^{-3}$	1.320
晶系	Monoclinic	线性吸收系数/mm^{-1}	0.094
空间群	$P1$	晶胞分子数 Z	4
晶 胞 参 数		晶胞电子的数目 F_{000}	640
a/nm	0.74797 (12)	衍射实验温度/K	113 (2)
b/nm	1.24923 (19)	衍射波长 λ/nm	0.071073
c/nm	1.6607 (3)	衍射光源	Mo Kα
α/(°)	89.034 (10)	衍射角度 θ/(°)	3.10~27.58
β/(°)	86.956 (10)	R 因子	0.0736

3.3.3.2 3-(2-萘甲酰基)-6,12-二苯基-3,9-二氮杂四星烷-1,5,7,11-四甲酸乙酯(12d)

^{1}H NMR(400MHz, $CDCl_3$): $\delta(\times10^{-6})$0.67(t, 3H, CH_3), 0.97(t, 3H, CH_3), 1.03(t, 3H, CH_3), 1.11(t, 3H, CH_3), 3.62~3.75(m, 2H, CH_2), 3.88(s, 1H, Ar-CH), 3.95~4.20(m, 4H, CH_2), 4.14(s, 1H, Ar-CH), 4.36(s, 1H, CH), 4.47(s, 1H, CH), 5.08(s, 1H, CH), 6.35(s, 1H, CH), 7.18~7.38(m, 10H, Ar-H), 7.47~7.53(m, 2H, Ar-H), 7.67~7.82(m, 2H, Ar-H); ^{13}C NMR(100MHz, $CDCl_3$): $\delta(\times10^{-6})$13.4, 13.8, (13.8), 13.9, 42.3, 44.7, 50.1, 50.4, 50.5, 51.5, 55.1, 57.2, 61.0, 61.3, (61.3), 61.4, 124.5, 126.5, 127.1, 127.3, 127.5, 127.7, 127.9, (127.9), (127.9), 128.5, 128.6, 129.0, 131.0, 131.4, 132.4, 133.9, 135.8, 137.3, 171.0, 171.6, 171.8, 172.5, 172.7; HRMS(ESI), $C_{45}H_{45}N_2O_9$ $[M+H]^+$的理论值为757.3120，检测数据为757.3123。

在核磁氢谱上（如图3-19所示），δ0.67(t, 3H), 0.97(t, 3H), 1.03(t, 3H)和δ1.11(t, 3H)分别归属于4个甲基，δ3.88(s, 1H)和δ4.14(s, 1H)归属于2个与芳基相连的次甲基氢原子，δ4.36(s, 1H), 4.47(s, 1H), 5.08(s, 1H)和δ6.35(s, 1H)分别归属于2个环丁烷上的次甲基氢原子，说明2个环丁烷的4个次甲基氢原子均处在不同的化学环境当中。10b在经过单取代反应生成 3-(2-萘甲酰基)-6,12-二苯基-3,9-二氮杂四星烷-1,5,7,11-四甲酸乙酯后，2 个环丁烷上的饱和氢原子的化学位移发生了明显的变化，从高场 4×10^{-6}附近分别迁移至低场$(4\sim7)\times10^{-6}$之间，且生成产物的对称性遭到破坏，使得原本 C_2-轴对称的化合物不再具有对称性。

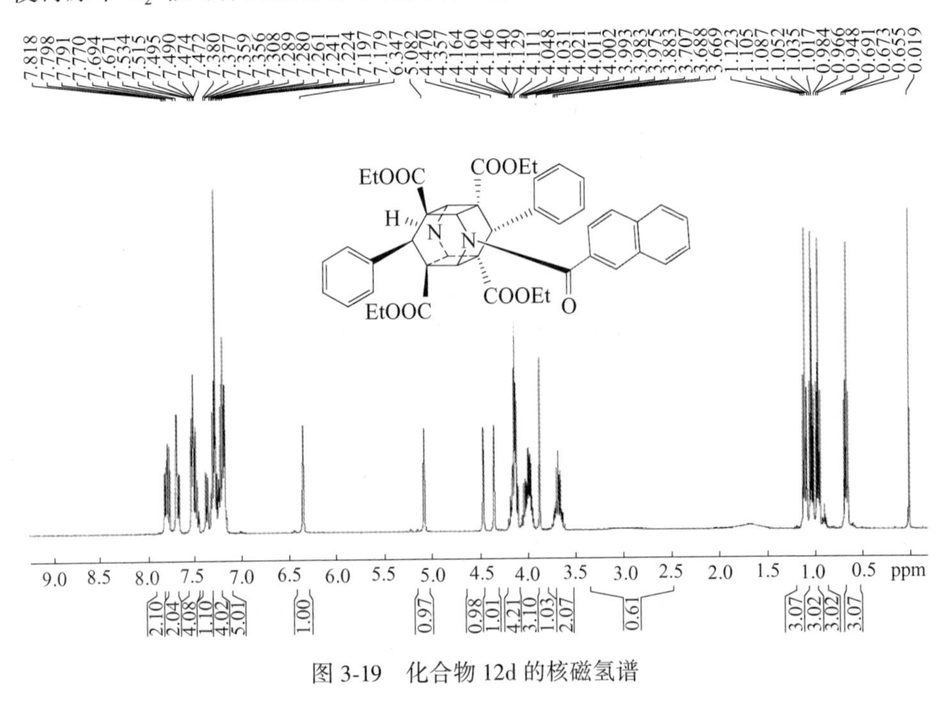

图 3-19　化合物 12d 的核磁氢谱

在核磁碳谱上（如图 3-20 所示），δ：13.4×10^{-6}，13.8×10^{-6}，$(13.8)\times10^{-6}$，13.9×10^{-6}峰分别来自 4 个甲基碳，其中 2 个信号部分重合在 13.8×10^{-6}，结合^{13}C-^{1}H COSY 谱图可知（如图 3-21 所示），δ：42.3×10^{-6}，44.7×10^{-6}来自与苯环相连的 2 个次甲基碳原子的峰，δ：47.7×10^{-6}，50.1×10^{-6}，50.4×10^{-6}，50.5×10^{-6}来自环丁烷上与酯基相连的 2 个饱和碳原子的峰，δ：51.5×10^{-6}，55.1×10^{-6}，55.4×10^{-6}，57.2×10^{-6}是来自 2 个环丁烷上 4 个含氢饱和碳的峰，δ：61.0×10^{-6}，61.3×10^{-6}，$(61.3)\times10^{-6}$，61.4×10^{-6}是来自 4 个乙酯基上的亚甲基碳的峰，其中 2 个信号部分重合在 61.3×10^{-6}，δ：171.0×10^{-6}，171.6×10^{-6}，171.8×10^{-6}，172.5×10^{-6}，172.7×10^{-6}明显属于 5 个羰基碳的峰。10b 在经过单取代反应生成 3-(2-萘甲酰基)-6,12-二苯基-3,9-二氮杂四星烷-1,5,7,11-四甲酸乙酯后，化合物的对称性发生了明显的变化，使得之前对称位置的碳谱信号都出现在了多个不同的位置，这是由于 2-萘甲酰基的引入破

坏了分子整体的对称性导致的。从高分辨质谱数据可知，分子离子峰[M+H]$^+$的检测结果也与其分子组成[M+H]$^+$($C_{45}H_{45}N_2O_9$)基本一致，检测数据为757.3123，理论值为757.3120。X-单晶衍射图进一步确证了12d的结构（如图3-22和表3-11所示）。

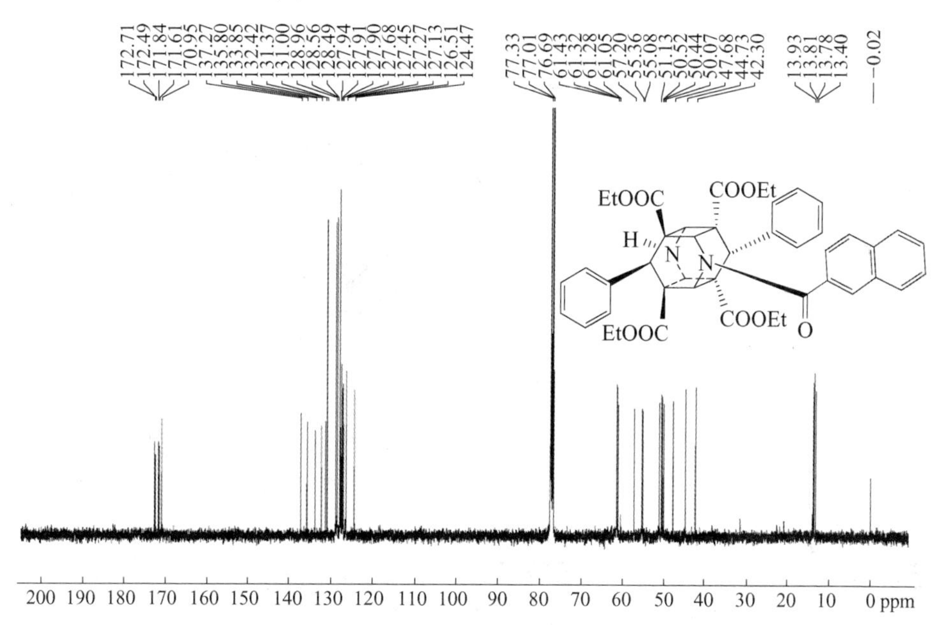

图3-20　化合物12d的核磁碳谱

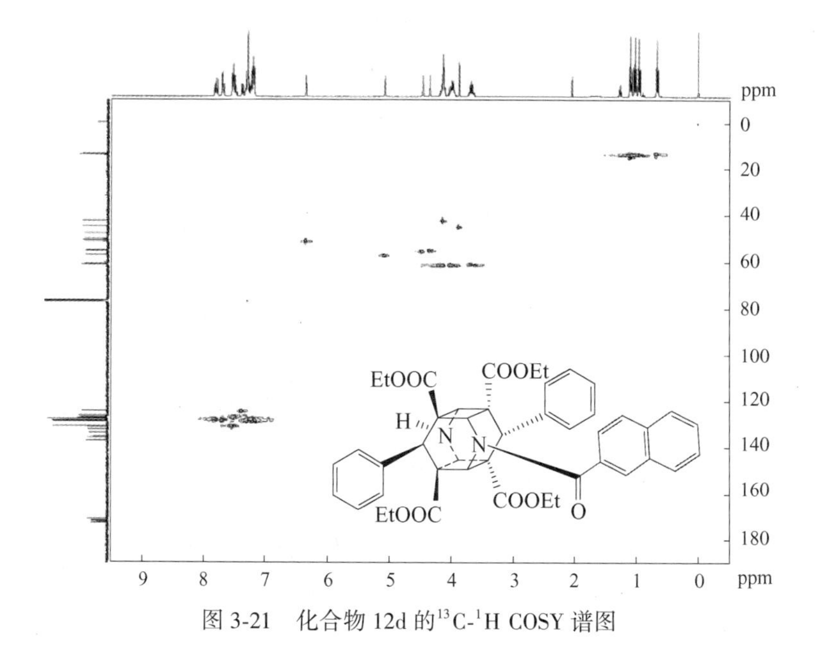

图3-21　化合物12d的^{13}C-^{1}H COSY谱图

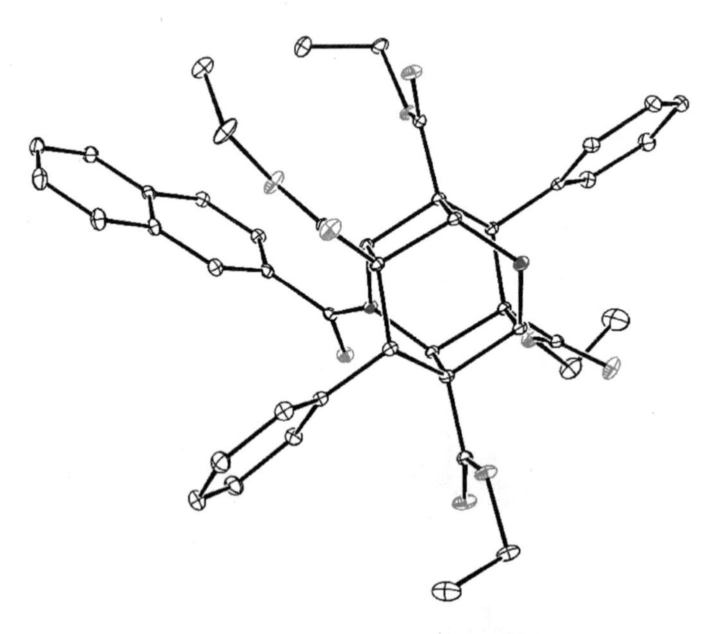

图 3-22　化合物 12d 的 X-单晶衍射图

表 3-11　化合物 12d 的晶体学基本参数

晶体学基本参数	参数值	晶体学基本参数	参数值
分子式	$C_{45}H_{44}N_2O_9$	$\gamma/(°)$	90.00
分子量	756.82	体积 V/nm^3	3.7928（7）
晶体大小/mm^3	0.20×0.18×0.12	计算密度/$mg·m^{-3}$	1.325
晶系	Monoclinic	线性吸收系数/mm^{-1}	0.092
空间群	$P2_1/c$	晶胞分子数 Z	4
晶 胞 参 数		晶胞电子的数目 F_{000}	1600
a/nm	1.70072（18）	衍射实验温度/K	113（2）
b/nm	1.11233（10）	衍射波长 λ/nm	0.071073
c/nm	2.0920（2）	衍射光源	Mo Kα
$\alpha/(°)$	90.00	衍射角度 $\theta/(°)$	3.03~27.52
$\beta/(°)$	106.588（3）	R 因子	0.0551

3.3.4　各类 3,9-二氮杂四星烷的 NMR 结构特征对比讨论

根据前面对各类 C_2-3,9-二氮杂四星烷和非 C_2-3,9-二氮杂四星烷的结构解析结果，可以看出各类 3,9-二氮杂四星烷在核磁谱图上均表现出自己特有的

结构特征。对不同种类的3,9-二氮杂四星烷类化合物的NMR结构特征的研究可为后续复杂的二氮杂四星烷类化合物的结构解析提供实验基础。

以化合物3a、10b和12e为例，对比分析3,9-二芳基-3,9-二氮杂四星烷(3)、6,12-二芳基-3,9-二氮杂四星烷(10)与双二氮杂四星烷类化合物（12e）三类化合物的核磁谱图结构特征，并探讨不同基团对四星烷核磁谱图的影响(如图3-23所示)。

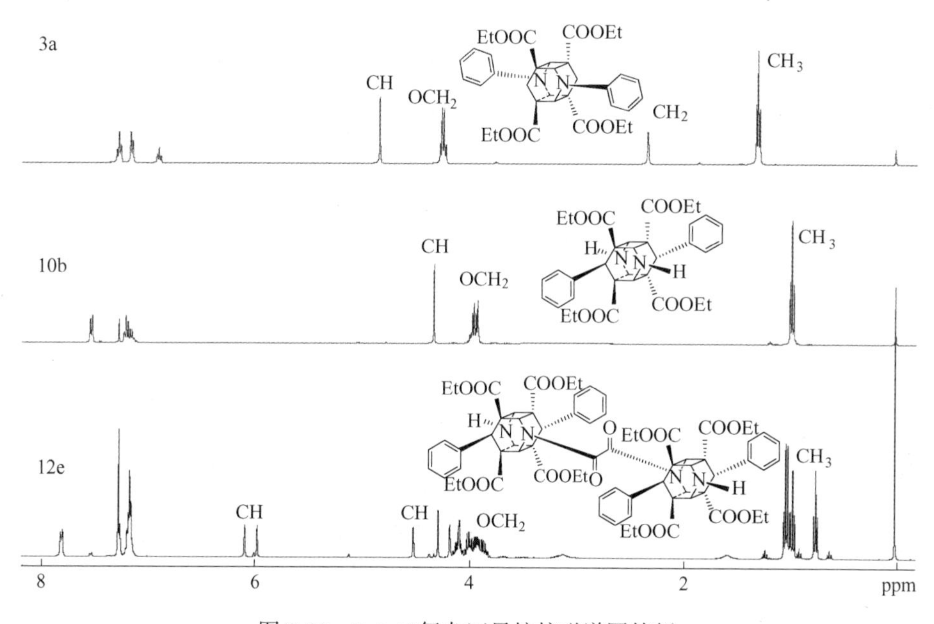

图3-23 3,9-二氮杂四星烷核磁谱图特征

通过3a与10b的对比分析，可以发现两个化合物在核磁谱图上整体上表现出一定的相似性，但是化学位移值具有较大的差异。其中3a化合物中除了芳氢的化学位移较10b的芳氢是向高场移动之外，其余的相应位置上的氢原子的化学位移均向低场有明显的移动。苯基在10b中是与4-位碳原子相连，在3a中是与1-位氮原子相连，由于氮原子具有一对孤对电子，通过p-π共轭效应可使苯环上的电子云密度增大，即对芳氢的原子核具有屏蔽效应，因此，3a中芳氢的化学位移较10b中芳氢的化学位移向高场移动（约0.26×10^{-6}）。在10b中与氮原子相连的是氢原子，而3a中与氮原子相连的是苯环，环丁烷上饱和碳原子的电子云可通过氮原子与苯环的p-π共轭效应向苯环方向传递，即产生去屏蔽效应，因此，3a中饱和碳氢的化学位移相较10b中饱和碳氢的

化学位移值向低场方向移动（约 0.51×10^{-6}）。同样，3a 中亚甲基和甲基的氢原子的化学位移也较 10b 中酯基的亚甲基和甲基的氢原子的化学位移向低场方向分别移动了 0.29×10^{-6}和 0.33×10^{-6}。

另外，两个化合物的亚甲基的峰形发生了明显的变化，其中 10b 中酯基的亚甲基由于其 4-位苯环的原因，导致亚甲基的 2 个氢原子的化学环境不同而发生同碳耦合，在谱图上表现为多重峰；3a 中的 4-亚甲基的 2 个氢原子的化学环境相同（在谱图上表现为一个单峰），在空间上对酯基的影响相同，因此，3a 中酯基的亚甲基在谱图上表现为标准的四重峰（如图 3-24 所示）。

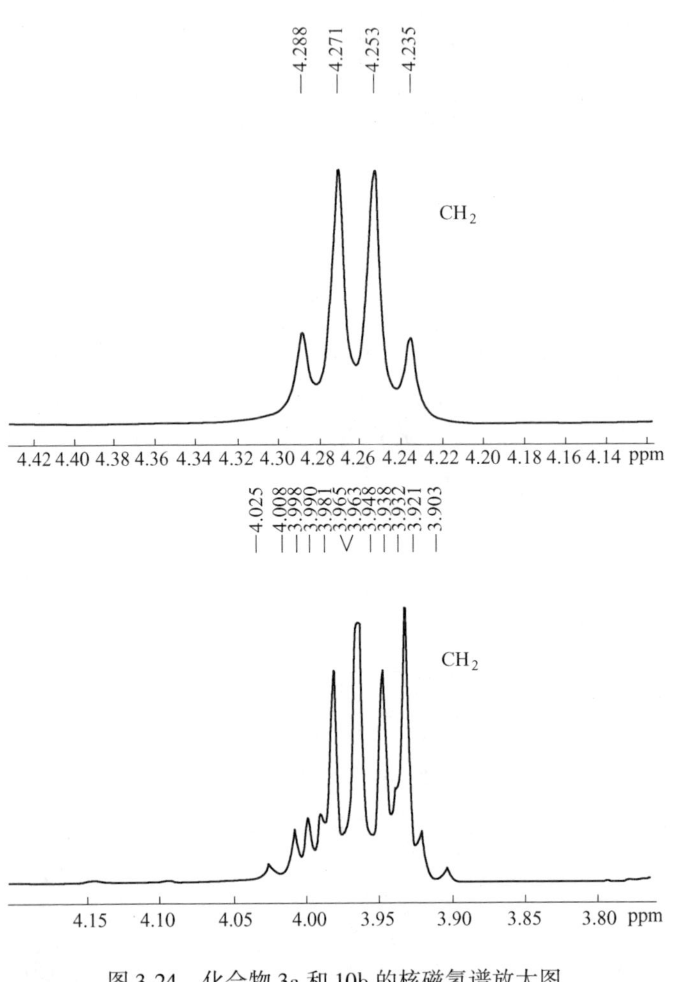

图 3-24　化合物 3a 和 10b 的核磁氢谱放大图

双二氮杂四星烷 12e 中的亚甲基在核磁谱图上与 10b 相似，同样表现为多重峰，但是更为复杂，分析原因是由于酰基的空间朝向导致了哌啶环的左右不对称性，同时由于只有一个 N 原子上的氢被酰基取代，所以化合物中 4 个酯基所处的化学环境俱不相同，即在核磁谱图上表现为四簇多重峰。同样，与之相似的还有环丁烷上 4 个饱和碳氢的化学位移，如图 3-25 所示，由于化合物的 C_2-轴对称性，10b 中的 4 个饱和碳氢所处的化学环境相同，因此在核磁谱图上出现在同一个位置，表现为一个单峰；与之相对比的是12e 中的 4

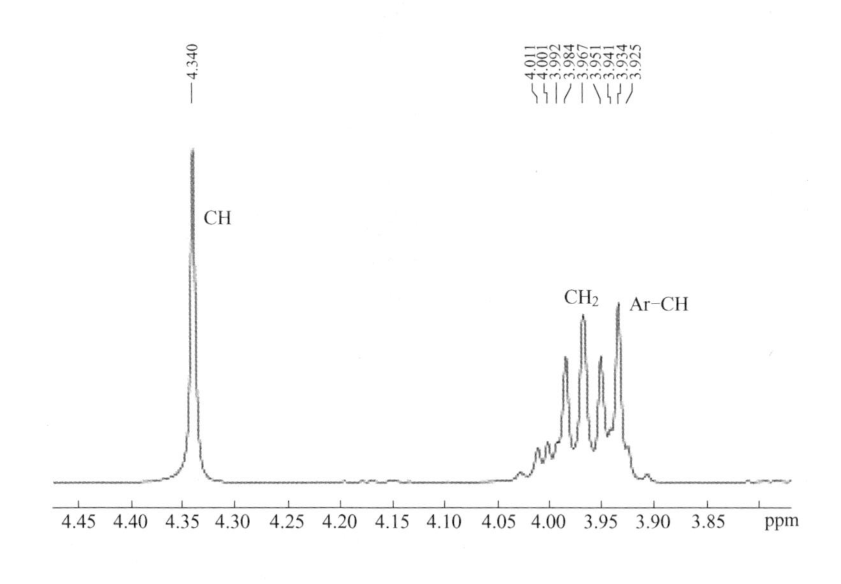

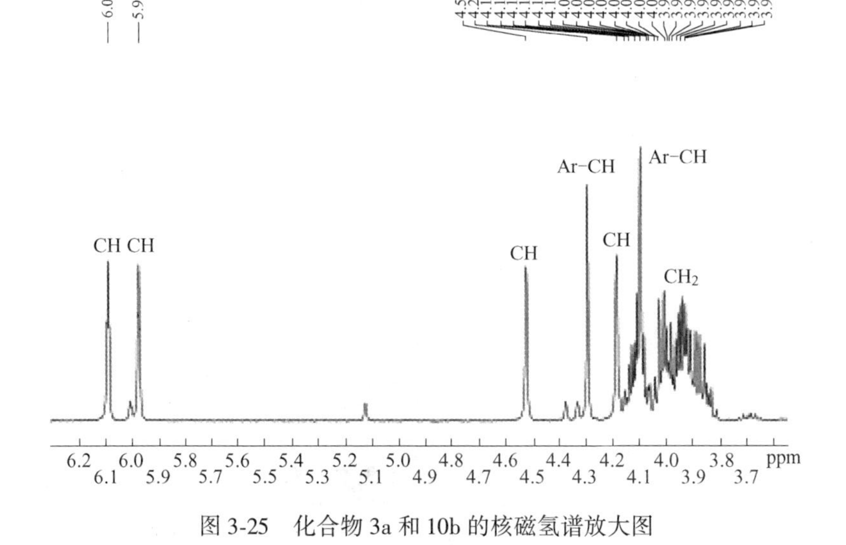

图 3-25 化合物 3a 和 10b 的核磁氢谱放大图

个饱和碳氢由于酰基的空间朝向以及只有单个 N 原子上的氢被酰基取代，导致环丁烷中 4 个饱和氢所处的化学环境不同，因此在核磁谱图上表现为 4 个单峰。

以化合物 10b、11ad 和 12d 为例，对比分析 6,12-二芳基-3,9-二氮杂四星烷(10)、3,6,12-三芳基-3,9-二氮杂四星烷(11) 与 3-芳甲酰基-6,12-二芳基-3,9-二氮杂四星烷(12) 三类化合物的核磁谱图结构特征，并探讨 N 原子上不同基团对四星烷核磁谱图的影响（如图 3-26 所示）。

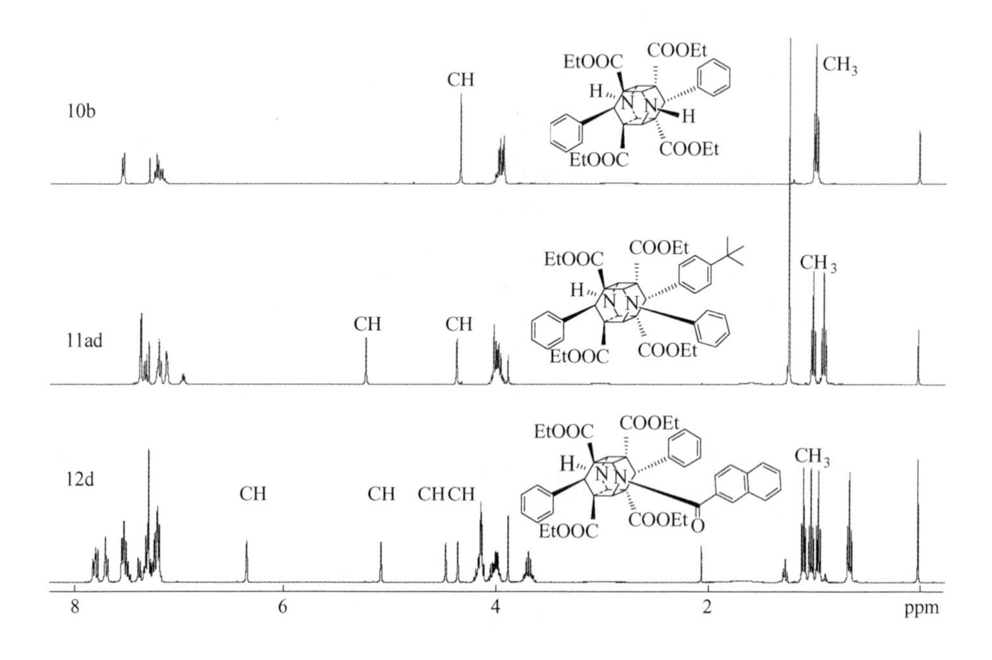

图 3-26　3,9-二氮杂四星烷核磁谱图特征

由于 10b 的 C_2-轴对称性，4 个甲基出现在同一个位置，表现为一个三重峰（δ: 1.00×10^{-6}），4 个环丁烷上的次甲基表现为 1 个单峰（δ: 4.34×10^{-6}）；由于 11ad 两个哌啶环之间的对称性被破坏导致形成 2 个甲基三重峰（δ: 0.92×10^{-6}, 1.02×10^{-6}）和 2 个次甲基的单峰（δ: 4.37×10^{-6}, 5.22×10^{-6}）；由于 2-萘甲酰基的引入，导致 12d 分子内 2 个哌啶环之间的对称性被破坏，且由于酰基的朝向导致 2 个哌啶环内部的对称性也被破坏，在核磁谱图上表现为 4 个甲基三重峰（δ: 0.67×10^{-6}, 0.97×10^{-6}, 1.03×10^{-6}, 1.11×10^{-6}）和 4 个次甲基的单峰（δ: 4.36×10^{-6}, 4.47×10^{-6}, 5.08×10^{-6}, 6.35×10^{-6}）[132]。

综上所述，C_2-3,9-二氮杂四星烷由于C_2-轴对称性的原因，2个哌啶环及酯基上对应位置的氢原子所处的化学环境相同，在核磁谱图上出现在相同的位置；非C_2-3,9-二氮杂四星烷与C_2-3,9-二氮杂四星烷相比，2个哌啶环之间不再具有对称性，但是哌啶环内部仍然具有对称性，因此在核磁谱图上表现出2个哌啶环及酯基的两组峰；其中对于3-芳甲酰基-6,12-二芳基-3,9-二氮杂四星烷来说由于酰基倾斜的朝向，同时又破坏了哌啶环内部的对称性，导致哌啶环及酯基上4个对应位置的氢原子均处在不同化学环境中，因此在核磁谱图上表现出相应的四组峰。

3.4 实验部分

3.4.1 试剂与仪器

同2.4.1节。

3.4.2 1,4-二氢吡啶-3,5-二羧酸乙酯的合成研究

3.4.2.1 1,4-二氢吡啶-3,5-二羧酸乙酯(8)的合成研究

A 1,4-二氢吡啶-3,5-二甲酸乙酯(8a)

将0.30g(0.01mol)多聚甲醛、1.96g(0.02mol)丙炔酸乙酯、0.77g(0.01mol)醋酸铵和1.0mL乙酸加入单口瓶中，利用微波辅助（温度80℃，功率50W），经反应30min后冷却，用乙酸乙酯和正己烷（$V:V=1:3$）重结晶，得到黄色晶体，产率63.4%，m.p. 108.2~109.6℃(文献值108.5~109.7℃[133])；^{1}H NMR(400MHz，$CDCl_3$)：$\delta(\times10^{-6})$1.27(t，6H，CH_3)，3.24(s，2H，CH_2)，4.17(q，4H，J=7.2Hz，CH_2)，6.59(brs，1H，NH)，7.09(d，2H，J=4.8Hz，=CH)。

B 4-苯基-1,4-二氢吡啶-3,5-二甲酸乙酯(8b)

将1.06g(0.01mol)苯甲醛、1.96g(0.02mol)丙炔酸乙酯、0.77g(0.01mol)醋酸铵和1.0mL乙酸加入单口瓶中，利用微波辅助（温度：80℃，功率50W），经反应30min后冷却，用乙酸乙酯和正己烷（$V:V=1:3$）重结晶，得到黄色晶体，产率70.6%，m.p. 121.6~123.8℃(文献值121.1~124.2℃[115])；^{1}H NMR(400MHz，$CDCl_3$)：$\delta(\times10^{-6})$1.21(t，6H，CH_3)，

4. 02～4. 16(m, 4H, CH_2), 4. 91(s, 1H, Ar-CH), 6. 91(brs, 1H, NH), 7. 17～7. 37(m, 5H, Ar-H), 7. 27(d, 2H, J=4. 8Hz, ═CH)。

C　4-(3-甲基苯基)-1,4-二氢吡啶-3,5-二甲酸乙酯(8c)

合成方法同 8b，黄色固体，产率 68. 2%, m. p. 105. 1～106. 8℃; ^{1}H NMR (400MHz, $CDCl_3$): $\delta(\times10^{-6})$ 1. 22(t, 6H, CH_3), 2. 32(s, 3H, CH_3), 4. 02～4. 18(m, 4H, CH_2), 4. 88(s, 1H, Ar-CH), 6. 59(brs, 1H, NH), 6. 98～7. 16(m, 4H, Ar-H), 7. 32(d, 2H, J=5. 2 Hz, ═CH)。

化合物 8c 的核磁氢谱如图 3-27 所示。

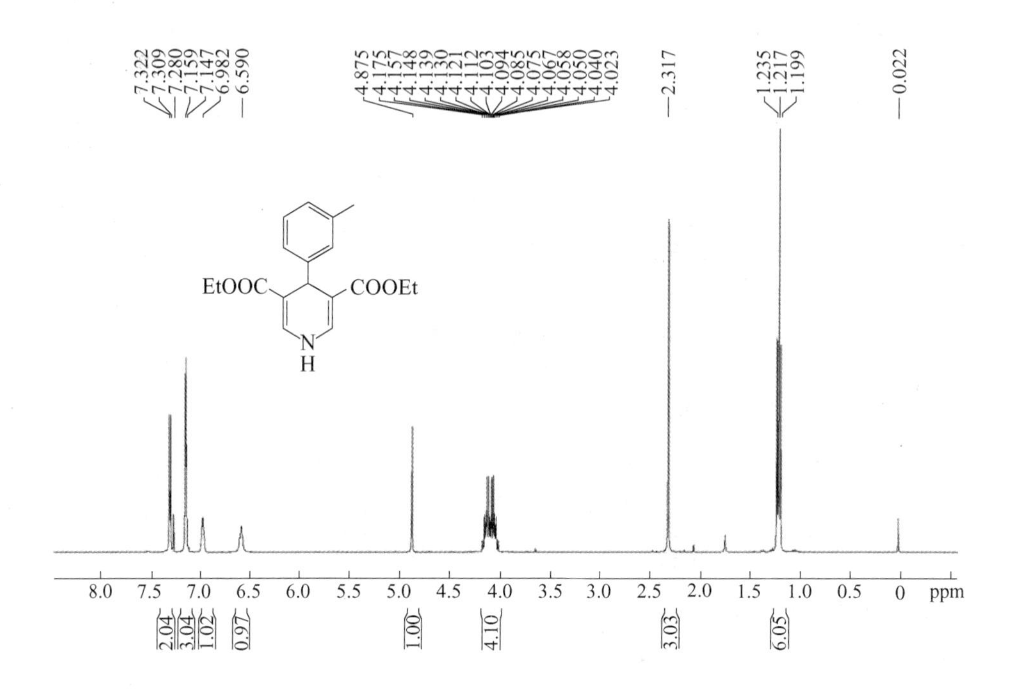

图 3-27　化合物 8c 的核磁氢谱

D　4-(4-叔丁基苯基)-1,4-二氢吡啶-3,5-二甲酸乙酯(8d)

合成方法同 8b，浅黄色固体，产率 75. 4%, m. p. 115. 1～116. 3℃; ^{1}H NMR (400MHz, $CDCl_3$): $\delta(\times10^{-6})$ 1. 21 (t, 6H, CH_3), 1. 29 (s, 6H, $C(CH_3)_3$), 4. 02～4. 18(m, 4H, CH_2), 4. 89(s, 1H, Ar-CH), 6. 71(brs, 1H, NH), 7. 27(brs, 4H, Ar-H), 7. 31(d, 2H, J=5. 2Hz, ═CH)。

化合物 8d 的核磁氢谱如图 3-28 所示。

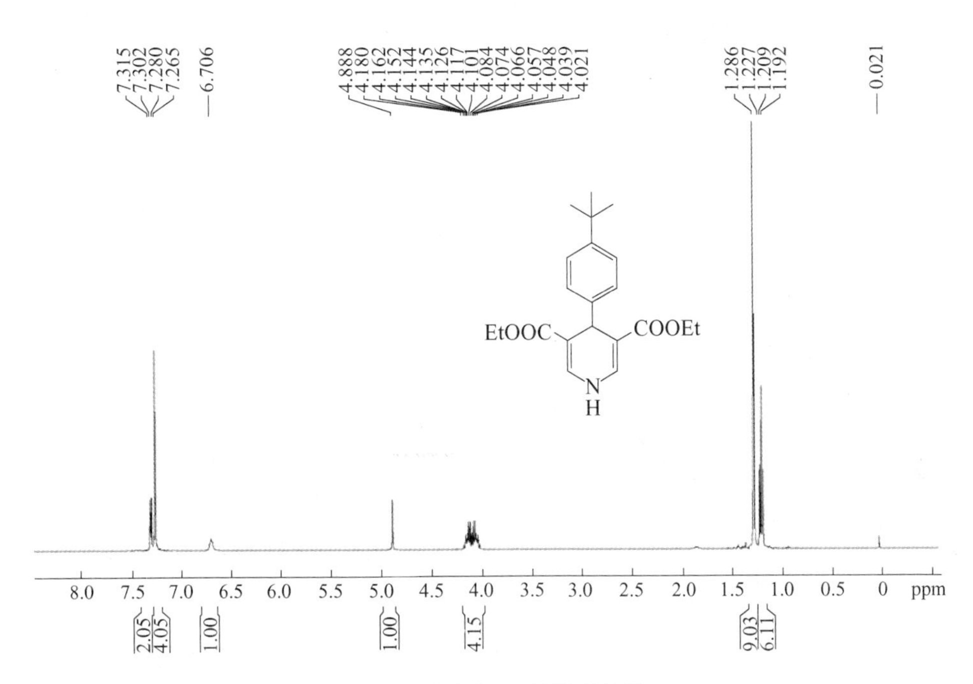

图 3-28 化合物 8d 的核磁氢谱

E 4-(4-甲氧基苯基)-1,4-二氢吡啶-3,5-二甲酸乙酯(8e)

合成方法同 8b，黄色固体，产率 67.2%，m.p. 105.1～106.3℃（文献值 104.5～105.7℃[115]）；^{1}H NMR（400MHz，$CDCl_3$）：δ（$\times10^{-6}$）1.21（t，6H，CH_3），3.76（s，3H，CH_3），4.02～4.16（m，4H，CH_2），4.85（s，1H，Ar-CH），6.80（d，2H，J=8.4Hz，=CH），6.89（brs，1H，NH），7.25～7.30（m，4H，Ar-H）。

F 4-(3,4-二甲氧基苯基)-1,4-二氢吡啶-3,5-二甲酸乙酯(8f)

合成方法同 8b，黄色晶体，产率 72.6%，m.p. 148.2～149.6℃；^{1}H NMR（400MHz，$CDCl_3$）：δ（$\times10^{-6}$）1.21（t，6H，CH_3），3.83（s，3H，OCH_3），3.86（s，3H，OCH_3），4.05～4.15（m，4H，CH_2），4.86（s，1H，Ar-CH），6.74（brs，1H，NH），6.76～6.94（m，3H，Ar-CH），7.33（d，2H，J=5.2Hz，=CH）。

化合物 8f 的核磁氢谱如图 3-29 所示。

G 4-(3,4,5-三甲氧基苯基)-1,4-二氢吡啶-3,5-二甲酸乙酯(8g)

合成方法同 8b，黄色晶体，产率 74.6%，m.p. 181.7～182.9℃（文献值 181.6～182.4℃[115]）；^{1}H NMR（400MHz，$CDCl_3$）：δ（$\times10^{-6}$）1.21（t，6H，

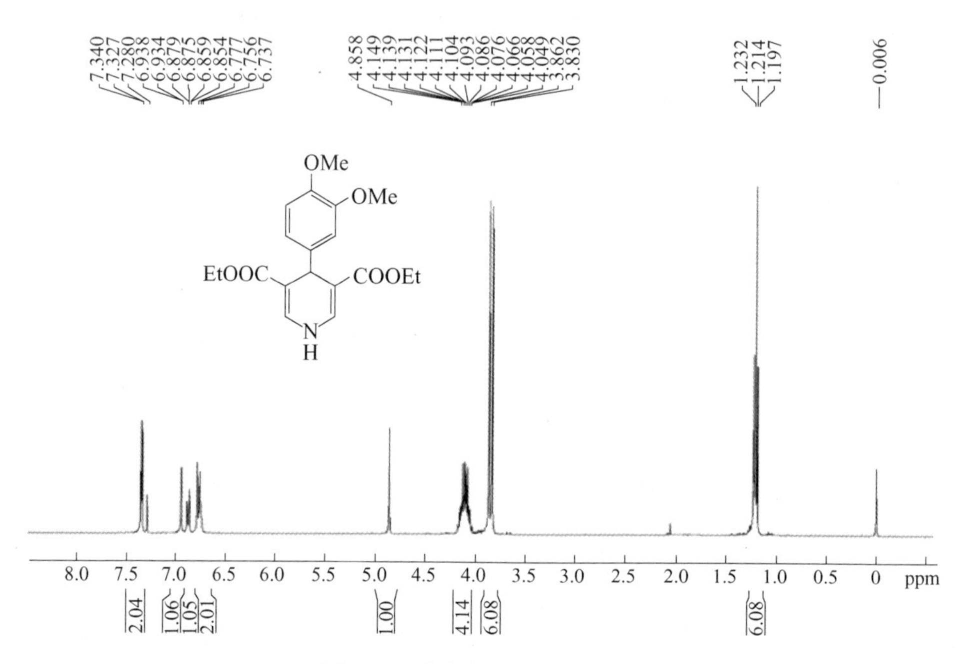

图 3-29　化合物 8f 的核磁氢谱

CH_3), 3. 78(s, 3H, OCH_3), 3. 81(s, 6H, OCH_3), 4. 05~4. 15(m, 4H, CH_2), 4. 86(s, 1H, Ar-CH), 6. 58(s, 2H, Ar-H), 7. 27(brs, 1H, NH), 7. 36(d, 2H, J=5. 2Hz, ═CH)。

3. 4. 2. 2　1,4-二芳基-1,4-二氢吡啶-3,5-二羧酸乙酯(9)的合成研究

A　1,4-二苯基-1,4-二氢吡啶-3,5-二甲酸乙酯(9a)

将 1. 06g (0. 01mol) 苯甲醛、1. 96g (0. 02mol) 丙炔酸乙酯、0. 93g (0. 01mol) 苯胺和 1. 0mL 乙酸加入单口瓶中，置于 100℃水浴中加热约 1h，冷却后用甲醇和水 (V : V = 4 : 1) 结晶，再用乙酸乙酯和正己烷 (V : V = 1 : 1) 重结晶，得到黄色晶体，产率 65. 1%，m. p. 134. 4~135. 9℃(文献值 134. 6~135. 8℃[115])；^{1}H NMR(400MHz, $CDCl_3$)：$\delta(\times10^{-6})$ 1. 21(t, 6H, CH_3), 4. 07~4. 18(m, 4H, CH_2), 4. 99(s, 1H, Ar-CH), 7. 17~7. 51(m, 10H, Ar-H), 7. 69(s, 2H, ═CH)。

B　1-苯基-4-(4-甲基苯基)-1,4-二氢吡啶-3,5-二甲酸乙酯(9b)

合成方法同 9a，黄色晶体，产率 59. 4%，m. p. 103. 5~105. 7℃ (文献值 103. 7~105. 8℃[115])；^{1}H NMR(400MHz, $CDCl_3$)：$\delta(\times10^{-6})$ 1. 19(t, 6H,

CH_3), 2.29(s, 3H, Ar-CH_3), 4.04~4.17(m, 4H, CH_2), 4.92(s, 1H, Ar-CH), 7.05(d, 2H, J = 8.0Hz, Ar-H), 7.27(d, 2H, J = 8.0Hz, Ar-H), 7.24~7.48(m, 5H, Ar-H), 7.65(s, 2H, ═CH)。

C 1-苯基-4-(4-甲氧基苯基)-1,4-二氢吡啶-3,5-二甲酸乙酯(9c)

合成方法同9a，黄色晶体，产率65.9%，m.p. 120.1~122.0℃(文献值120.6~121.8℃[115])；^1H NMR (400MHz, $CDCl_3$)：$\delta(\times 10^{-6})$ 1.21(t, 6H, CH_3), 3.77(s, 3H, OCH_3), 4.06~4.17(m, 4H, CH_2), 4.91(s, 1H, Ar-CH), 6.79(d, 2H, J = 8.8Hz, Ar-H), 7.29(d, 2H, J = 8.8Hz, Ar-H), 7.26~7.48(m, 5H, Ar-H), 7.65(s, 2H, ═CH)。

D 1-苯基-4-(3,4,5-三甲氧基苯基)-1,4-二氢吡啶-3,5-二甲酸乙酯(9d)

合成方法同9a，黄色粉末，产率67.7%，m.p. 121.0~122.3℃(文献值120.6~121.8℃[115])；^1H NMR(400MHz, $CDCl_3$)：$\delta(\times 10^{-6})$ 1.21(t, 6H, CH_3), 3.80(s, 6H, OCH_3), 3.81(s, 3H, OCH_3), 4.11~4.18(m, 4H, CH_2), 4.92(s, 1H, Ar-CH), 6.60(s, 2H, Ar-H), 7.26~7.48(m, 5H, Ar-H), 7.65(s, 2H, ═CH)。

E 1-苯基-4-(4-氟苯基)-1,4-二氢吡啶-3,5-二甲酸乙酯(9e)

合成方法同9a，黄色固体，产率52.5%，m.p. 135.3~136.5℃(文献值135.9~136.8℃[115])；^1H NMR (400MHz, $CDCl_3$)：δ $(\times 10^{-6})$ 1.20(t, 6H, CH_3), 4.04~4.18(m, 4H, CH_2), 4.95(s, 1H, Ar-CH), 6.91(t, 3H, Ar-H), 7.44(d, 2H, J=8.0Hz, Ar-H), 7.29~7.48(m, 5H, Ar-H), 7.65(s, 2H, ═CH)。

3.4.3 非C_2-3,9-二氮杂四星烷类化合物的光化学合成研究

3.4.3.1 6,12-二芳基-3,9-二氮杂四星烷-1,5,7,11-四羧酸乙酯(10)的合成研究

A 顺式-4-(3,4,5-三甲氧基苯基)-8-苯基-1,4,4a,4b,5,8,8a,8b-八氢双吡啶-3,4a,7,8a-四甲酸乙酯(13bg)

将1mmol 4-苯基-1,4-二氢吡啶(8b)和1mmol 4-(3,4,5-三苯基)-1,4-二氢吡啶(8g)溶于10mL四氢呋喃/甲醇 (V : V = 1 : 1) 中，溶液倒入石英光反应器中，通入N_2为保护气，以环形内照式LED灯(365nm)为光源，反应约5~6h (TLC监测)，浓缩，柱层析，用乙酸乙酯/正己烷 (V : V = 1 : 4) 重

结晶，得无色晶体，产率 29.6%，m. p. 224.3～225.6℃；^{1}H NMR(400MHz, $CDCl_3$)：$\delta(\times10^{-6})$0.94(t, 3H, CH_3), 0.99(t, 3H, CH_3), 1.22(t, 3H, CH_3), 1.26(t, 3H, CH_3), 3.66～3.88(m, 4H, CH_2), 3.76(s, 3H, OCH_3), 3.79(s, 6H, OCH_3), 3.99(s, 1H, Ar-CH), 3.99～4.09(m, 2H, CH_2), 4.05(s, 1H, Ar-CH), 4.13～4.27(m, 2H, CH_2), 4.78(s, 1H, CH), 4.80(s, 1H, CH), 6.38(s, 2H, Ar-H), 7.12～7.19(m, 5H, Ar-H), 7.48～7.52(m, 2H, ═CH)；^{13}C NMR(100MHz, $CDCl_3$)：$\delta(\times10^{-6})$13.6, 13.8, 14.5, (14.5), 39.2, 39.3, 51.9, (51.9), 55.6, 55.8, 56.1, 59.3, 59.4, 60.8, 61.5, (61.5), 100.9, 105.7, 126.6, 127.9, 128.5, 136.8, 137.8, 141.5, 142.1, 152.6, 167.4, 167.5, 172.0, 172.1；HRMS(ESI), $C_{37}H_{45}N_2O_{11}$[M+H]$^+$的理论值为 693.3018，检测数据为 693.3021。X-单晶衍射数据剑桥号：CCDC 1537244。谱图如图 3-1、图 3-6～图 3-8 所示。

B　6-苯基-12-(3,4,5-三甲氧基苯基)-3,9-二氮杂四星烷-1,5,7,11-四甲酸乙酯(10bg)

方法一：将 1mmol 4-苯基-1,4-二氢吡啶(8b)和 1mmol 4-(3,4,5-三苯基)-1,4-二氢吡啶(8g)溶于 10mL 四氢呋喃/甲醇（$V:V=1:1$）中，溶液倒入石英光反应器中，通入 N_2 为保护气，以环形内照式 LED 灯(365nm)为光源，反应约 12h(TLC 监测)，浓缩，柱层析，用乙酸乙酯/正己烷（$V:V=1:4$）重结晶，得无色晶体，产率 31.5%，m. p. 134.6～135.8℃；方法二：将 1mmol 顺式-4-(3,4,5-三甲氧基苯基)-8-苯基-1,4,4a,4b,5,8,8a,8b-八氢双吡啶-3,4a,7,8a-四甲酸乙酯(13bg)溶于 5mL 四氢呋喃/甲醇（$V:V=1:1$）中，溶液倒入石英光反应器中，通入 N_2 为保护气，以环形内照式 LED 灯(365nm)为光源，反应约 5～6h(TLC 监测)，浓缩，柱层析，用乙酸乙酯/正己烷（$V:V=1:4$）重结晶，得无色晶体，产率 95.5%，m. p. 254.3～255.8℃；^{1}H NMR(400MHz, $CDCl_3$)：$\delta(\times10^{-6})$1.00(t, 6H, CH_3), 1.05 (t, 6H, CH_3), 3.04(brs, 2H, NH), 3.80(s, 3H, OCH_3), 3.81(s, 6H, OCH_3), 3.87(s, 1H, Ar-CH), 3.91(s, 1H, Ar-CH), 3.95～4.04(m, 8H, CH_2), 4.33 (s, 2H, CH), 4.34(s, 2H, CH), 6.88(s, 2H, Ar-H), 7.15～7.23(m, 3H, Ar-H), 7.53(d, 2H, J=7.2Hz, Ar-H)；^{13}C NMR(100MHz, $CDCl_3$)：$\delta(\times10^{6})$ 13.9, 14.0, 43.9, 44.0, 48.7, 48.9, 55.0, 55.2, 56.0, 60.8, 60.9, (60.9), 108.5, 126.9, 127.8, 130.9, 133.0, 136.8, 137.3, 152.3, 173.2, (173.2)；

HRMS（ESI），$C_{37}H_{45}N_2O_{11}$[M+H]$^+$理论值为693.3018，检测数据为693.3021。X-单晶衍射数据剑桥号：CCDC 1537245。谱图如图3-9~图3-12所示。

3.4.3.2 3,6,12-三芳基-3,9-二氮杂四星烷-1,5,7,11-四甲酸乙酯(11)的合成研究

A 3,12-二苯基-6-(4-叔丁基苯基)-3,9-二氮杂四星烷-1,5,7,11-四甲酸乙酯(11ad)

将1mmol 1,4-二苯基-1,4-二氢吡啶(9a)和1mmol 4-苯基-1,4-二氢吡啶(8d)溶于10mL四氢呋喃/甲醇（V∶V = 1∶1）中，溶液倒入石英光反应器中，通入N_2为保护气，以环形内照式LED灯(365nm)为光源，反应约10h(TLC监测)，浓缩，柱层析，用乙酸乙酯/正己烷（V∶V = 1∶4）重结晶，得白色固体，产率30.8%，m. p. 194.3~195.4℃；^{1}H NMR(400MHz，$CDCl_3$)：$\delta(\times10^{-6})$0.92(t，6H，CH_3)，1.02(t，6H，CH_3)，3.02(brs，1H，NH)，3.89(s，1H，Ar-CH)，3.93~4.37(m，8H，CH_2)，4.04(s，1H，Ar-CH)，4.37(s，2H，CH)，5.22(s，2H，CH)，6.95~6.98(m，1H，Ar-H)，7.10~7.21(m，7H，Ar-H)，7.30~7.36(m，6H，Ar-H)；^{13}C NMR(100MHz，$CDCl_3$)：$\delta(\times10^{-6})$13.6，13.9，31.3，34.3，43.6，43.7，50.0，50.6，54.9，58.0，60.9，61.0，117.4，120.1，124.6，126.9，128.0，129.4，130.3，(130.3)，134.0，137.0，149.5，149.8，173.1，(173.1)；HRMS（ESI），$C_{44}H_{51}N_2O_8$[M+H]$^+$的理论值为735.3640，检测数据为735.3643。X-单晶衍射数据剑桥号：CCDC 1537243。谱图如图3-13~图3-16所示。

B 3,12-二苯基-6-(4-甲氧基苯基)-3,9-二氮杂四星烷-1,5,7,11-四甲酸乙酯(11ae)

合成方法同11ad，无色晶体，产率25.1%，m. p. 198.4~199.8℃；^{1}H NMR(400MHz，$CDCl_3$)：$\delta(\times10^{6})$1.01(t，6H，CH_3)，1.02(t，6H，CH_3)，3.07(brs，1H，NH)，3.87(s，1H，Ar-CH)，3.92~4.05(m，8H，CH_2)，4.00(s，1H，Ar-CH)，4.36(s，2H，CH)，5.22(s，2H，CH)，6.72(d，2H，J=8.4Hz，Ar-H)，6.94~6.98(m，1H，Ar-H)，7.10~7.21(m，5H，Ar-H)，7.35~7.39(m，6H，Ar-H)；^{13}C NMR(100MHz，$CDCl_3$)：$\delta(\times10^{-6})$13.8，13.9，43.6，49.9，50.8，54.7，55.1，58.0，61.0，61.1，113.1，117.3，120.2，126.9，128.0，129.1，129.4，130.3，132.1，137.0，149.7，158.4，173.0，173.1；HRMS（ESI），$C_{41}H_{45}N_2O_9$[M+H]$^+$的理论值为709.3120，检测数据为

709.3125。

化合物 11ae 的核磁氢谱和核磁碳谱如图 3-30 和图 3-31 所示。

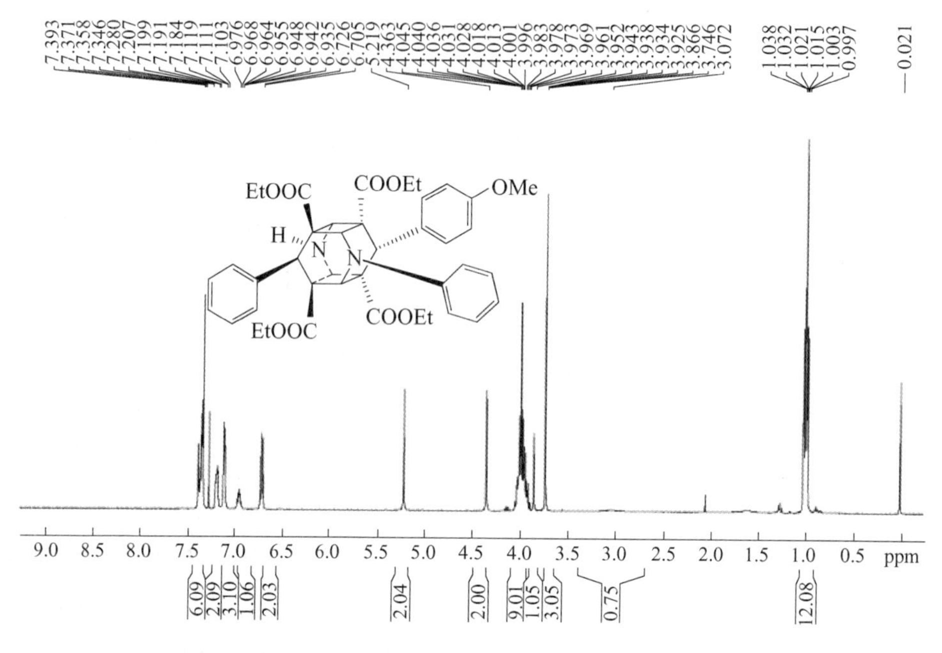

图 3-30　化合物 11ae 的核磁氢谱

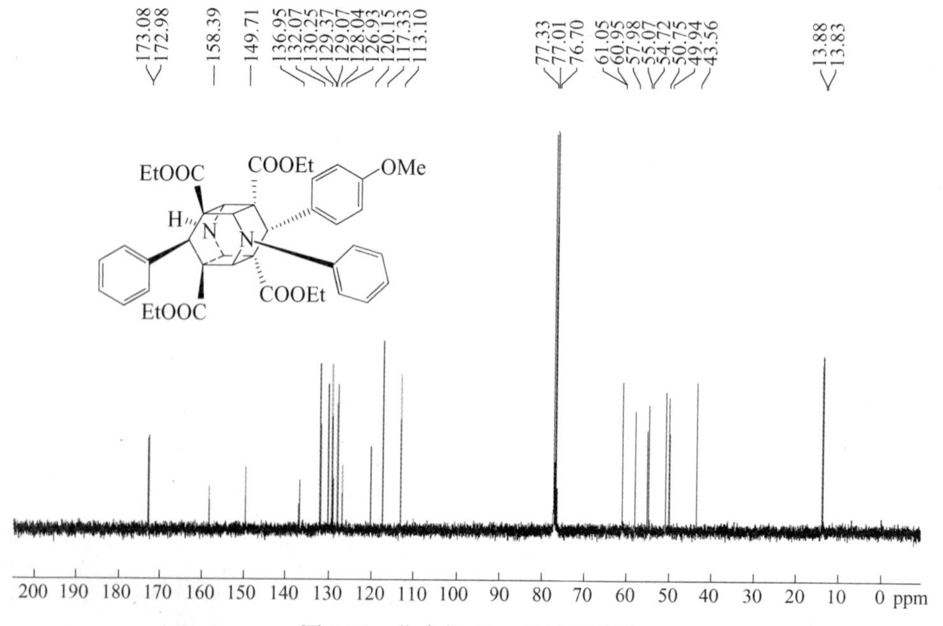

图 3-31　化合物 11ae 的核磁碳谱

C 3,12-二苯基-6-(3,4,5-三甲氧基苯基)-3,9-二氮杂四星烷-1,5,7,11-四甲酸乙酯(11ag)

合成方法同 11ad，白色固体，产率 26.8%，m.p. 199.5～201.3℃；^{1}H NMR(400MHz，$CDCl_3$)：$\delta(\times10^{-6})$0.97～1.01(m，12H，CH_3)，3.06(brs，1H，NH)，3.76(brs，9H，OCH_3)，3.93～4.05(m，8H，CH_2)，3.97(s，1H，Ar-CH)，4.01(s，1H，Ar-CH)，4.36(s，2H，CH)，5.21(s，2H，CH)，6.76(s，2H，Ar-H)，6.93～7.16(m，7H，Ar-H)，7.28～7.37(m，5H，Ar-H)；^{13}C NMR(100MHz，$CDCl_3$)：$\delta(\times10^{-6})$13.9，25.0，27.0，42.0，43.6，44.5，49.8，50.7，54.6，58.0，60.7，61.0，61.1，108.4，117.2，120.2，127.0，128.1，129.5，130.2，132.6，136.8，149.5，152.3，172.9，173.0；HRMS(ESI)，$C_{43}H_{49}N_2O_{11}[M+H]^+$的理论值为 769.3331，检测数据为 769.3335。

化合物 11ag 的核磁氢谱和核磁碳谱如图 3-32 和图 3-33 所示。

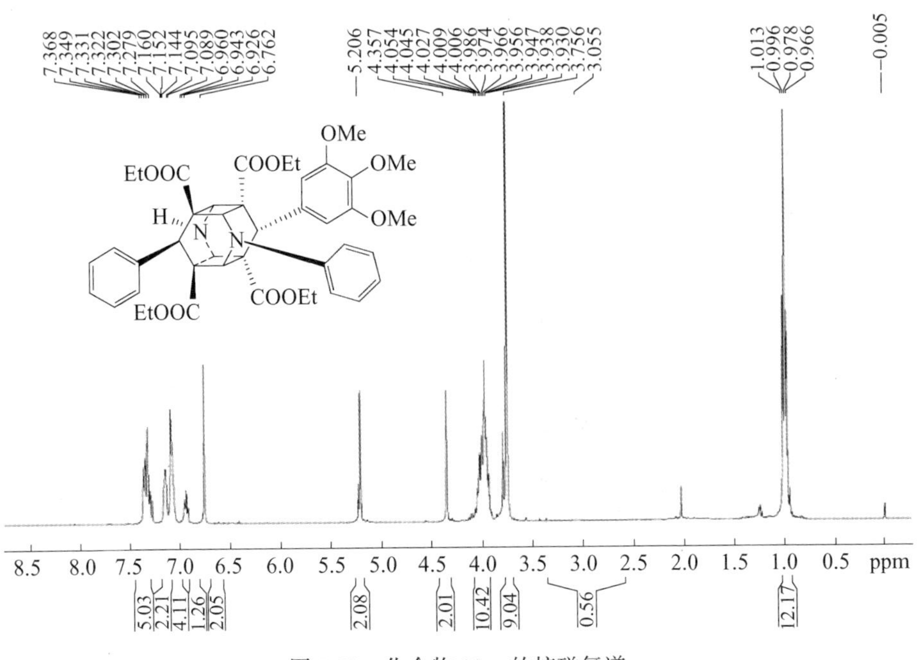

图 3-32 化合物 11ag 的核磁氢谱

D 3,6-二苯基-12-(4-甲氧基苯基)-3,9-二氮杂四星烷-1,5,7,11-四甲酸乙酯(11bb)

合成方法同 11ad，白色固体，产率 27.5%，m.p. 205.6～206.9℃；

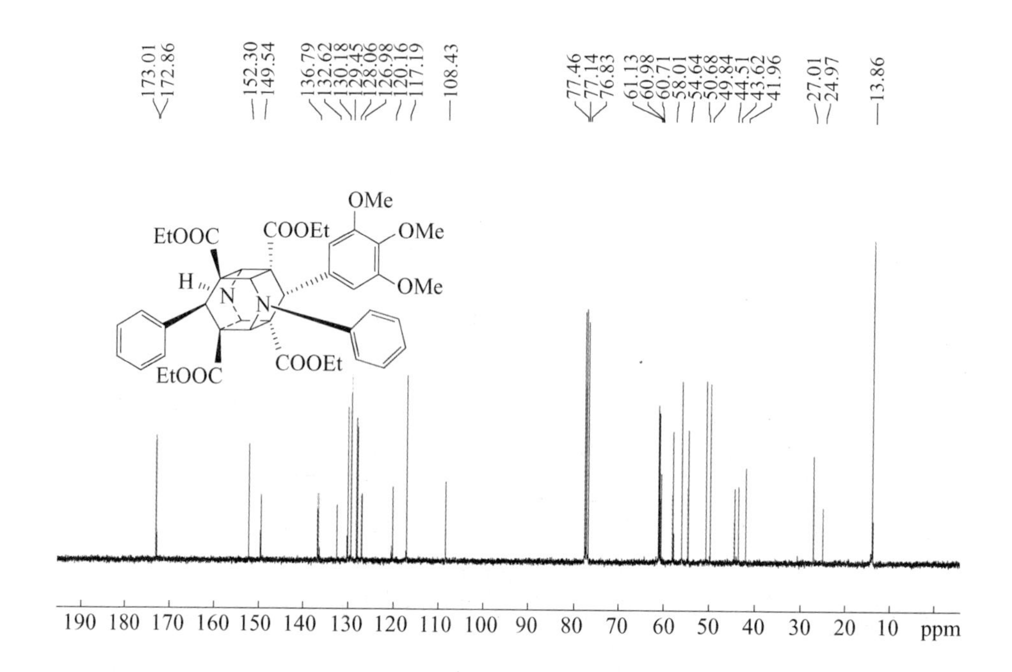

图 3-33　化合物 11ag 的核磁碳谱

^{1}H NMR(400MHz, $CDCl_3$)：$\delta(\times10^{-6})$0. 97(t, 6H, CH_3), 1. 06(t, 6H, CH_3), 3. 03(brs, 1H, NH), 3. 71(s, 3H, OCH_3), 3. 91(s, 1H, Ar-CH), 3. 93~4. 05(m, 8H, CH_2), 3. 97(s, 1H, Ar-CH), 4. 36(s, 2H, CH), 5. 23(s, 2H, CH), 6. 65(d, 2H, J=8. 8Hz, Ar-H), 6. 94~6. 98(m, 1H, Ar-H), 7. 12~7. 20(m, 5H, Ar-H), 7. 37(d, 2H, J=4. 0Hz, Ar-H), 7. 44(d, 2H, J=7. 2Hz, Ar-H); ^{13}C NMR(100MHz, $CDCl_3$)：$\delta(\times10^{-6})$13. 7, 14. 0, 42. 8, 44. 2, 50. 1, 50. 6, 54. 7, 55. 0, 58. 0, 61. 0, 61. 1, 113. 4, 127. 3, 120. 2, 126. 9, 127. 8, 128. 9, 129. 4, 130. 9, 131. 4, 137. 1, 149. 7, 158. 4, 173. 0, 173. 1; HRMS(ESI), $C_{41}H_{45}N_2O_9$[M+H]$^+$的理论值为 709. 3120，检测数据为 709. 3125。

化合物 11bb 的核磁氢谱和核磁碳谱如图 3-34 和图 3-35 所示。

E　3-苯基-6-(3,4,5-三甲氧基苯基)-12-(4-甲氧基苯基)-3,9-二氮杂四星烷-1,5,7,11-四甲酸乙酯(11bg)

合成方法同 11ad，无色晶体，产率 26. 6%，m. p. 199. 6~201. 3℃；^{1}H NMR

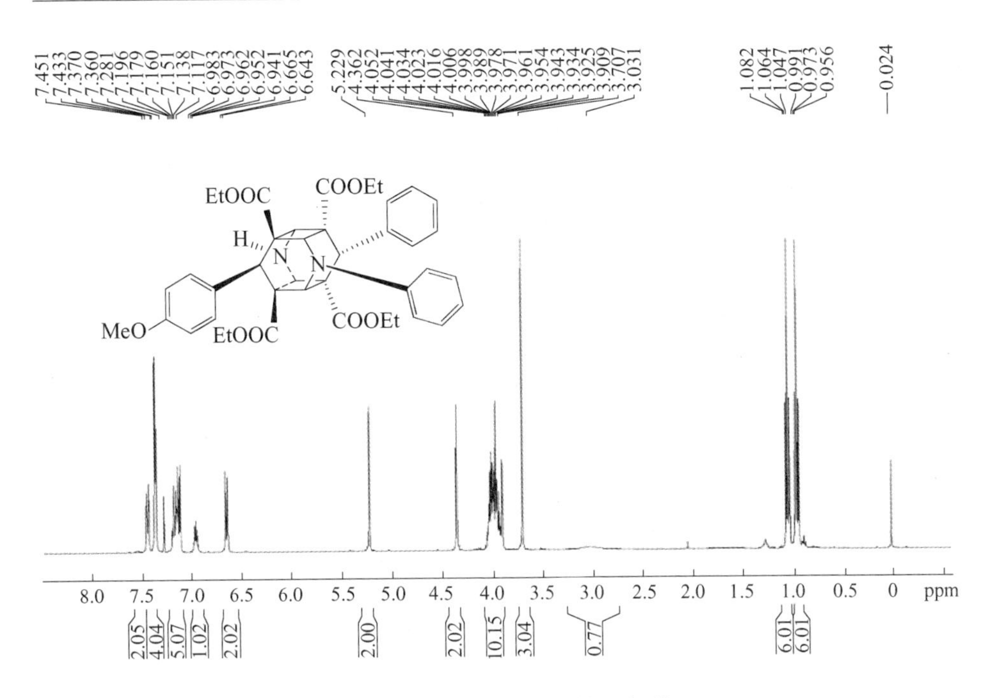

图 3-34 化合物 11bb 的核磁氢谱

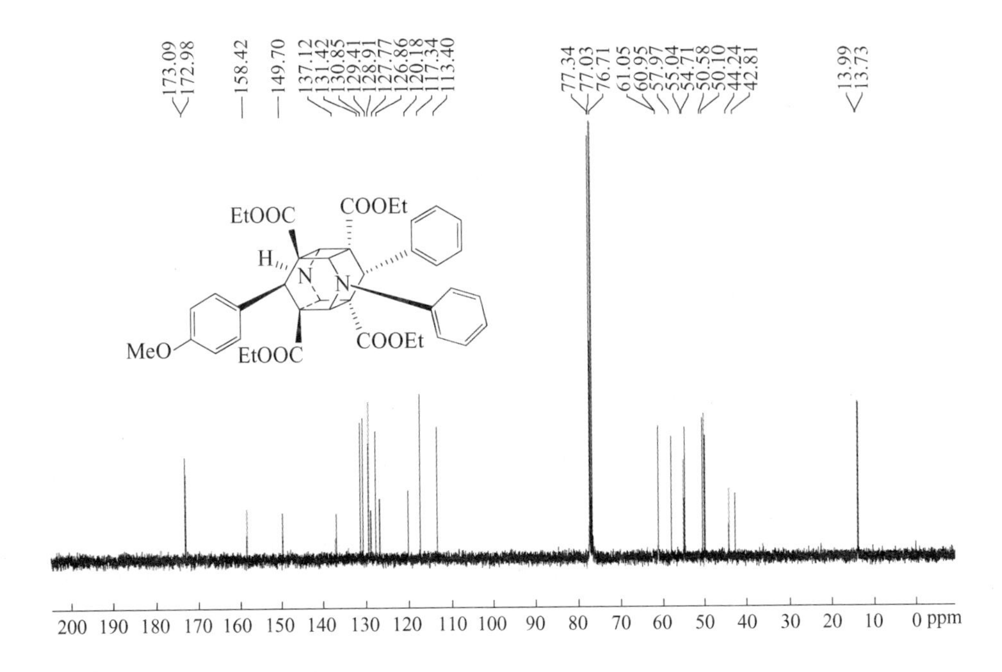

图 3-35 化合物 11bb 的核磁碳谱

(400MHz, $CDCl_3$): $\delta(\times10^{-6})$ 1.02(t, 6H, CH_3), 1.06(t, 6H, CH_3), 3.09 (brs, 1H, NH), 3.70(s, 3H, OCH_3), 3.77(s, 6H, OCH_3), 3.78(s, 3H, OCH_3), 3.81(s, 1H, Ar-CH), 3.94(s, 1H, Ar-CH), 3.95~4.07(m, 8H, CH_2), 4.36(s, 2H, CH), 5.22(s, 2H, CH), 6.64(d, 2H, J=8.8Hz, Ar-H), 6.77(s, 2H, Ar-H), 6.97(t, 1H, Ar-H), 7.10(d, 2H, J=8.8Hz, Ar-H), 7.28~7.39(m, 4H, Ar-H); ^{13}C NMR(100MHz, $CDCl_3$): $\delta(\times10^{-6})$ 13.9, 14.0, 42.9, 44.5, 50.0, 50.7, 54.6, 55.0, 56.1, 58.0, 60.7, 61.0, 61.1, 108.6, 113.4, 117.2, 120.1, 128.8, 129.5, 131.4, 132.6, 149.6, 152.3, 158.5, 172.9, 173.1; HRMS(ESI), $C_{44}H_{51}N_2O_{12}[M+H]^+$的理论值为 799.3437, 检测数据为 799.3439。

化合物 11bg 的核磁氢谱和核磁碳谱如图 3-36 和图 3-37 所示。

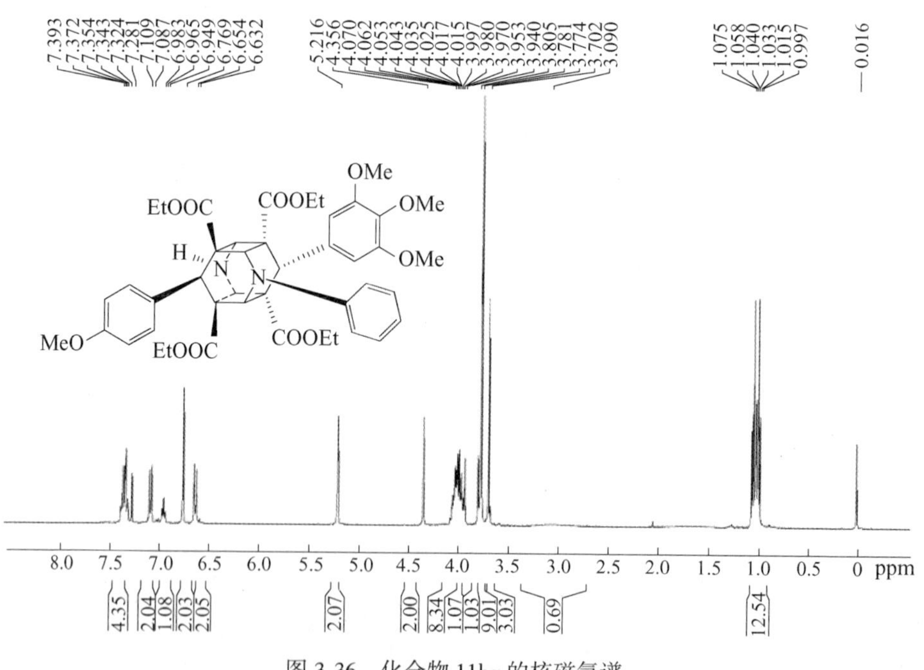

图 3-36　化合物 11bg 的核磁氢谱

F　3-苯基-6-(4-叔丁基苯基)-12-(3,4-二甲氧基苯基)-3,9-二氮杂四星烷-1,5,7,11-四甲酸乙酯(11cd)

合成方法同 11ad, 无色晶体, 产率 29.7%, m.p. 204.6~205.9℃; ^{1}H NMR(400MHz, $CDCl_3$): $\delta(\times10^{-6})$0.92(t, 6H, CH_3), 1.06(t, 6H, CH_3),

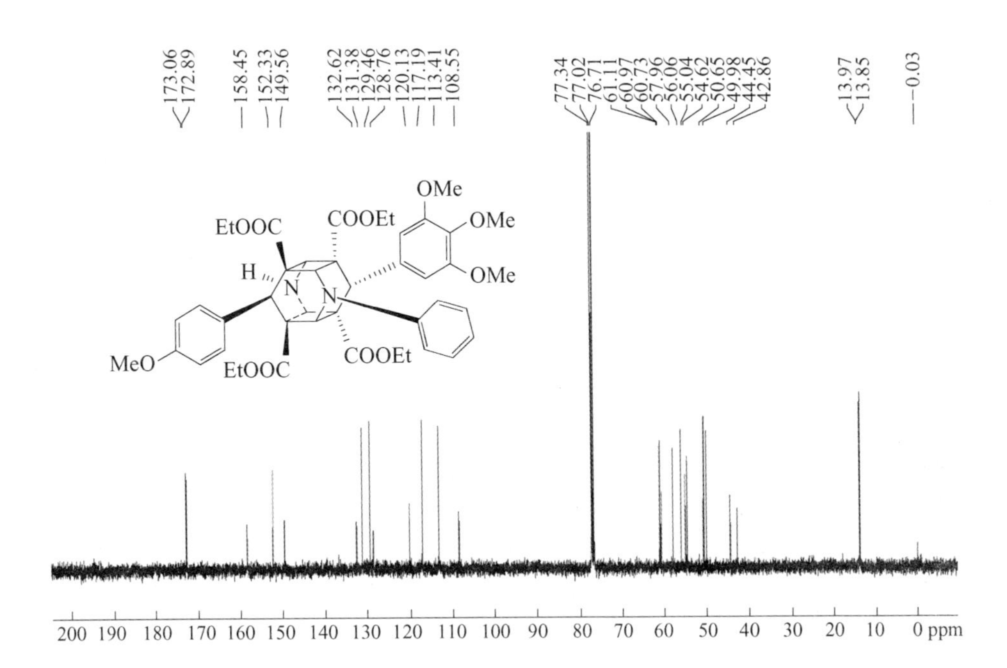

图 3-37 化合物 11bg 的核磁碳谱

1.23(s, 9H, $C(CH_3)_3$), 3.02(brs, 1H, NH), 3.33(s, 3H, OCH_3), 3.77(s, 6H, OCH_3), 3.85(s, 1H, Ar-CH), 3.95~4.05(m, 8H, CH_2), 3.98(s, 1H, Ar-CH), 4.36(s, 2H, CH), 5.27(s, 2H, CH), 6.63(d, 1H, J=8.8Hz, Ar-H), 6.73(d, 2H, J=6.8Hz, Ar-H), 6.90(t, 1H, Ar-H), 7.17(d, 2H, J=8.4Hz, Ar-H), 7.28~7.32(m, 6H, Ar-H); ^{13}C NMR(100MHz, $CDCl_3$): $\delta(\times 10^{-6})$ 13.7, 14.0, 31.3, 34.3, 43.1, 43.7, 50.1, 54.8, 55.1, 55.6, 57.5, 60.9, 61.0, 110.4, 113.1, 116.7, 120.0, 122.7, 124.6, 129.4, 129.5, 130.3, 133.9, 147.7, 148.2, 149.4, 149.6, 173.1, (173.1); HRMS(ESI), $C_{46}H_{55}N_2O_{10}[M+H]^+$的理论值为 795.3851，检测数据为 795.3855。

化合物 11cd 的核磁氢谱和核磁碳谱如图 3-38 和图 3-39 所示。

G 3-苯基-6-(3,4-二甲氧基苯基)-12-(3,4-二甲氧基苯基)-3,9-二氮杂四星烷-1,5,7,11-四甲酸乙酯(11cf)

合成方法同 11ad，白色固体，产率 24.4%，m.p. 223.7~225.4℃；^1H NMR(400MHz, $CDCl_3$): $\delta(\times 10^{-6})$ 1.02(t, 6H, CH_3), 1.06(t, 6H, CH_3), 3.10(brs, 1H, NH), 3.32(s, 3H, OCH_3), 3.78(s, 1H, Ar-CH), 3.80(s, 9H,

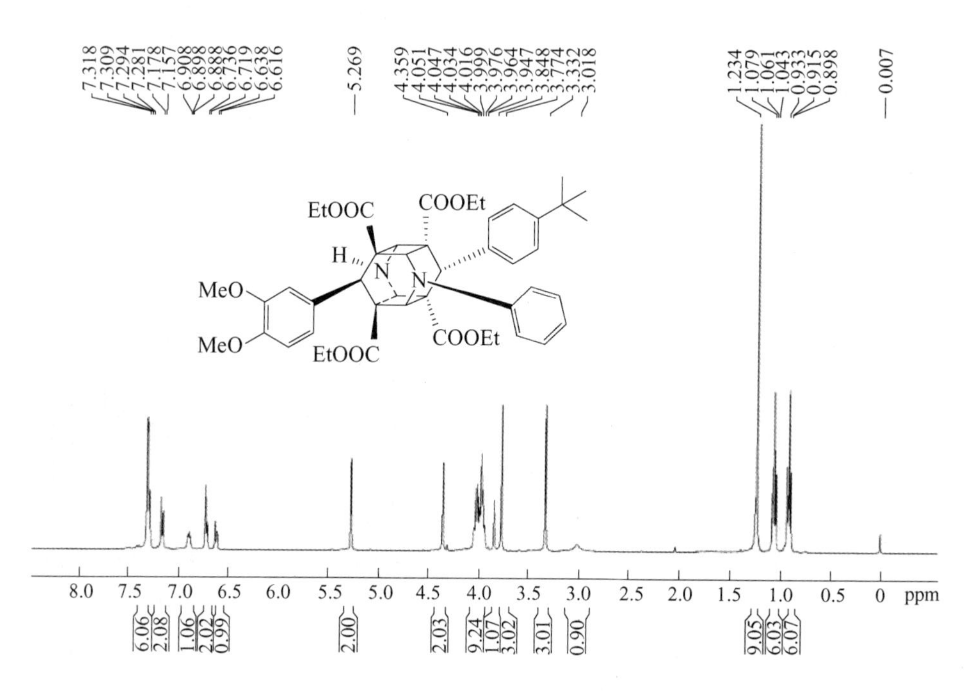

图 3-38　化合物 11cd 的核磁氢谱

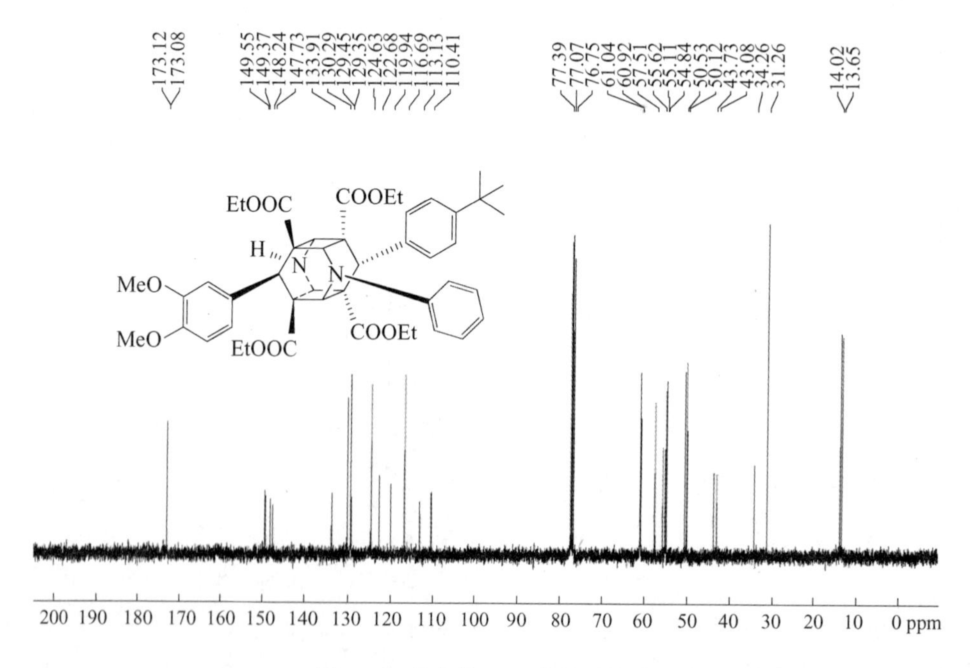

图 3-39　化合物 11cd 的核磁碳谱

OCH_3), 3.95(s, 1H, Ar-CH), 3.96~4.04(m, 8H, CH_2), 4.36(s, 2H, CH), 5.27(s, 2H, CH), 6.61~6.72(m, 4H, Ar-H), 6.89~6.97(m, 2H, Ar-H), 7.13(s, H, Ar-H), 7.28~7.34(m, 4H, Ar-H); ^{13}C NMR(100MHz, $CDCl_3$): $\delta(\times 10^{-6})$ 13.9, 14.0, 43.1, 43.9, 50.0, 50.6, 54.7, 55.1, 55.6, 55.7, 55.8, 57.5, 61.0, 110.4, 113.1, 114.6, 116.6, 120.0, 122.7, 123.3, 129.2, 129.4, 129.5, 147.8, (147.8), 148.1, 148.3, 149.3, 172.9, 173.1; HRMS (ESI), $C_{44}H_{51}N_2O_{12}[M+H]^+$的理论值为799.3437，检测数据为799.3441。

化合物11cf的核磁氢谱和核磁碳谱如图3-40和图3-41所示。

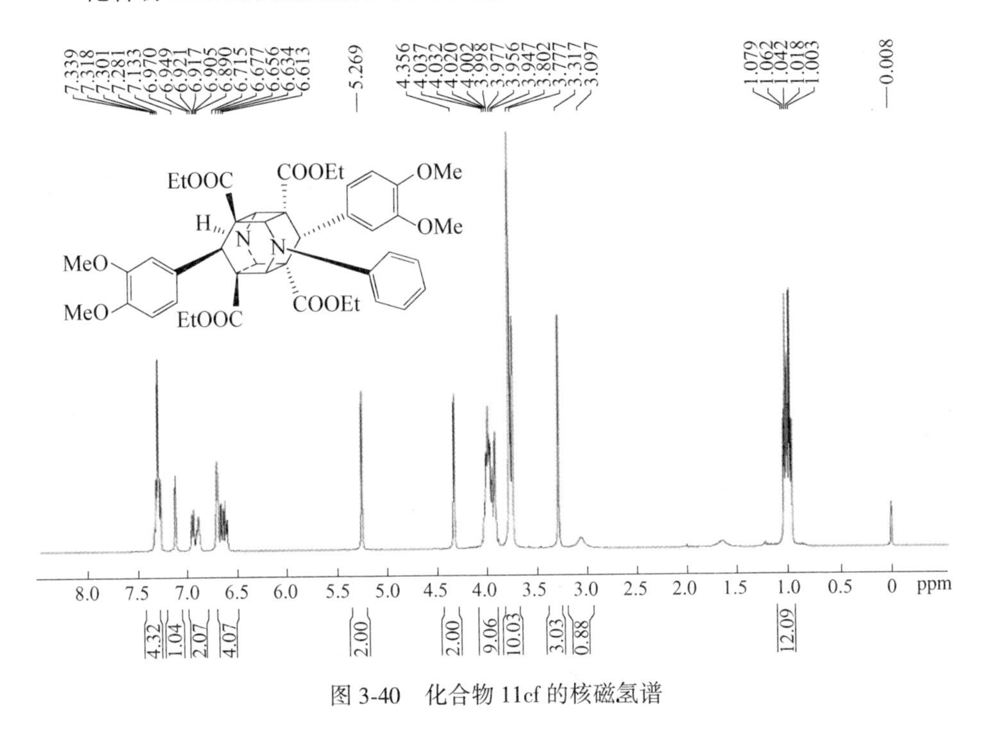

图3-40 化合物11cf的核磁氢谱

3.4.3.3 3-芳甲酰基-6,12-二芳基-3,9-二氮杂四星烷-1,5,7,11-四甲酸乙酯(12)的合成研究

A 6,12-二苯基-3,9-二氮杂四星烷-1,5,7,11-四甲酸乙酯(10b)

将5mmol 4-苯基-1,4-二氢吡啶(8b)溶于100mL四氢呋喃/甲醇（$V:V=1:1$）中，溶液倒入光反应器中，通入N_2为保护气，以120W环形内照式LED灯(365nm)为光源，反应约12h（TLC监测），浓缩，用乙酸乙酯/正己烷（$V:V=1:4$）重结晶，得无色晶体，产率85.3%，m.p. 208.7~211.0℃；

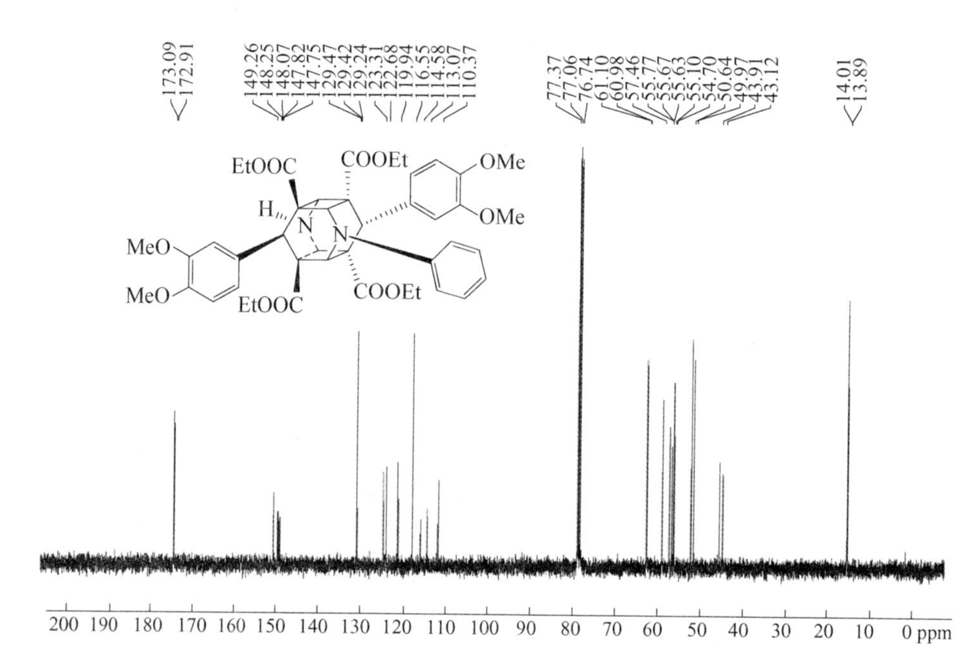

图 3-41　化合物 11cf 的核磁碳谱

^1H NMR(400MHz, $CDCl_3$): δ ($\times10^{-6}$) 1. 00(t, 12H, CH_2CH_3), 2. 85(brs, 2N, NH), 3. 90~4. 03(m, 8H, CH_2), 3. 93(s, 2H, Ar-CH), 4. 34(s, 4H, CH), 7. 14~7. 55(m, 10H, Ar-H)。谱图如图 3-17 和图 3-18 所示。

B　3-苯甲酰基-6,12-二苯基-3,9-二氮杂四星烷-1,5,7,11-四甲酸乙酯(12a)

将 0. 5mmol 6,12-二苯基-3,9-二氮杂四星烷-1,5,7,11-四甲酸乙酯(10b)和 1. 5mmol 三乙胺溶于 20mL 无水二氯甲烷，在冰浴条件下逐滴加入 0. 55mmol 苯甲酰氯，室温反应过夜，浓缩，柱层析，用乙酸乙酯/正己烷(V : V=1 : 4)重结晶，得无色晶体，产率 85. 3%，m. p. 211. 3 ~ 212. 5℃；^1H NMR(400MHz, $CDCl_3$): δ($\times10^{-6}$)0. 82(t, 6H, CH_3), 1. 01(t, 6H, CH_3), 1. 05(t, 6H, CH_3), 1. 08(t, 6H, CH_3), 2. 56(brs, 1H, NH), 3. 77(q, 2H, J=7. 2Hz, CH_2), 3. 81(s, 1H, Ar-CH), 3. 96 ~ 4. 16(m, 6H, CH_2), 4. 08(s, 1H, Ar-CH), 4. 36(s, 1H, CH), 4. 44(s, 1H, CH), 4. 99(s, 1H, CH), 6. 30(s, 1H, CH), 7. 13(d, 2H, J=6. 8Hz, Ar-H), 7. 16 ~ 7. 40(m, 11H, Ar-H), 7. 51(d, 2H, J=6. 8Hz, Ar-H)；^{13}C NMR(100MHz, $CDCl_3$): δ($\times10^{-6}$) 13. 5,

13. 8, 13. 9, (13. 9), 42. 4, 44. 7, 47. 7, 50. 0, 50. 3, 50. 5, 50. 9, 55. 0, 57. 0, 61. 1, 61. 3, 61. 4, 127. 3, 127. 4, 127. 5, 128. 1, 128. 5, 128. 9, 130. 0, 134. 2, 135. 8, 137. 1, 170. 8, 171. 6, 171. 8, 172. 4, 172. 7; HRMS(ESI), $C_{41}H_{43}N_2O_9$ $[M+H]^+$的理论值为 707. 2963，检测数据为 707. 2965。

化合物 12a 的核磁氢谱和核磁碳谱如图 3-42 和图 3-43 所示。

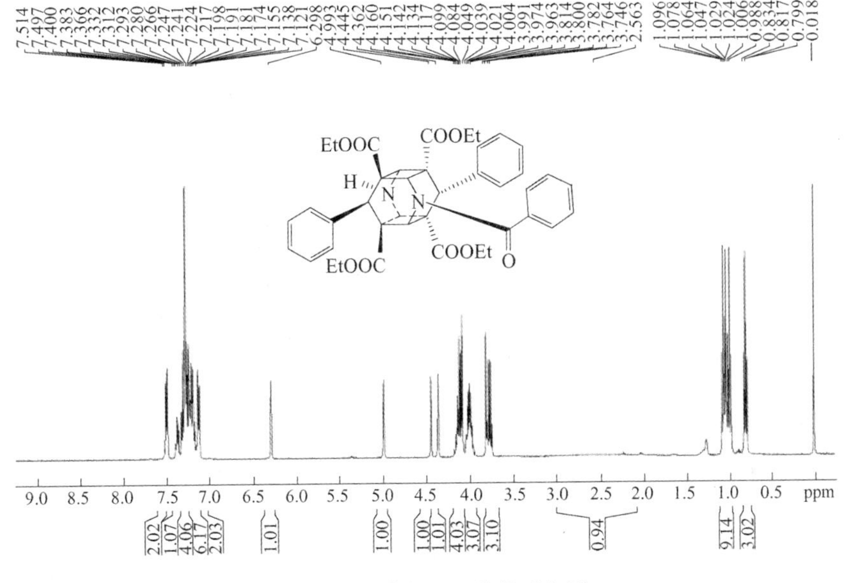

图 3-42 化合物 12a 的核磁氢谱

C 3-(4-氟苯甲酰基)-6,12-二苯基-3,9-二氮杂四星烷-1,5,7,11-四甲酸乙酯(12b)

合成方法同 12a，无色晶体，产率 76.8%，m. p. 211. 3 ~ 213. 5℃；^{1}H NMR(400MHz, $CDCl_3$)：$\delta(\times10^{-6})$0. 81(t, 3H, CH_3), 0. 89(t, 3H, CH_3), 1. 02(t, 3H, CH_3), 1. 21(t, 3H, CH_3), 3. 83 ~ 3. 96(m, 4H, CH_2), 3. 94(s, 1H, Ar-CH), 3. 99(s, 1H, Ar-CH), 4. 09 ~ 4. 25(m, 4H, CH_2), 5. 03(s, 1H, CH), 5. 07(s, 1H, CH), 6. 23(s, 1H, CH), 6. 34(s, 1H, CH), 7. 02 ~ 7. 08 (m, 6H, Ar-H), 7. 24 ~ 7. 36(m, 8H, Ar-H)；^{13}C NMR(100MHz, $CDCl_3$)：$\delta(\times10^{-6})$13. 5, 13. 6, 13. 7, 14. 0, 43. 0, 43. 3, 48. 9, (48. 9), 49. 6, 51. 0, 51. 7, 52. 2, 57. 1, 57. 2, 61. 6, 61. 8, 62. 0, 115. 3, (115. 3), 115. 5, 115. 6, 128. 0, 128. 7, 128. 8, 128. 9, 129. 6, (129. 6), 130. 0, 130. 1, 130. 2, 135. 4,

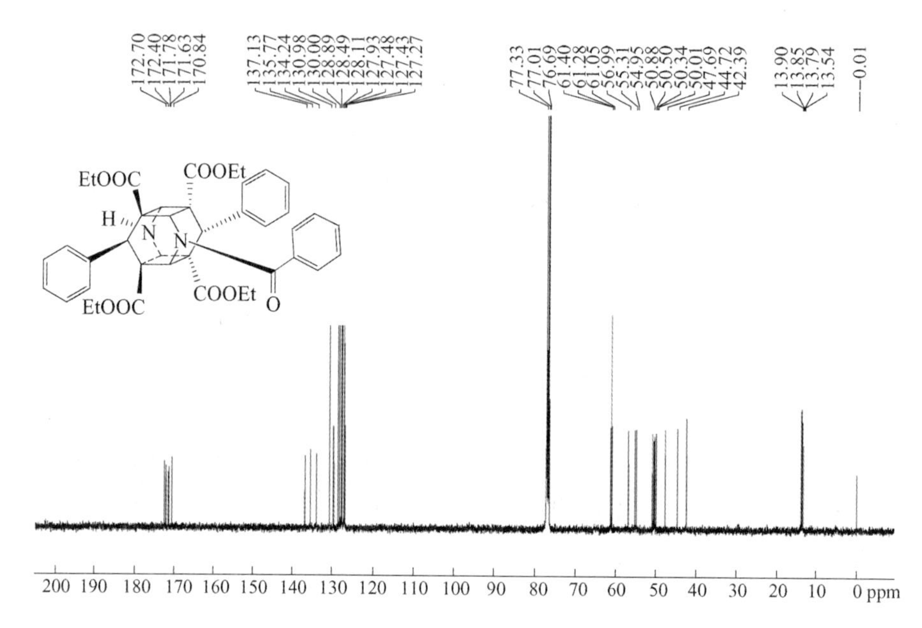

图 3-43　化合物 12a 的核磁碳谱

169. 8，169. 9，(169. 9)，170. 7，171. 3；HRMS (ESI)，$C_{41}H_{42}FN_2O_9$[M+H]$^+$ 的理论值为 725. 2869，检测数据为 725. 2870。

化合物 12b 的核磁氢谱和核磁碳谱如图 3-44 和图 3-45 所示。

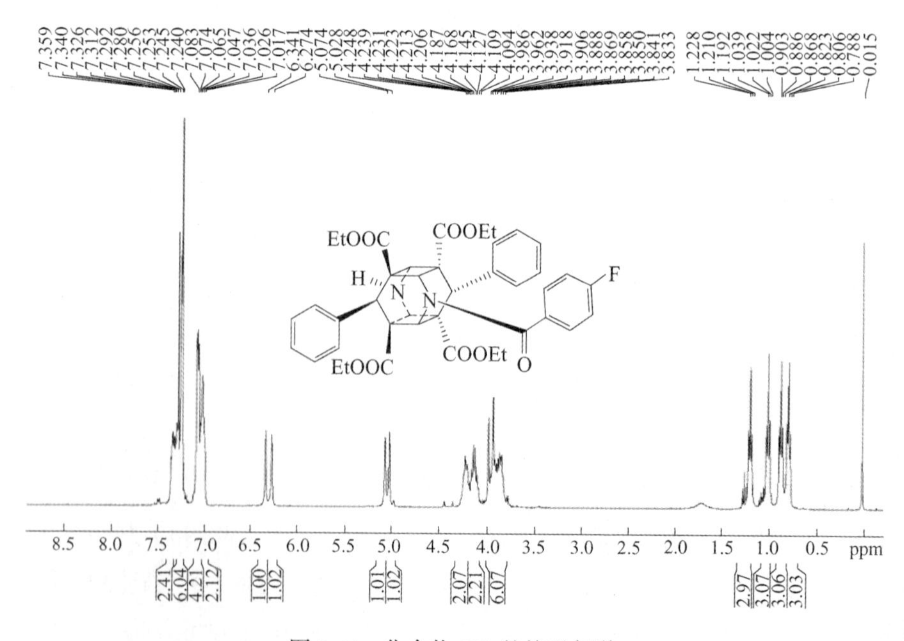

图 3-44　化合物 12b 的核磁氢谱

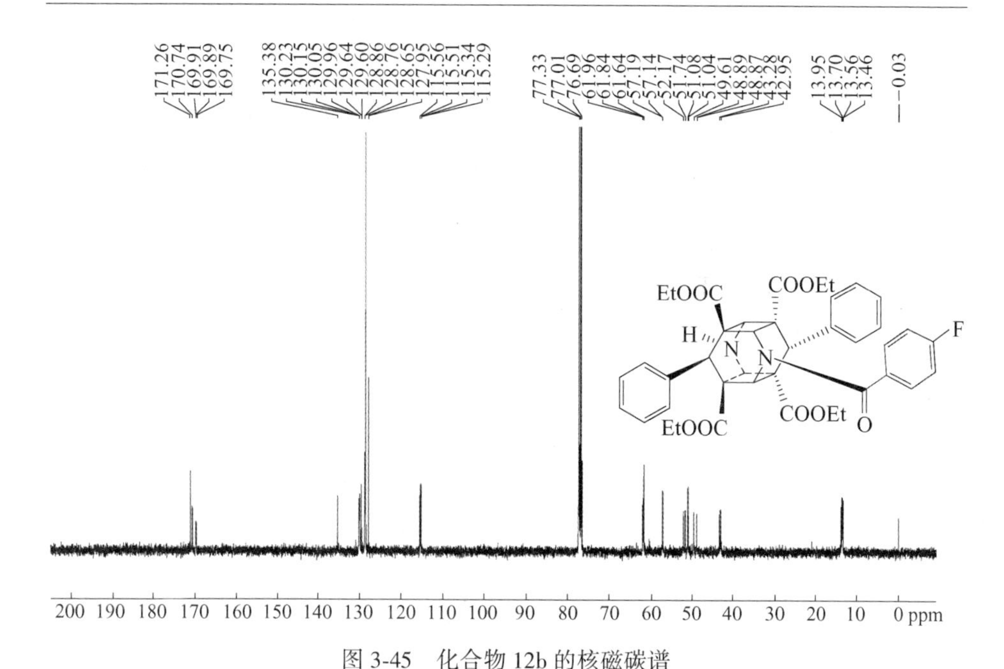

图 3-45 化合物 12b 的核磁碳谱

D 3-(4-氯苯甲酰基)-6,12-二苯基-3,9-二氮杂四星烷-1,5,7,11-四甲酸乙酯(12c)

合成方法同 12a, 无色晶体, 产率 80.2%, m.p. 201.3 ~ 203.4℃; ^{1}H NMR(400MHz, $CDCl_3$): $\delta(\times10^{-6})$0.81(t, 3H, CH_3), 0.89(t, 3H, CH_3), 1.02(t, 3H, CH_3), 1.22(t, 3H, CH_3), 3.83~3.97(m, 4H, CH_2), 3.93(s, 1H, Ar-CH), 3.98(s, 1H, Ar-CH), 4.09~4.27(m, 4H, CH_2), 4.99(s, 1H, CH), 5.04(s, 1H, CH), 6.27(s, 1H, CH), 6.34(s, 1H, CH), 7.05~7.06(m, 4H, Ar-H), 7.20~7.34(m, 10H, Ar-H); ^{13}C NMR(100MHz, $CDCl_3$): $\delta(\times10^{-6})$13.5, 13.6, 13.7, 14.0, 43.0, 43.2, 48.9, 49.6, 51.0, 51.7, 52.1, 57.1, (57.1), 61.7, 61.8, 61.9, 62.0, 128.0, 128.6, (128.6), 128.7, (128.7), 128.8, 129.1, 129.3, 131.9, 135.3, (135.3), 136.7, 169.7, 169.8, 170.7, (170.7), 171.2; HRMS (ESI), $C_{41}H_{42}ClN_2O_9$[M+H]$^+$的理论值为 741.2573, 检测数据为 741.2575。

化合物 12c 的核磁氢谱和核磁碳谱如图 3-46 和图 3-47 所示。

E 3-(2-萘甲酰基)-6,12-二苯基-3,9-二氮杂四星烷-1,5,7,11-四甲酸乙酯(12d)

合成方法同 12a, 无色晶体, 产率 83.5%, m.p. 225.9 ~ 227.3℃;

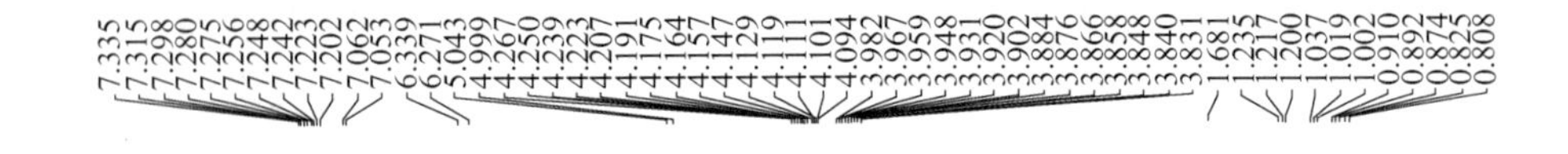

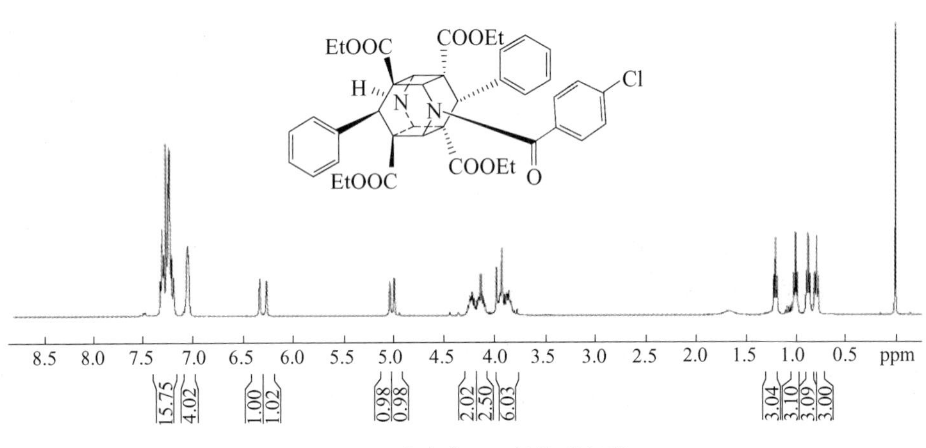

图 3-46　化合物 12c 的核磁氢谱

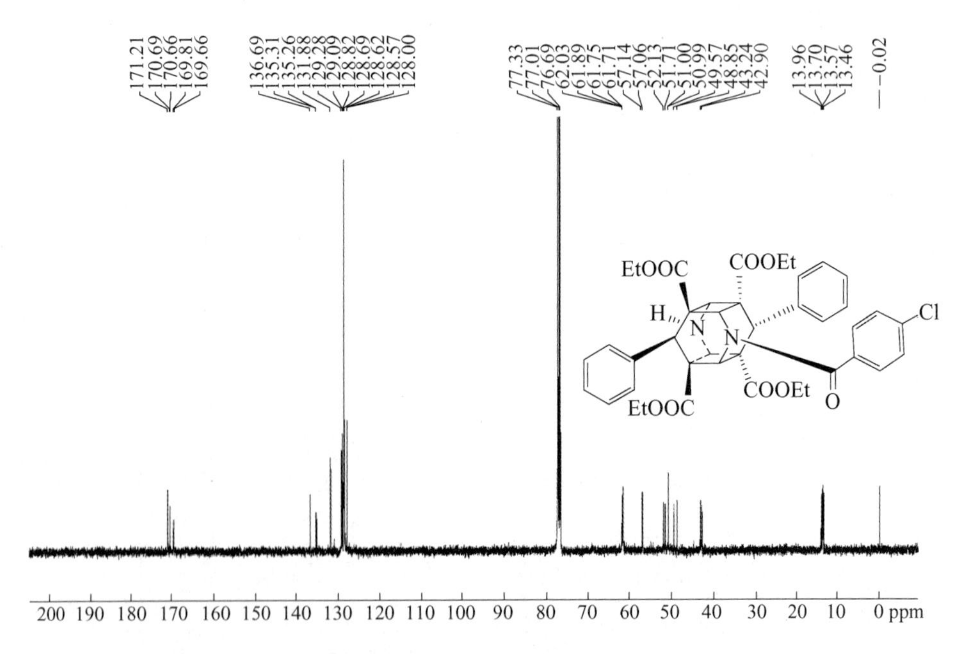

图 3-47　化合物 12c 的核磁碳谱

^{1}H NMR(400MHz, $CDCl_3$): $\delta(\times10^{-6})$0.67(t, 3H, CH_3), 0.97(t, 3H, CH_3), 1.03(t, 3H, CH_3), 1.11(t, 3H, CH_3), 3.62~3.75(m, 2H, CH_2), 3.88(s, 1H, Ar-CH), 3.95~4.20(m, 4H, CH_2), 4.14(s, 1H, Ar-CH), 4.36(s, 1H, CH), 4.47(s, 1H, CH), 5.08(s, 1H, CH), 6.35(s, 1H, CH), 7.18~7.38 (m, 10H, Ar-H), 7.47~7.53(m, 2H, Ar-H), 7.67~7.82(m, 2H, Ar-H); ^{13}C NMR(100MHz, $CDCl_3$): δ ($\times10^{-6}$) 13.4, 13.8, (13.8), 13.9, 42.3, 44.7, 50.1, 50.4, 50.5, 51.5, 55.1, 57.2, 61.6, 61.3, (61.3), 61.4, 124.5, 126.5, 127.1, 127.3, 127.5, 127.7, 127.9, (127.9), (127.9), 128.5, 128.6, 129.0, 131.0, 131.4, 132.4, 133.9, 135.8, 137.3, 171.0, 171.6, 171.8, 172.5, 172.7; HRMS(ESI), $C_{45}H_{45}N_2O_9$[M+H]$^+$的理论值为757.3120, 检测数据为757.3123。X-单晶衍射数据剑桥号: CCDC 1461786。谱图如图3-19~图3-22所示。

F 1,2-二(1,5,7,11-乙氧羰基-3,9-二氮杂四星烷)-乙二酰胺(12e)

合成方法同12a, 无色晶体, 产率72.6%, m.p. 240.0~241.3℃; ^{1}H NMR(400MHz, $CDCl_3$): $\delta(\times10^{-6})$0.77(t, 3H, CH_3), 0.97(t, 3H, CH_3), 1.03(t, 3H, CH_3), 1.11(t, 3H, CH_3), 3.12(brs, 1H, NH), 3.83~4.16(m, 8H, CH_2), 3.88(s, 1H, Ar-CH), 3.95~4.20(m, 4H, CH_2), 4.10(s, 1H, CH), 4.19(s, 1H, CH), 4.29(s, 1H, CH), 4.52(s, 1H, CH), 5.98(s, 1H, Ar-CH), 6.09(s, 1H, Ar-CH), 7.15~7.29(m, 8H, Ar-H), 7.80~7.82(m, 2H, Ar-H); ^{13}C NMR(100MHz, $CDCl_3$): $\delta(\times10^{-6})$13.5, 13.6, 13.8, (13.8), 42.2, 44.2, 49.0, 49.6, 50.7, 51.0, 55.0, 55.7, 56.9, 60.9, 61.1, (61.1), 61.3, 126.9, 127.1, 127.5, 129.4, 131.6, 136.5, 136.6, 160.1, 171.8, 172.2, 172.4, 172.6; HRMS(ESI), $C_{70}H_{75}N_4O_{18}$[M+H]$^+$的理论值为1259.5071, 检测数据为1259.5074。X-单晶衍射数据剑桥号: CCDC 1537247。X-单晶衍射谱图如图3-2所示。

化合物12e的核磁氢谱和核磁碳谱如图3-48和图3-49所示。

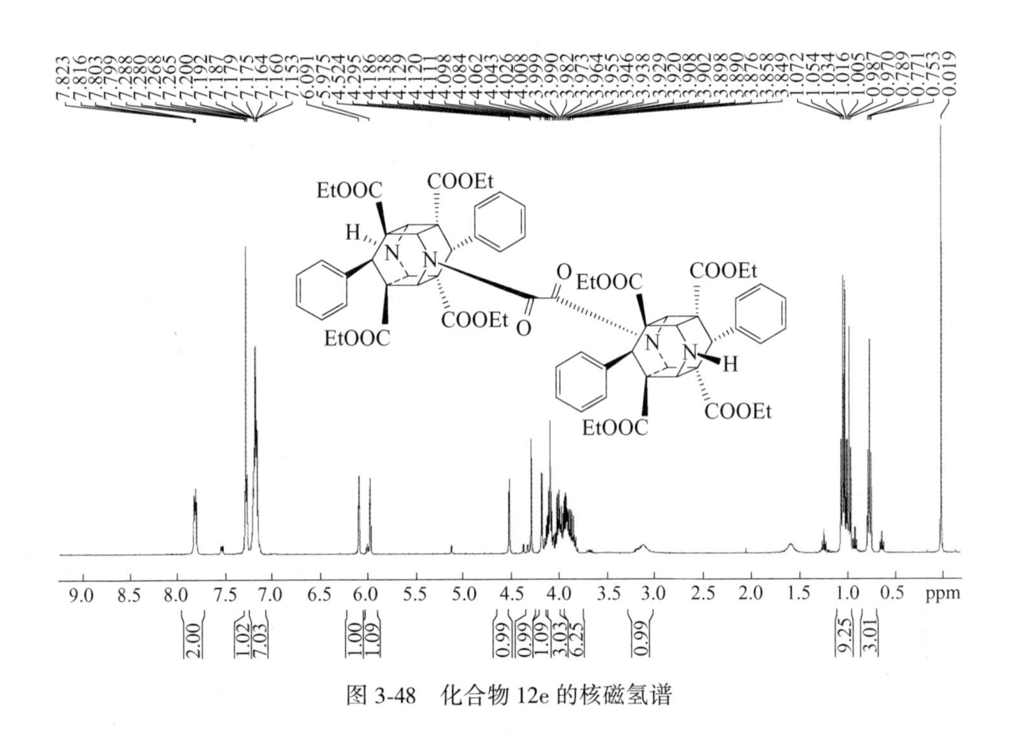

图 3-48　化合物 12e 的核磁氢谱

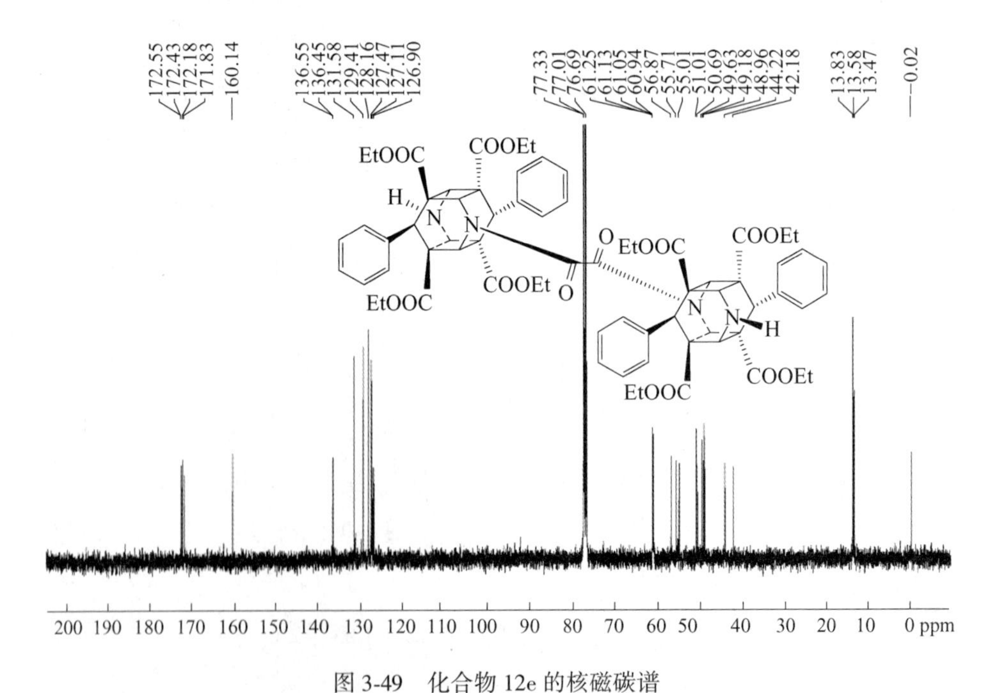

图 3-49　化合物 12e 的核磁碳谱

3.5 本章小结

非 C_2-3,9-二氮杂四星烷的合成研究是以不同的4-芳基-1,4-二氢吡啶分子间交互[2+2]光环合反应和 C_2-3,9-二氮杂四星烷的官能团化为基础进行的。通过对2个不同的4-芳基-1,4-二氢吡啶分子间交互[2+2]光环合反应进行研究，成功合成得到7个新颖结构的3,6,12-三芳基-3,9-二氮杂四星烷。顺式半合产物的分离和鉴定，进一步阐明了交互[2+2]光环合反应的机理，其中一个分子激发之后被另一个分子进攻先得到顺式半合加成物，再进一步发生分子内的[2+2]光环合反应生成多取代不对称的四星烷化合物。在对 C_2-3,9-二氮杂四星烷的选择性官能团化的研究中，通过对投料比、溶剂、缚酸剂三个影响因素进行考察，成功合成得到5个3-芳甲酰基-6,12-二芳基-3,9-二氮杂四星烷。根据 C_2-3,9-二氮杂四星烷和非 C_2-3,9-二氮杂四星烷的结构特点，对NMR的数据的影响进行对比讨论，C_2-3,9-二氮杂四星烷由于 C_2-轴对称性的原因，2个哌啶环及酯基上对应位置的氢原子所处的化学环境相同，在核磁谱图上出现在相同的位置；非 C_2-3,9-二氮杂四星烷与 C_2-3,9-二氮杂四星烷相比，2个哌啶环之间不再具有对称性，但是哌啶环内部仍然具有对称性，因此在核磁谱图上表现出2个哌啶环及酯基的两组峰；其中对于3-芳甲酰基-6,12-二芳基-3,9-二氮杂四星烷来说由于酰基的倾斜朝向，同时又破坏了哌啶环内部的对称性，导致哌啶环及酯基上4个对应位置的氢原子均处在不同化学环境中，因此在核磁谱图上表现出相应的四组峰。对不同种类的3,9-二氮杂四星烷类化合物的NMR结构特征的研究可为后续复杂的二氮杂四星烷类化合物的结构解析提供实验基础。

4　3,6-二氮杂四星烷的区域控制光化学合成研究

1,4-二氢吡啶类化合物的[2+2]光环合反应，无论在固相或者液相光照下，只能合成得到 head-to-tail(HT)型的 3,9-二氮杂四星烷，因为 HT 型的二聚体构型在几何和能量上较优，所以目前为止 head-to-head(HH)型的 3,6-二氮杂四星烷类化合物的合成还未见文献报道。因此，3,6-二氮杂四星烷类化合物的合成研究不仅是有机合成光化学中的一个挑战，而且能极大地丰富二氮杂四星烷类化合物的多样性，为其更广泛的应用研究提供理论和物质基础。

反应式如下：

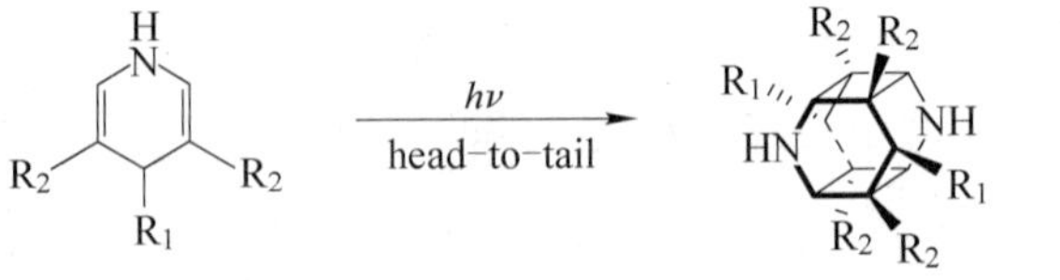

3,9-二氮杂四星烷

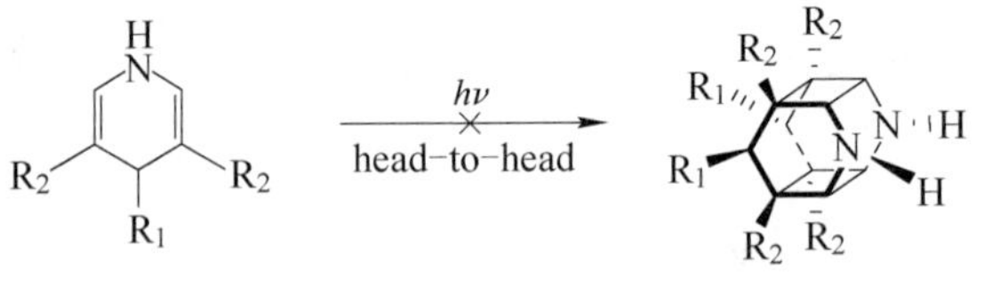

3,6-二氮杂四星烷

3,6-二氮杂四星烷化合物的合成研究是以区域控制[2+2]光环合反应为基础，以 N-无取代的 1,4-二氢吡啶为底物，采用双端位酰基 Linker 的共价区域控制方法；通过对 Linker 的结构类型、双 1,4-二氢吡啶的 Linker 衍生物的合成以及光反应条件的探讨，以期建立一个合适的区域控制方法，并合成得到一系列 3,6-二氮杂四星烷类化合物。

反应式如下：

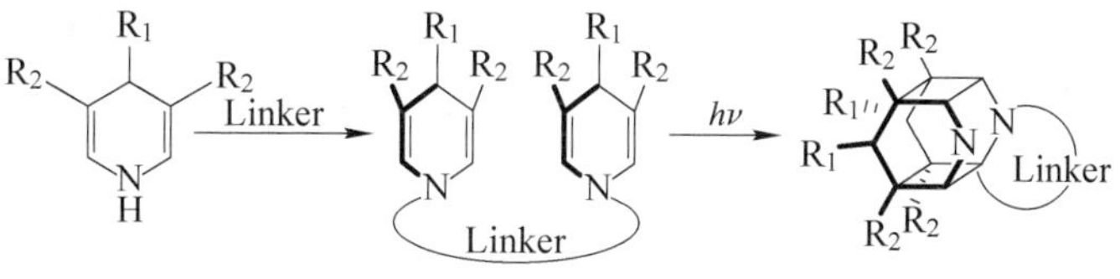

8　　双二氢吡啶衍生物　　3,6-二氮杂四星烷

4.1 共价键合的区域控制[2+2]光环合反应的初探研究

由于非共价键合的区域控制方法具有较大的局限性，如需要底物在端位具有杂原子以形成共晶，且共晶培养具有较大的偶然性等，很难连续 2 次控制环己二烯型的不饱和化合物的[2+2]光化学反应，因此，本章采用共价键合的区域控制方法。该方法的关键是 Linker 的选择，Linker 的选择标准是必须能区域控制 2 个双键在空间上距离相近且平行排列。本章设计了双端位酰基 Linker 的共价区域控制方法，为了探讨连接 2 个吡啶环的 Linker 中的 2 个酰基的键距和 Linker 的刚柔性对区域控制光反应的影响，选取邻苯二甲酰基、间苯二甲酰基和丁二酰基作为 Linker。

反应式如下：

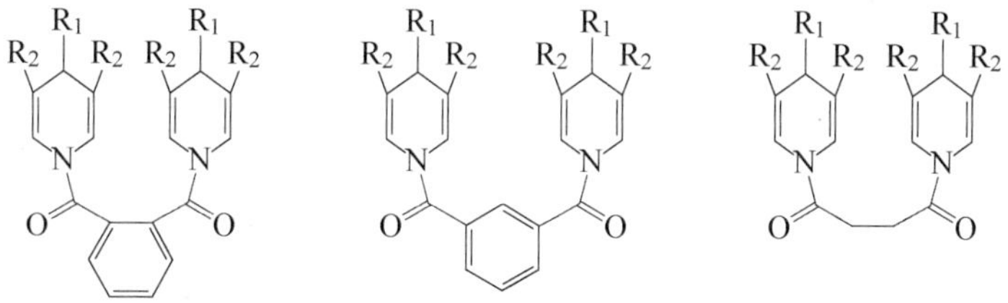

15g　　16g　　17g

$R_1 = 3,4,5\text{-triOMe}C_6H_2$，$R_2 = COOEt$

以化合物 8g 为例，在 DCM 中分别与邻苯二甲酰氯、间苯二甲酰氯和丁二酰氯反应生成对应的双二氢吡啶类化合物（15g、16g 和 17g），产率分别为 65%、68%和 66%。将 15g、16g 和 17g 三个化合物在 365nm LED 灯光照条件下进行[2+2]光环合反应研究，结果显示，只有 15g 发生了[2+2]光环合反应生成了目标化合物 3,6-二氮杂四星烷类化合物(18g)。

反应式如下：

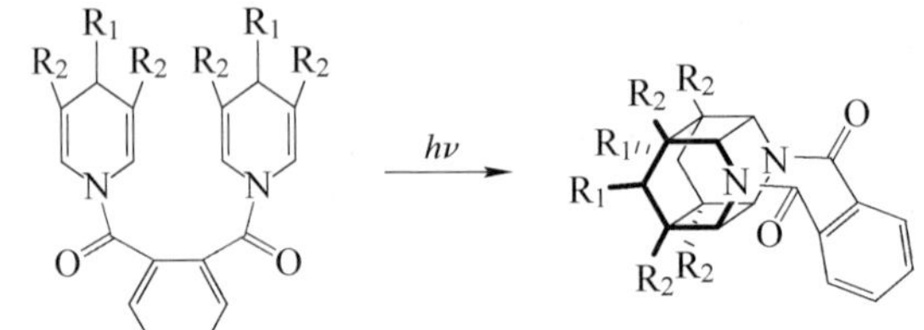

$h\nu$

R_1=3,4,5-triOMeC_6H_2, R_2=COOEt

15g　　　18g

由于间苯二甲酰基-双二氢吡啶 16g 的 2 个酰基位于间位，距离为 0. 49nm（如图 4-1 所示），距离相比邻苯二甲酰基-双二氢吡啶 15g（距离为 0. 29nm）较远（如图 4-2 所示），导致 2 个吡啶环的双键无法满足发生光反应的距离条件（0. 42nm 以内），因而不能发生[2+2]光环合反应得到目标化合物。

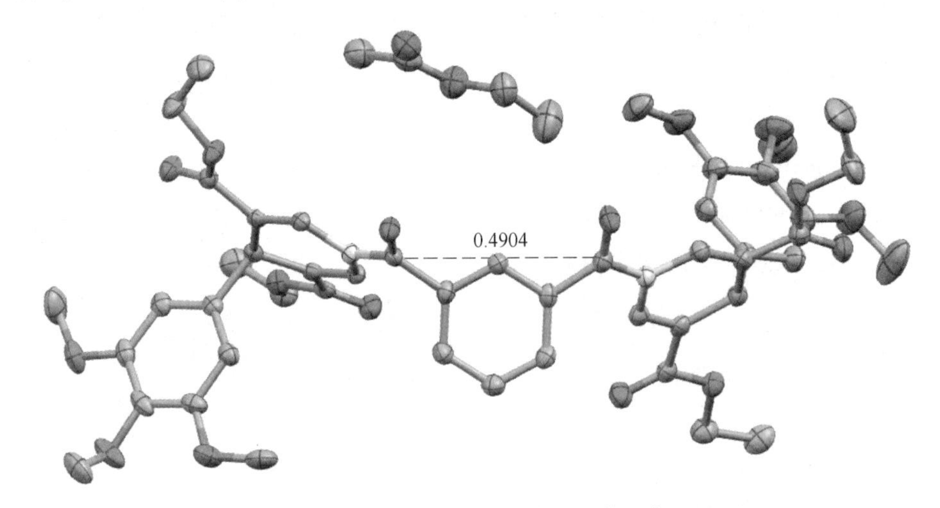

图 4-1　化合物 16g 中 2 个酰基的距离

15g 中 2 个酰基的距离与 17g 中 2 个酰基的距离虽然都相差 3 个单键的距离，但是由于丁二酰基的柔性太强，无法控制 2 个吡啶环分子平行有序的排列，因而不能发生[2+2]光环合反应得到目标化合物。

由于 1,4-二氢吡啶类化合物是六元环己二烯型的不饱和烯烃，相较于链状或者单烯烃而言很难实现区域控制，因此 Linker 必须要有一定的刚性才能将两个底物分子固定在一个合适的能够反应的空间范围，柔性太大的话不易控制 2 个吡啶环的定向排列，因而不能发生反应；同时在 Linker 有一定刚性的前提下，2 个酰基之间的距离也不能超过 4 个单键的距离，否则容易造成 2 个吡啶环的距离过远且双键不能平行有序排列导致不能发生[2+2]光环合

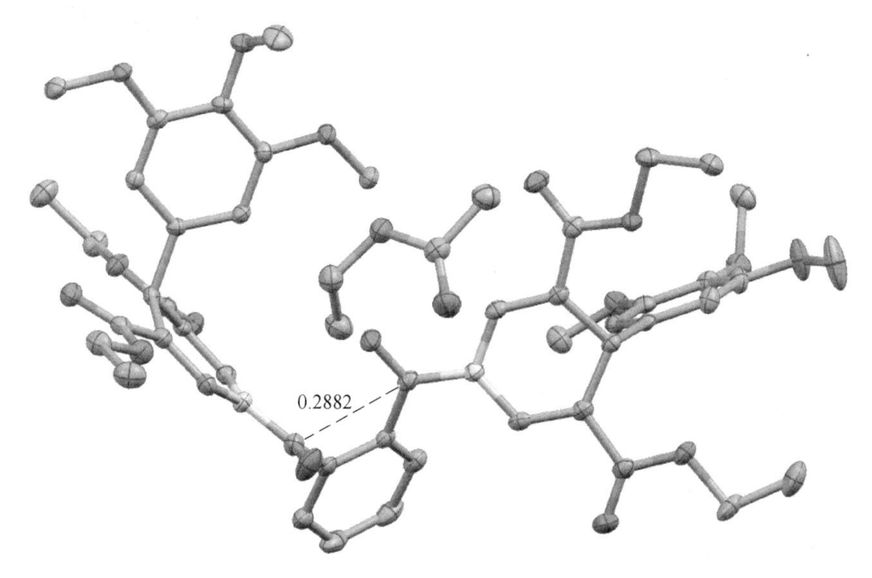

图 4-2　化合物 15g 中 2 个酰基的距离

反应。

15g 中 2 个酰基的距离不到 0.29nm（如图 4-2 所示），是理论上双键之间可以达到的距离，满足双键距离的基本条件；另外在溶液中由于 C—C 单键可以旋转，能够为 2 个吡啶环提供一个平行的排列，满足双键平行的条件，因此可以发生[2+2]光环合反应。即通过对共价区域控制方法的摸索，确定了邻苯二甲酰基区域控制的 3,6-二氮杂四星烷类化合物的合成路线，具体如下：

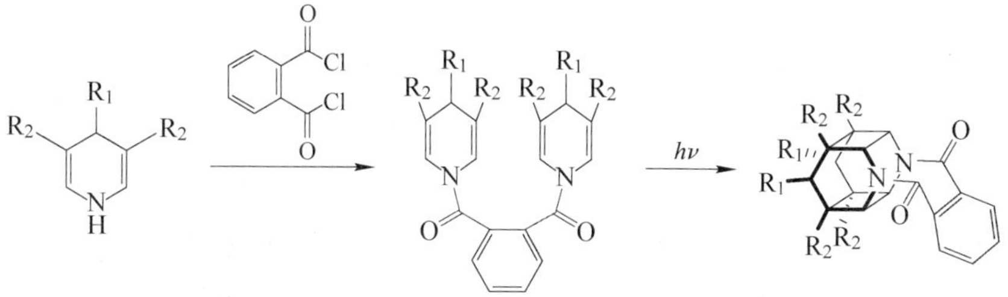

8　　15　　18

4.2　邻苯二甲酰基区域控制的3,6-二氮杂四星烷的合成研究

4.2.1　邻苯二甲酰基-双(3,5-二乙氧羰基-1,4 二氢吡啶)(15)的合成研究

邻苯二甲酰基-双 1,4-二氢吡啶(15)的合成条件优化参考化合物 12 的条件优化，即在制备光反应原料的过程中讨论溶剂、缚酸剂种类和反应投料比

对反应的影响。以化合物 15a 的合成为例，对投料比、溶剂、缚酸剂三个影响因素进行考察。选用 DCM 和 THF 作为溶剂考察对象；三乙胺、吡啶、碳酸钠、碳酸氢钠作为缚酸剂考察对象，得到的实验结果见表 4-1。

反应式如下：

R_1=H, R_2=COOEt

8a　　15a

表 4-1　不同条件下化合物 15a 的产率

缚酸剂	溶剂	反应时间/h	产率/%		
			投料比(2∶1)	投料比(2∶1.3)	投料比(2∶1.6)
三乙胺	THF	10	75	81	71
	DCM	8	79	83	76
吡啶	THF	9	69	75	67
	DCM	6	75	79	72
Na_2CO_3	THF	24	61	66	60
	DCM	13	63	60	63
$NaHCO_3$	THF	23	55	55	50
	DCM	12	52	56	55

从表 4-1 可知，反应在 DCM 中进行，用三乙胺作为缚酸剂时，反应时间短且产物产率相对较高；当吡啶 8a 与邻苯二甲酰氯的投料比为 2∶1.3 时，产物产率最高；当投料比为 2∶1 时，反应原料 8a 反应不完全，当投料比进一步增大到 2∶1.6 时，则容易形成其他副产物，因此 2∶1.3 为最佳投料比。在此最优反应条件下，以不同取代的 1,4-二氢吡啶和邻苯二甲酰氯为原料合成得到了一系列的邻苯二甲酰基-双 1,4-二氢吡啶(15)，结果见表 4-2。

反应式如下：

8　　15

表 4-2 化合物 15 的产率

化合物	R_1	R_2	产率/%	反应时间/h
15a	H	COOEt	82	8
15b	C_6H_5	COOEt	85	8
15c	3-Me-C_6H_4	COOEt	84	8
15d	4-*t*BuC_6H_4	COOEt	87	8
15e	4-OMeC_6H_4	COOEt	86	8
15f	3,4-diOMeC_6H_3	COOEt	81	8
15g	3,4,5-triOMeC_6H_2	COOEt	86	8

同时，将这个方法进一步扩展为将 2 个不同的吡啶分子通过邻苯二甲酰基连接，合成得到目标化合物（15xy），结果见表 4-3。

反应式如下：

8x　　8y　　15xy

表 4-3 化合物 15xy 的产率

化合物	R_1	R_2	R_3	产率/%	反应时间/h
15bg	C_6H_5	COOEt	3,4,5-triOMeC_6H_2	27	6
15dg	4-*t*BuC_6H_4	COOEt	3,4,5-triOMeC_6H_2	30	6

4.2.2　邻苯二甲酰基区域控制方法合成3,6-二氮杂四星烷类化合物(18)的研究

通过探讨光源、溶剂和溶液浓度对化合物15光环合反应的影响（条件优化方式同2.2.1节），确定了3,6-二氮杂四星烷类化合物(18)的最优光照条件，即以120 W的环形内照式LED灯(365nm)为光源，以四氢呋喃为溶剂，邻苯二甲酰基-双1,4-二氢吡啶(15)的浓度为0.2mol/L；反应进程以TLC监测，以双二氢吡啶原料消失为反应终点；选取双二氢吡啶原料15进行光照反应，经[2+2]光环合反应成功生成目标化合物3,6-二氮杂四星烷类化合物，结果见表4-4。

反应式如下：

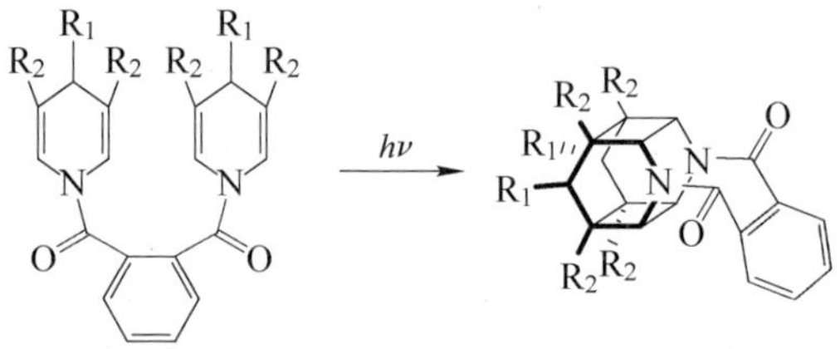

15　$\xrightarrow{h\nu}$　18

表4-4　化合物18的产率

化合物	R_1	R_2	产率/%	反应时间/h
18a	H	COOEt	93	6
18b	C_6H_5	COOEt	95	6
18c	3-Me-C_6H_4	COOEt	92	6
18d	4-tBuC_6H_4	COOEt	97	6
18e	4-OMeC_6H_4	COOEt	95	6
18f	3,4-diOMeC_6H_3	COOEt	94	6
18g	3,4,5-triOMeC_6H_2	COOEt	95	6

从表4-4中可以发现，经光照反应6h左右时原料反应完全，且产率很高(>90%)；另外吡啶环4-位取代基（R_1）的大小对该反应几乎没有影响，如当R_1=H时，产率为93%，当R_1=3,4,5-triOMeC_6H_2时，产率为95%。采用该方法合成3,6-二氮杂四星烷与采用常规方法合成3,9-二氮杂四星烷相比(见2.2.1节)，可以发现该方法的区域选择性极好，且效率很高，不仅反应

产率很高（>90%），而且反应时间更短，仅需约6h。

在相同的光照条件下，15xy可顺利生成多取代不对称的3,6-二氮杂四星烷类化合物18xy，同样表现出极高的区域选择性，见表4-5（产率>90%）。

反应式如下：

$hν$

15xy　　18xy

表4-5　化合物18xy的产率

化合物	R_1	R_2	产率/%	反应时间/h
18bg	H	3,4,5-triOMeC_6H_2	97	6
18dg	4-*t*BuC_6H_4	3,4,5-triOMeC_6H_2	94	6

4.2.3　3,6-二氮杂四星烷类化合物(18)的合成机理讨论

为了探讨邻苯二甲酰基区域控制方法合成3,6-二氮杂四星烷类化合物的机理，首先对双二氢吡啶(15)进行了固相光化学反应研究。以15g的固相光照为例，研究发现，15g在固相条件下不能发生反应生成目标化合物。通过对15g的晶体结构（如图4-3和表4-6所示）进行分析发现，邻苯二甲酰基的

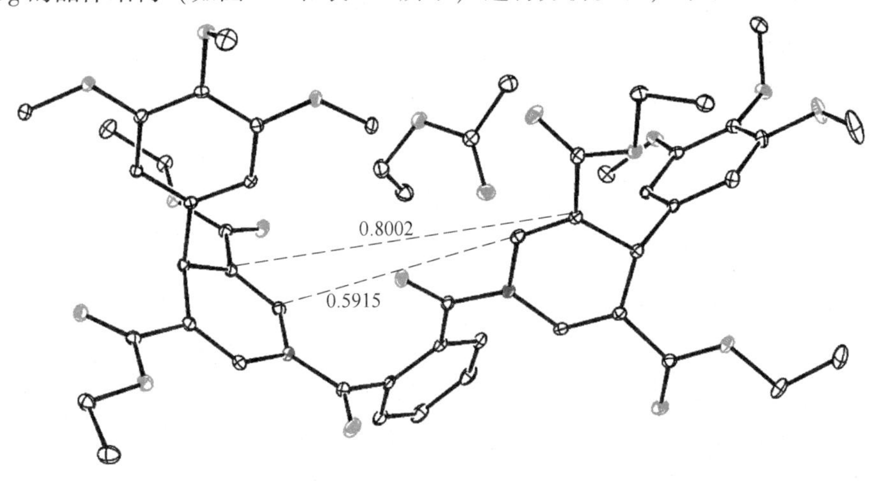

图4-3　化合物15g的X-单晶衍射图

2 个羰基基团分别位于苯环的两侧，即 2 个二氢吡啶环结构也在苯环的两侧，这导致了 2 个吡啶环上双键之间不仅距离过远（>0. 59nm），并且也不是呈平行排列，不满足固相[2+2]光环合反应的条件[67~69]。因此，15g 在固相光照条件下是不能合成得到 3,6-二氮杂四星烷类化合物的。

表 4-6　化合物 15g 的晶体学基本参数

晶体学基本参数	参数值	晶体学基本参数	参数值
分子式	$C_{52}H_{60}N_2O_{18}$，$C_4H_8O_2$	γ/(°)	90. 694（5）
分子量	1001. 02	体积 V/nm^3	2. 5195（3）
晶体大小/mm^3	0. 30×0. 25×0. 14	计算密度/$mg \cdot m^{-3}$	1. 319
晶系	Triclinic	线性吸收系数/mm^{-1}	0. 100
空间群	$P1$	晶胞分子数 Z	2
晶 胞 参 数		晶胞电子的数目 F_{000}	1060
a/nm	1. 15665（7）	衍射实验温度/K	107. 8
b/nm	1. 49915（10）	衍射波长 λ/nm	0. 07107
c/nm	1. 59584（8）	衍射光源	Mo Kα
α/(°)	101. 715（5）	衍射角度 θ/(°)	3. 2110~29. 3636
β/(°)	110. 949（5）	R 因子	0. 0643

15g 在液相光照条件下能够发生[2+2]光环合反应，分析原因是由于 15g 中 2 个羰基与苯环相连的 C—C 单键在液相条件下是可以自由旋转的，当 2 个吡啶环的平面通过旋转达到平行且距离合适时，2 个环之间的双键即可发生[2+2]光环合反应，生成对应的 3,6-二氮杂四星烷类化合物 18g。即区域[2+2]光环合反应是在 Linker 的控制下 2 个吡啶环通过 C—C 单键的旋转使 2 个吡啶环上的双键距离接近且呈平行排列，随后在光的激发下发生分子内的[2+2]光环合反应生成目标化合物 3,6-二氮杂四星烷类化合物，其合成路径如图 4-4 所示。

采用邻苯二甲酰基区域控制方法合成 3,6-二氮杂四星烷类化合物的机理，参考 α,β-不饱和羰基类化合物的[2+2]光环合反应文献报道[15~22]，并结合 3,9-二氮杂四星烷的生成机理（见 2. 2. 3 节），可以推测由化合物 15(xy)合成 18(xy)的机理如图 4-5 所示。邻苯二甲酰基-双 1,4-二氢吡啶衍生物 15(xy)分子内的一个双键首先激发得到相应的单重激发态 S_1，再经由系间窜越（ISC，如自旋反转）生成对应的三重激发态 T_1，随后被分子内另一处于基态（S_0）的双键进攻而生成双自由基中间体 M1，该中间体通过进一步合环可生成对应

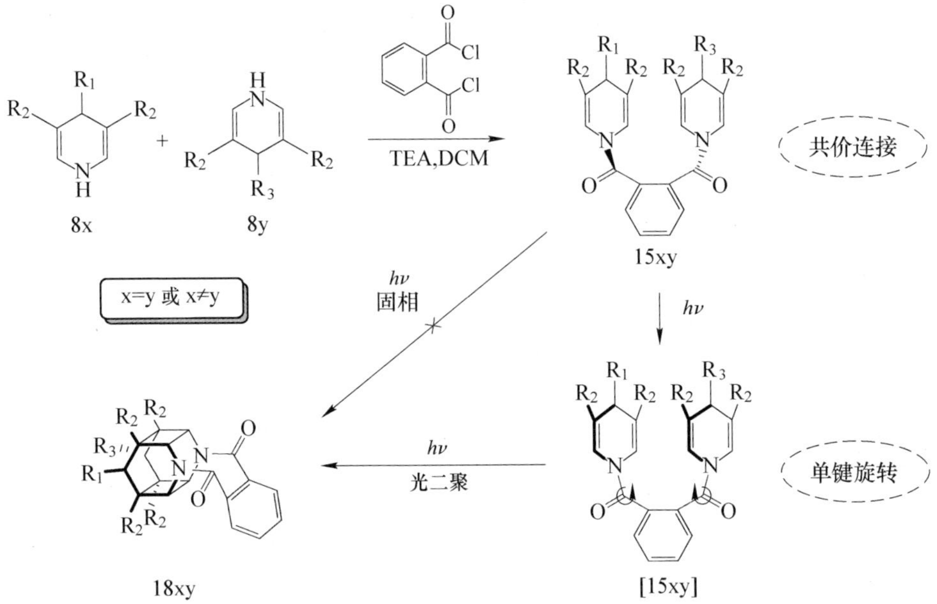

图 4-4 化合物 18 的合成路径

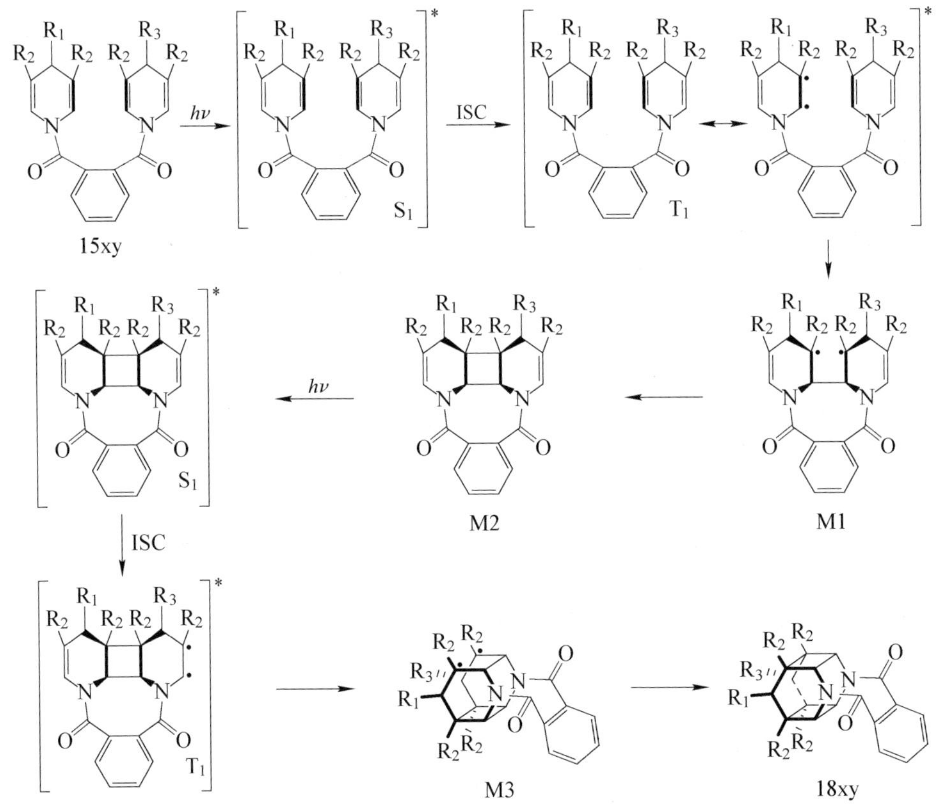

图 4-5 化合物 18 的生成机理

的顺式加成产物 M2。中间体 M2 在光照下再经历一个类似的反应过程，发生分子内的[2+2]光环合反应生成目标化合物 18(xy)，反应过程如下：中间体 M2 分子内的一个双键首先激发得到相应的单重激发态 S_1，并经由系间窜越（ISC）生成对应的三重激发态 T_1，随后被分子内另一处于基态（S_0）的双键进攻生成双自由基中间体 M3，该中间体通过进一步合环生成目标化合物 18(xy)。

4.3　化合物结构解析

在邻苯二甲酰基-双 1,4-二氢吡啶化合物(15)和邻苯二甲酰基-3,6-二氮杂四星烷类化合物(18)的合成研究中，分离得到的化合物的结构均经过 ^{1}H NMR、^{13}C NMR、HRMS 以及 X-单晶衍射技术的确认。根据 ^{1}H NMR、^{13}C NMR、HRMS 和 X-单晶衍射数据，对合成得到的部分代表性化合物进行结构解析。

4.3.1　邻苯二甲酰基-双 1,4-二氢吡啶类化合物(15)的结构解析

4.3.1.1　1,1′-邻苯二甲酰基-双(3,5-二乙氧羰基-4-(3-甲基苯基)-1,4 二氢吡啶)（15c）

^{1}H NMR(400MHz, $CDCl_3$): $\delta(\times10^{-6})$ 1.21(t, 6H, CH_3), 2.36(s, 3H, CH_3), 4.04~4.09(m, 4H, CH_2), 4.92(s, 1H, Ar-CH), 7.01~7.19(m, 4H, Ar-H), 7.62 ~ 7.74 (m, 2H, Ar-H), 8.04 (brs, 2H, ═CH); ^{13}C NMR (100MHz, $CDCl_3$): $\delta(\times10^{-6})$ 14.1, 21.5, 38.9, 60.8, 116.7, 125.6, 127.9, 128.2, 128.8, 129.4, 130.2, 131.5, 133.5, 137.8, 143.1, 165.5, 166.5; HRMS (ESI), $C_{44}H_{45}N_2O_{10}[M+H]^+$ 的理论值为 761.3069，检测数据为 761.3071。

在核磁氢谱上（如图 4-6 所示），δ1.21(t, 3H) 归属于乙酯基上的 2 个甲基，δ 2.36(s, 3H) 归属于苯环上的取代甲基，δ 4.92(s, 1H) 归属于 4-位次甲基的氢原子，说明 2 个吡啶环上对应的氢原子处在相同的化学环境当中。8c 在经过邻苯二酰基化反应生成 1,1′-邻苯二甲酰基-双(3,5-二乙氧羰基-4-(3-甲基苯基)-1,4 二氢吡啶)后，吡啶环上 2 个烯氢原子的信号峰发生了明显的变化，从一个双峰变为了一个宽峰，这可能是由于 15c 分子在溶液中存在

构型转换导致的，因为分子中 2 个酰基具有不同的空间朝向，导致分子在溶液中有多个构型存在，并且由于与羰基相连的 C—C 或者 C—N 单键的旋转造成 15c 分子在溶液中的构型转换现象。

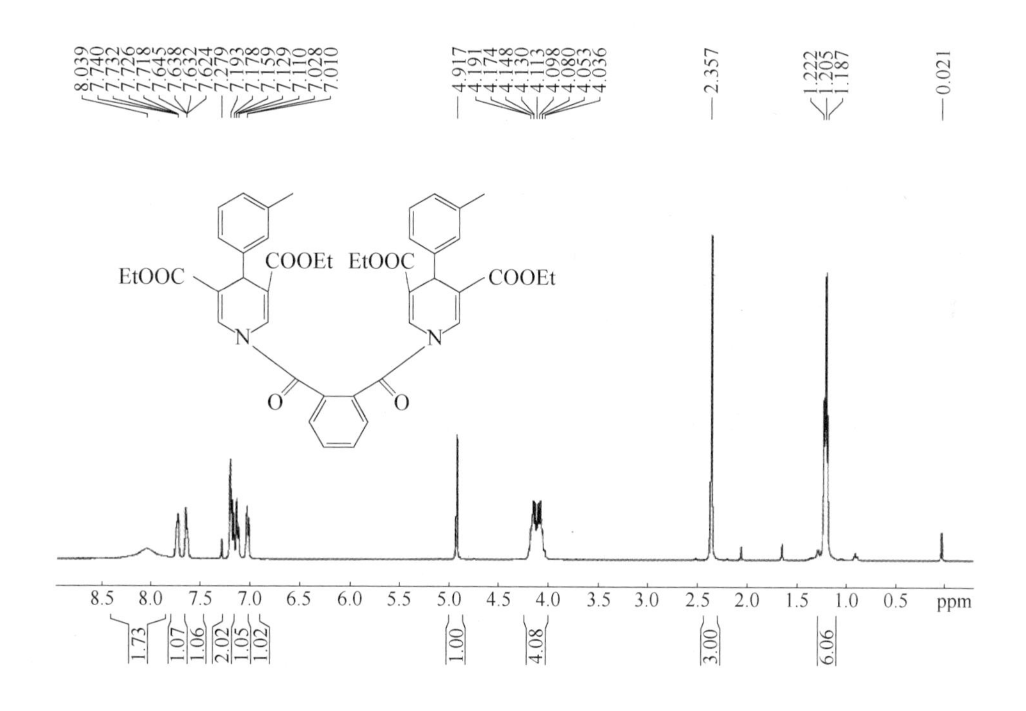

图 4-6 化合物 15c 的核磁氢谱

在核磁碳谱上（如图 4-7 所示），δ：14.1×10^{-6}峰来自酯基上的甲基碳，δ：21.5×10^{-6}峰来自苯环上的甲基碳，δ：38.9×10^{-6}峰来自 4-位次甲基碳，δ：60.8×10^{-6}是来自 2 个乙酯基上的亚甲基碳的峰，δ：165.5×10^{-6}，166.5×10^{-6}明显属于 2 个羰基碳的峰。8c 在经过邻苯二酰基化反应生成 1,1′-邻苯二甲酰基-双（3,5-二乙氧羰基-4-(3-甲基苯基)-1,4 二氢吡啶）后，酯基上的羰基碳的化学位移也发生了明显的变化，对应的羰基碳原子的化学位移从低场 170×10^{-6}附近向高场方向迁移至 160×10^{-6}附近，这是由于邻苯二甲酰基的引入导致的。从高分辨质谱数据可知，分子离子峰[M+H]$^+$的检测结果也与其分子组成 [M+H]$^+$($C_{44}H_{45}N_2O_{10}$) 基本一致，检测数据为 761.3071，理论值为 761.3069。X-单晶衍射图进一步确证了 15c 的结构（如图 4-8 和表 4-7 所示）。

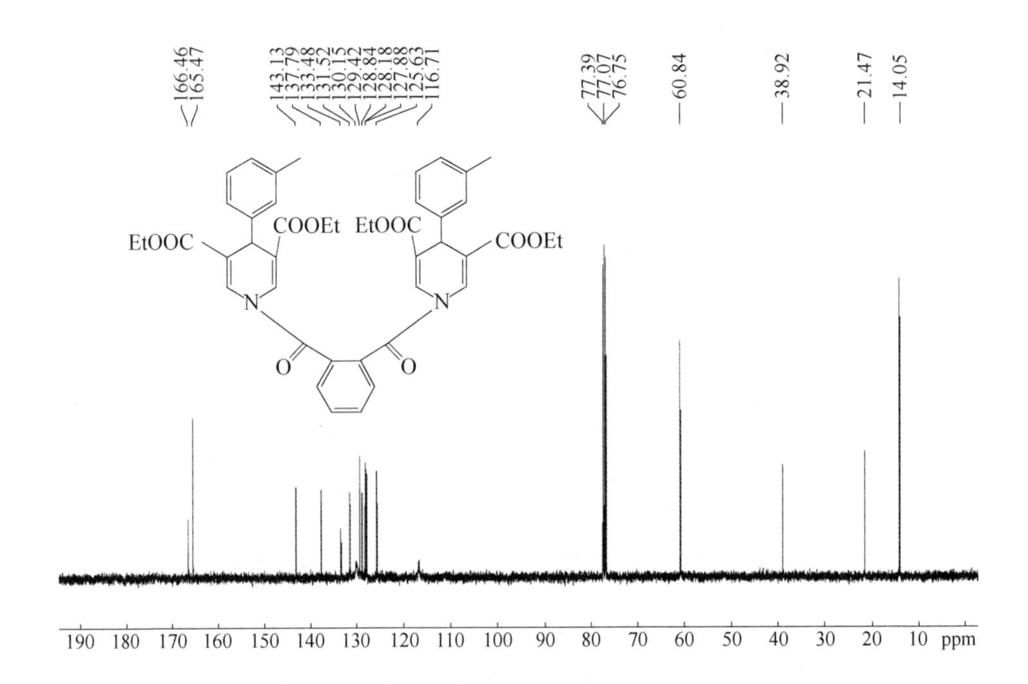

图 4-7　化合物 15c 的核磁碳谱

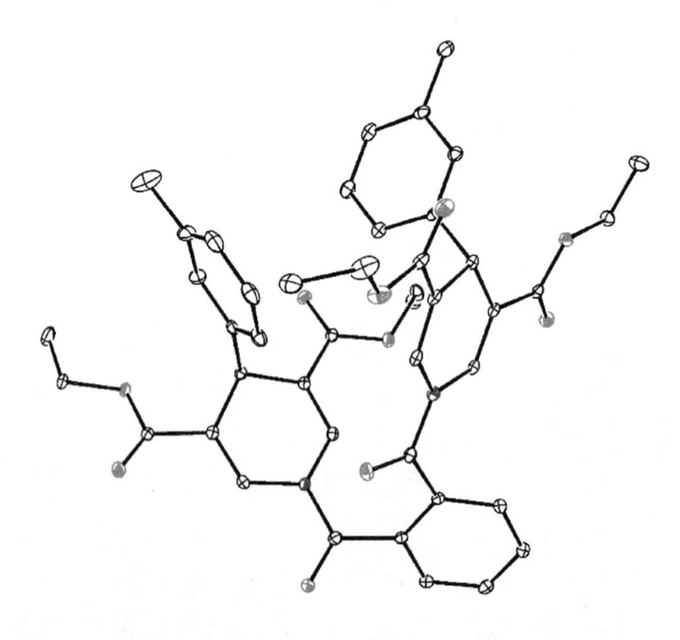

图 4-8　化合物 15c 的 X-单晶衍射图

表 4-7　化合物 15c 的晶体学基本参数

晶体学基本参数	参数值	晶体学基本参数	参数值
分子式	$C_{44}H_{44}N_2O_{10}$	γ/(°)	90.00
分子量	760.81	体积 V/nm³	3.9069 (6)
晶体大小/mm³	0.40×0.18×0.12	计算密度/mg · m⁻³	1.293
晶系	Orthorhombic	线性吸收系数/mm⁻¹	0.092
空间群	$Pna2_1$	晶胞分子数 Z	4
晶 胞 参 数		晶胞电子的数目 F_{000}	1608
a/nm	2.19716 (11)	衍射实验温度/K	107.7
b/nm	1.13047 (6)	衍射波长 λ/nm	0.071073
c/nm	1.5729 (2)	衍射光源	Mo Kα
α/(°)	90.00	衍射角度 θ/(°)	3.29~25.99
β/(°)	90.00	R 因子	0.0432

4.3.1.2　1-(2-(3,5-二乙氧羰基-4-(4-叔丁基苯基)-1,4 二氢吡啶-1-羰基))苯甲酰基-4-(3,4,5-三甲氧基苯基)-1,4 二氢吡啶-3,5-二甲酸乙酯(15dg)

^{1}H NMR(400MHz, $CDCl_3$): $\delta(\times10^{-6})$ 1.19~1.25(m, 12H, CH_3), 1.31(s, 9H, $C(CH_3)_3$), 3.83(s, 3H, OCH_3), 3.90(s, 6H, OCH_3), 4.07~4.19(m, 8H, CH_2), 4.92(s, 1H, Ar-CH), 4.94(s, 1H, Ar-CH), 6.61(s, 1H, Ar-H), 7.25(d, 2H, J=8.0Hz, Ar-H), 7.31(d, 2H, J=8.0Hz, Ar-H), 7.56~7.74(m, 4H, Ar-H), 8.01(brs, 4H, ═CH); ^{13}C NMR(100MHz, $CDCl_3$): $\delta(\times10^{-6})$ 14.1, (14.1), 31.3, 34.4, 38.4, 39.1, 56.2, 60.8, 60.9, (60.9), 105.8, 125.3, 128.0, 128.3, 129.5, 131.2, 131.6, 133.2, 138.8, 140.1, 149.8, 153.1, 165.5, (165.5), 166.4, 166.7; HRMS(ESI), $C_{49}H_{55}N_2O_{13}$ $[M+H]^+$的理论值为 879.3699, 检测数据为 879.3702。

在核磁氢谱上（如图 4-9 所示），δ 1.19~1.25(m, 12H) 归属于乙酯基上的 4 个甲基，δ 1.31(s, 9H) 归属于苯环上的取代叔丁基，δ 3.83(s, 3H), 3.90(s, 6H) 归属于苯环上的 3 个甲氧基，δ 4.92(s, 1H), 4.92(s, 1H) 分别归属于 2 个 4-位次甲基的氢原子，说明 2 个吡啶环上对应的氢原子处在不同的化学环境当中。8d 和 8g 在经过邻苯二酰基化反应生成 1-(2-(3,5-二乙氧羰基-4-(4-叔丁基苯基)-1,4 二氢吡啶-1-羰基))苯甲酰基-4-(3,4,5-三甲氧基苯基)-1,4 二氢吡啶-3,5-二甲酸乙酯后，吡啶环上 2 个烯氢原子的信号峰发生了

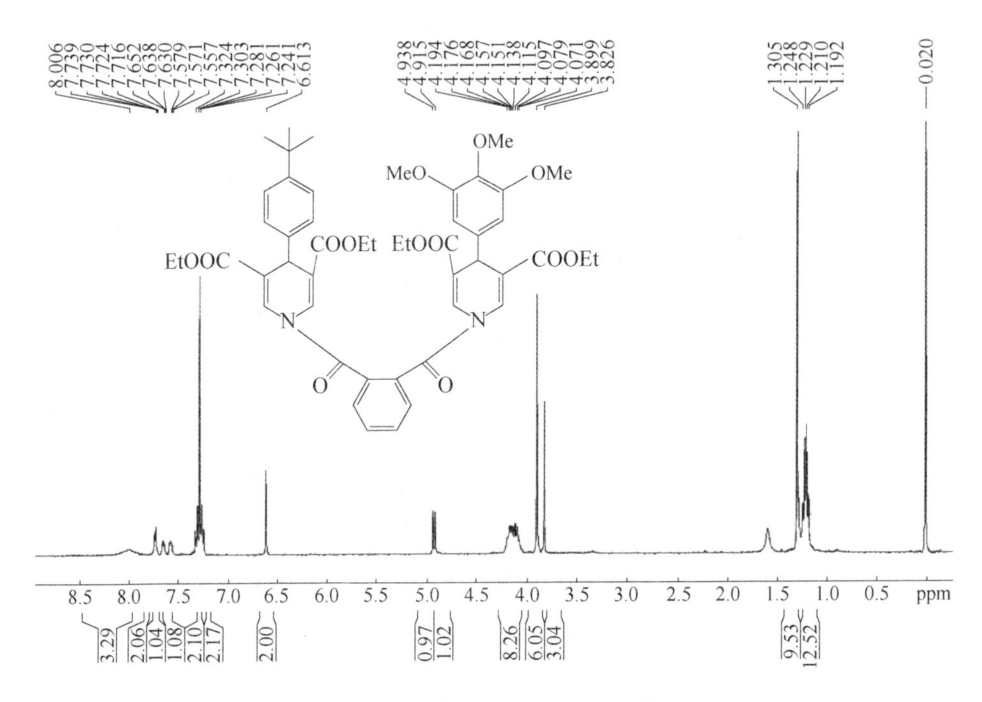

图 4-9 化合物 15dg 的核磁氢谱

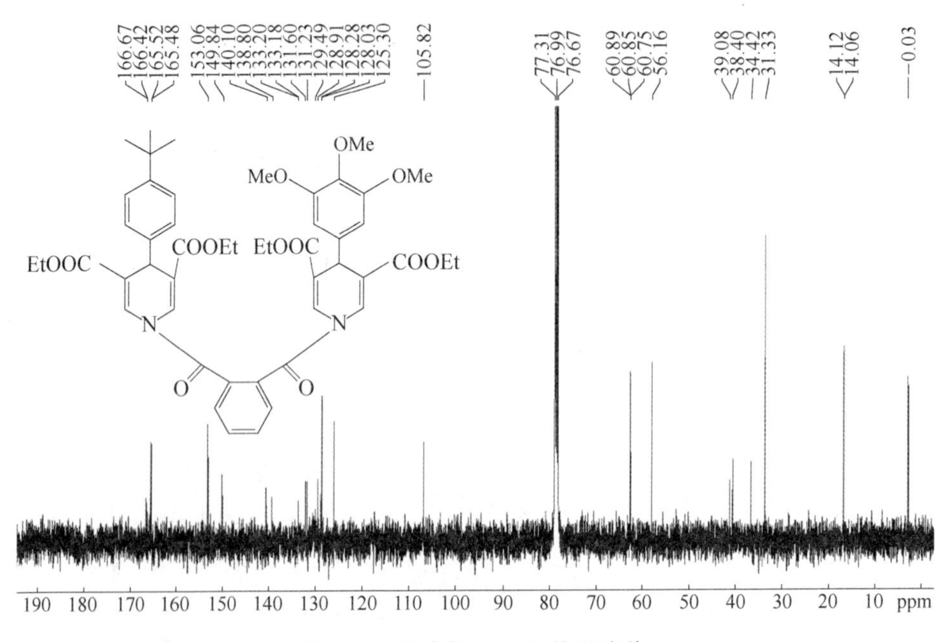

图 4-10 化合物 15dg 的核磁碳谱

明显的变化，从一个双峰变为了一个宽峰，这可能是由于15dg 分子在溶液中存在构型转换导致的，与化合物15c 一致。

在核磁碳谱上（如图4-10 所示），δ：14.1×10^{-6},$(14.1)\times10^{-6}$峰分别来自2 个吡啶环上酯基的甲基碳，δ：21.5×10^{-6}峰来自苯环上的甲基碳，δ：31.3×10^{-6}，34.4×10^{-6}峰来自叔丁基的2 个饱和碳，δ：38.4×10^{-6}，39.1×10^{-6}峰分别来自2 个吡啶环的4-位次甲基碳，δ：56.2×10^{-6}，60.8×10^{-6}是来自3 个甲氧基饱和碳的峰，其中3-和5-位的甲氧基碳的信号发生了重叠，δ：60.9×10^{-6}，$(60.9)\times10^{-6}$是来自2 个吡啶环乙酯基上的亚甲基碳的峰，其信号峰发生了部分重叠，δ：165.5×10^{-6}，$(165.5)\times10^{-6}$，166.4×10^{-6}，166.7×10^{-6}明显属于四组羰基碳的峰。8d 和8g 在经过邻苯二酰基化反应生成1-(2-(3,5-二乙氧羰基-4-(4-叔丁基苯基)-1,4 二氢吡啶-1-羰基))苯甲酰基-4-(3,4,5-三甲氧基苯基)-1,4 二氢吡啶-3,5-二甲酸乙酯后，酯基上的羰基碳的化学位移也发生了明显的变化，对应的碳原子的化学位移从低场 170×10^{-6}附近向高场方向迁移至160×10^{-6}附近，这是由于邻苯二甲酰基的引入导致的。从高分辨质谱数据可知，分子离子峰$[M+H]^+$的检测结果也与其分子组成$[M+H]^+$($C_{49}H_{55}N_2O_{13}$)基本一致，检测数据为879.3702，理论值为879.3699。

4.3.2 邻苯二甲酰基-3,6-二氮杂四星烷类化合物(18)的结构解析

4.3.2.1 3,6-邻苯二甲酰基-9,12-二(3-甲基苯基)-3,6-二氮杂四星烷-1,8,10,11-四甲酸乙酯(18c)

^{1}H NMR(400MHz，$CDCl_3$)：$\delta(\times10^{-6})$ 0.92(t，3H，CH_3)，0.95(t，3H，CH_3)，2.29(s，3H，CH_3)，3.75～3.97(m，4H，CH_2)，4.56(s，1H，CH)，4.57(s，1H，CH)，5.76(s，1H，Ar-CH)，7.01～7.26(m，4H，Ar-H)，7.59(brs，2H，Ar-H)；^{13}C NMR(100MHz，$CDCl_3$)：$\delta(\times10^{-6})$ 13.5，(13.5)，21.5，42.4，52.2，53.8，54.3，57.0，61.7，61.9，126.2，127.0，128.3，(128.3)，130.9，131.9，135.9，137.4，138.8，169.9，170.4，177.3；HRMS(ESI)，$C_{44}H_{45}N_2O_{10}[M+H]^+$的理论值为761.3069，检测数据为761.3071。

在核磁氢谱上（如图4-11 所示），δ 0.92(t，3H)，0.95(t，3H) 归属于同一个哌啶环上乙酯基上的2 个甲基，δ 2.29(s，3H) 归属于苯环上的取代甲基，δ 4.37(s，2H) 和δ 5.22(s，2H) 归属于2 个环丁烷上的次甲基氢原子，

δ 4. 56(s, 1H), 4. 56(s, 1H) 归属于同一个哌啶环上的 2 个次甲基的氢原子，说明 2 个哌啶环上对应的氢原子处在相同的化学环境当中。15c 在经过[2+2]光环合反应生成 3,6-邻苯二甲酰基-9,12-二(3-甲基苯基)-3,6-二氮杂四星烷-1,8,10,11-四甲酸乙酯后，吡啶环上 2 个烯氢原子的信号峰发生了明显的变化，从低场 8×10^{-6}附近分别迁移至高场 4×10^{-6}附近。且 2 个新生成的哌啶环彼此之间具有对称性，而由于酰基的引入哌啶环内部对称性遭到破坏，表现出左右不对称性。

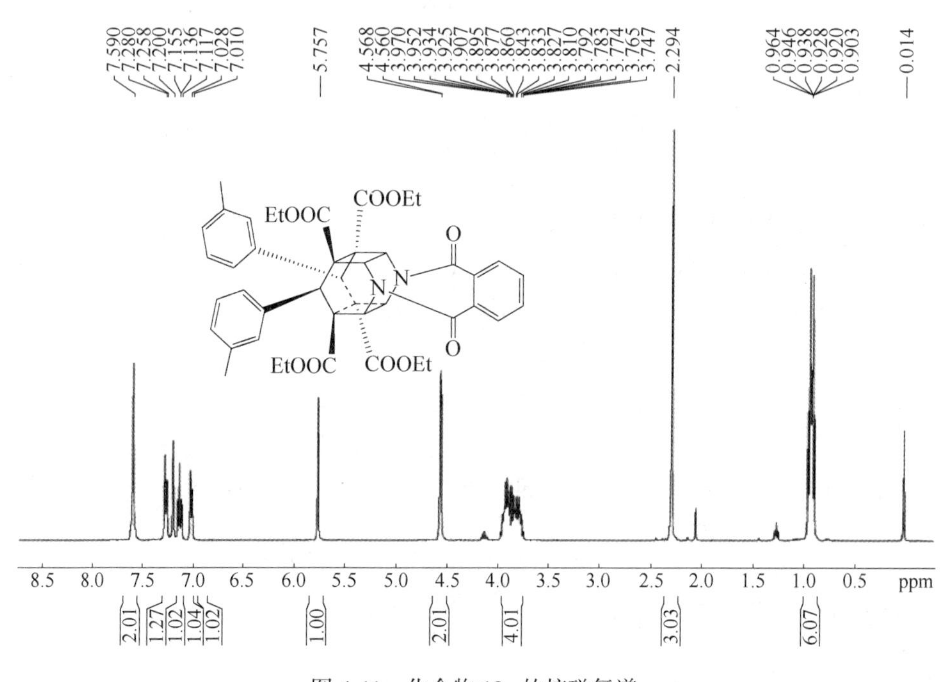

图 4-11　化合物 18c 的核磁氢谱

在核磁碳谱上（如图 4-12 所示），δ：13.5×10^{-6}，$(13.5)\times10^{-6}$峰来自同一个哌啶环 2 个酯基上的甲基碳，δ：21.5×10^{-6}峰来自苯环上的甲基碳，结合 ^{13}C-^{1}H COSY谱图可知（如图 4-13 所示），δ：42.4×10^{-6}，52.2×10^{-6}来自同一个哌啶环上的 2 个含氢饱和碳的峰，δ：53.8×10^{-6}，54.3×10^{-6}是来自同一个环丁烷上与酯基相连的 2 个饱和碳原子的峰，δ：57.0×10^{-6}峰来自 4-位次甲基碳，δ：61.7×10^{-6}，61.9×10^{-6}是来自同一个哌啶环 2 个乙酯基上的亚甲基碳的峰，δ：169.9×10^{-6}，170.4×10^{-6}，177.3×10^{-6}明显属于 3 个羰基碳的峰。15c 在经过[2+2]光环合反应生成 3,6-邻苯二甲酰基-9,12-二(3-甲基苯基)-3,6-二氮杂

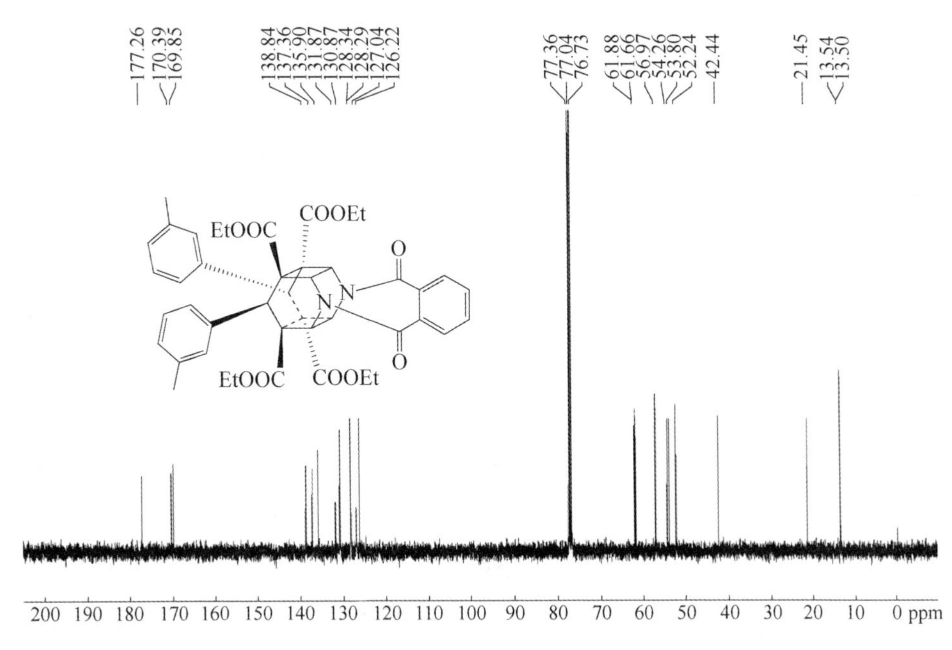

图 4-12 化合物 18c 的核磁碳谱

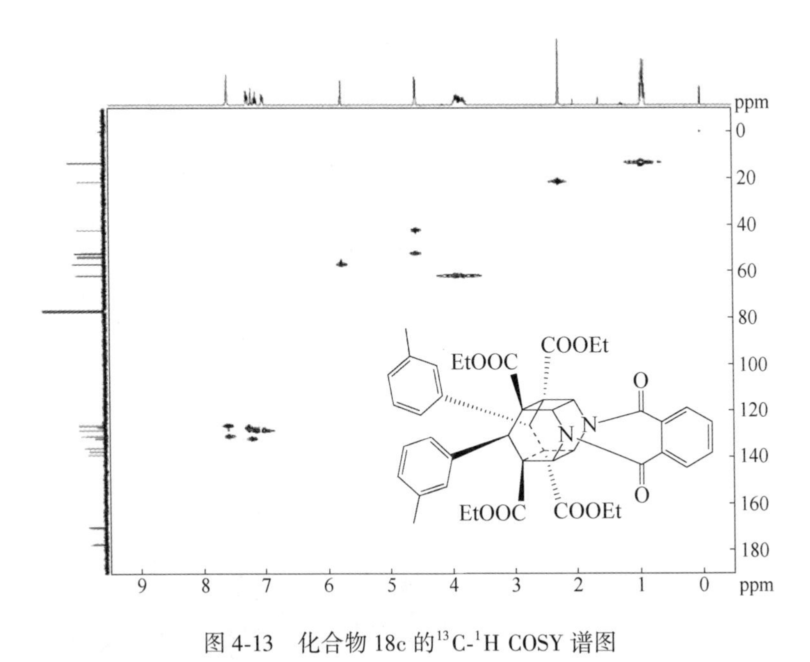

图 4-13 化合物 18c 的 ^{13}C-^{1}H COSY 谱图

四星烷-1,8,10,11-四甲酸乙酯后，发生反应的碳原子的化学位移也发生了明显的变化，对应碳原子的化学位移从低场 120×10^{-6}附近迁移至高场 50×10^{-6}附近，这是由于双键经加成变为单键导致的。从高分辨质谱数据可知，分子离子峰[M+H]$^+$的检测结果也与其分子组成[M+H]$^+$($C_{44}H_{45}N_2O_{10}$)基本一致，检测数据为 761.3071，理论值为 761.3069。X-单晶衍射图进一步确证了 18c 的结构（如图 4-14 和表 4-8 所示）。

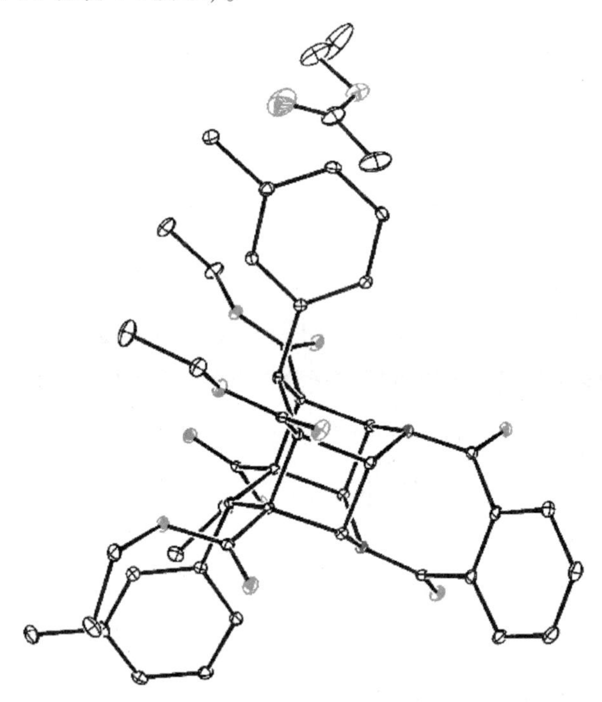

图 4-14　化合物 18c 的 X-单晶衍射图

表 4-8　化合物 18c 的晶体学基本参数

晶体学基本参数	参数值	晶体学基本参数	参数值
分子式	$C_{44}H_{44}N_2O_{10}$，$C_4H_8O_2$	γ/(°)	101.646（3）
分子量	848.92	体积 V/nm^3	2.11746（17）
晶体大小/mm^3	0.34×0.30×0.15	计算密度/mg · m^{-3}	1.331
晶系	Triclinic	线性吸收系数/mm^{-1}	0.096
空间群	$P1$	晶胞分子数 Z	2
晶 胞 参 数		晶胞电子的数目 F_{000}	900
a/nm	1.17058（5）	衍射实验温度/K	113（2）
b/nm	1.20958（4）	衍射波长 λ/nm	0.71073
c/nm	1.57375（8）	衍射光源	Mo Kα
α/(°)	90.078（4）	衍射角度 θ/(°)	3.0936~29.1976
β/(°)	103.703（4）	R 因子	0.0664

4.3.2.2　3,6-邻苯二甲酰基-9-(4-叔丁基苯基)-12-(3,4,5-三甲氧基苯基)-3,6-二氮杂四星烷-1,8,10,11-四甲酸乙酯(18dg)

^{1}H NMR(400MHz, $CDCl_3$): $\delta(\times10^{-6})$ 0.83(t, 3H, CH_3), 0.84(t, 3H, CH_3), 0.97(t, 3H, CH_3), 1.01(t, 3H, CH_3), 1.26(s, 9H, $C(CH_3)_3$), 3.75~4.00(m, 8H, CH_2), 3.80(s, 3H, OCH_3), 3.82(s, 6H, OCH_3), 4.53~4.59(m, 4H, CH), 5.75(s, 2H, Ar-CH), 6.76(s, 2H, Ar-H), 7.25(d, 2H, J=8.0Hz, Ar-H), 7.35(d, 2H, J=8.0Hz, Ar-H), 7.52~7.62(m, 4H, Ar-H); ^{13}C NMR(100MHz, $CDCl_3$): $\delta(\times10^{-6})$ 13.3, 13.5, 13.7, 31.2, 34.4, 42.1, 42.6, 52.0, 52.2, 53.8, 54.0, 54.2, 54.4, 56.1, 56.6, 57.2, 60.8, 61.7, 61.9, 62.0, 108.0, 125.1, 126.3, (126.3), 130.3, 130.9, 131.1, 131.5, 132.8, 137.3, 138.6, 150.6, 152.6, 169.8, 169.9, 170.2, 170.5, 177.0, 177.6; HRMS(ESI), $C_{49}H_{55}N_2O_{13}[M+H]^+$的理论值为879.3699, 检测数据为879.3702。

在核磁氢谱上（如图4-15所示）, δ 0.83(t, 3H), 0.84(t, 3H), 0.84(t, 3H), 0.97(t, 3H) 分别归属于4个乙酯基上的甲基; δ 1.26(s, 9H) 归属于苯环上的取代叔丁基; δ 4.37(s, 2H) 和 δ 5.22(s, 2H) 归属于2个环丁烷上的次甲基氢原子; δ 3.80(s, 3H) 和 δ 3.82(s, 2H) 归属于苯环上的3个甲氧基; δ 4.53~4.59(m, 4H) 分别归属于2个哌啶环上的4个次甲基的氢原子, 说明2个哌啶环上对应的氢原子处在不同的化学环境当中。15dg在经过交互[2+2]光环合反应生成3,6-邻苯二甲酰基-9-(4-叔丁基苯基)-12-(3,4,5-三甲氧基苯基)-3,6-二氮杂四星烷-1,8,10,11-四甲酸乙酯后, 吡啶环上2个烯氢原子的信号峰发生了明显的变化, 从低场8×10^{-6}附近分别迁移至高场4×10^{-6}附近。与化合物18c相比, 18dg两个新生成的哌啶环彼此之间不具有对称性, 这是由于2个哌啶环上连接不同取代基造成的; 2个哌啶环内部同样表现出左右不对称性, 这是由于邻苯二甲酰基的引入导致的。

在核磁碳谱上（如图4-16所示）, δ: 13.3×10^{-6}, 13.5×10^{-6}, 13.7×10^{-6}峰来自2个哌啶环4个酯基上的甲基碳, 其中2个信号重叠在13.7×10^{-6}, δ: 31.2×10^{-6}, 34.4×10^{-6}峰来自苯环上的叔丁基的饱和碳, 结合^{13}C-^{1}H COSY谱图可知（如图4-17所示）, δ: 42.1×10^{-6}, 42.6×10^{-6}, 52.0×10^{-6}, 52.2×10^{-6}来自2个哌啶环上的4个含氢饱和碳的峰, δ: 53.8×10^{-6}, 54.0×10^{-6}, 54.2×

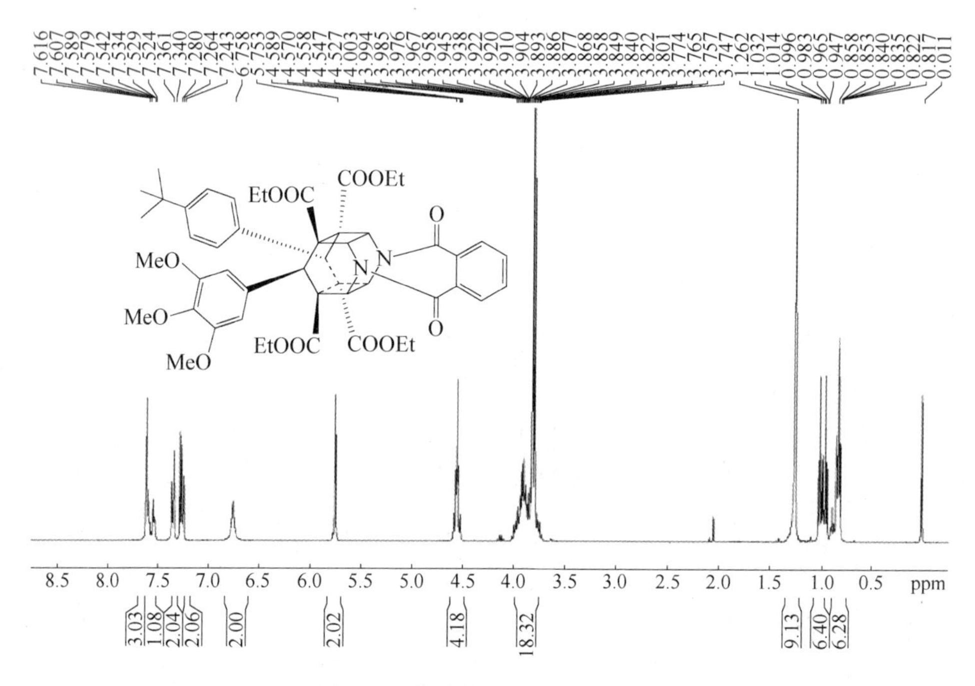

图 4-15　化合物 18dg 的核磁氢谱

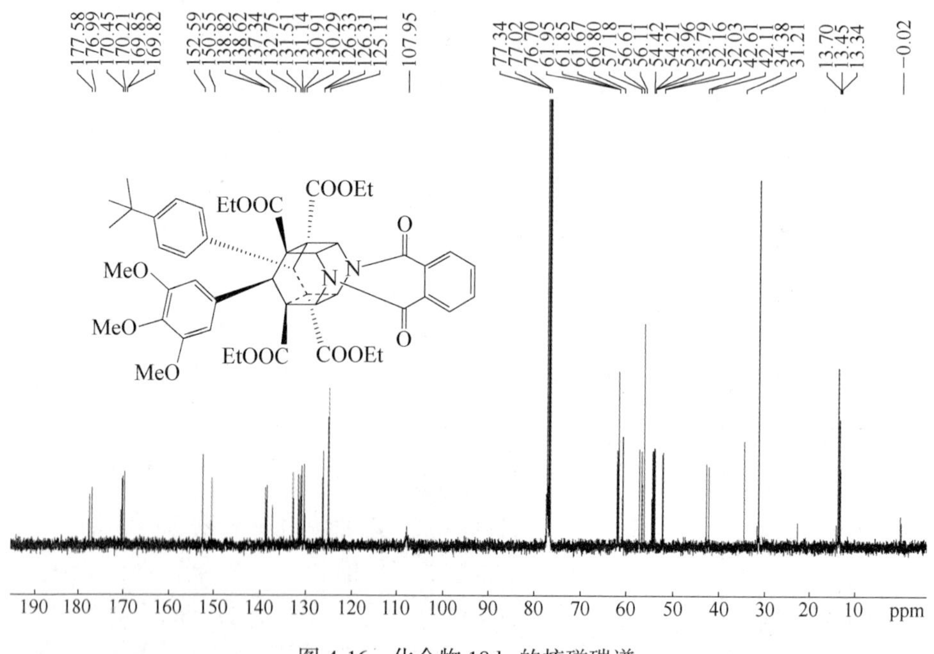

图 4-16　化合物 18dg 的核磁碳谱

10^{-6}, 54.4×10^{-6}是来自 2 个环丁烷上与酯基相连的 4 个饱和碳原子的峰，δ：56.1×10^{-6}, 60.8×10^{-6}是来自苯环上 3 个甲氧基碳的峰，其中 2 个信号峰发生了重叠，δ：56.6×10^{-6}，57.2×10^{-6}峰来自 2 个 4-位次甲基碳，δ：61.7×10^{-6}，(61.7)×10^{-6}，61.9×10^{-6}，62.0×10^{-6}是来自 2 个哌啶环 4 个乙酯基上的亚甲基碳的峰，δ：169.8×10^{-6}，169.9×10^{-6}，170.2×10^{-6}，170.5×10^{-6}，177.0×10^{-6}，177.6×10^{-6}明显属于 6 个羰基碳的峰。15dg 在经过交互[2+2]光环合反应生成 3,6-邻苯二甲酰基-9-(4-叔丁基苯基)-12-(3,4,5-三甲氧基苯基)-3,6-二氮杂四星烷-1,8,10,11-四甲酸乙酯后，发生反应的碳的化学位移也发生了明显的变化，对应的碳原子的化学位移从低场 120×10^{-6}附近迁移至高场 50×10^{-6}附近，这是由于双键经加成变为单键且 2 个哌啶环的取代基不同导致的。从高分辨质谱数据可知，分子离子峰$[M+H]^+$的检测结果也与其分子组成$[M+H]^+$($C_{49}H_{55}N_2O_{13}$) 基本一致，检测数据为 879.3702，理论值为 879.3699。

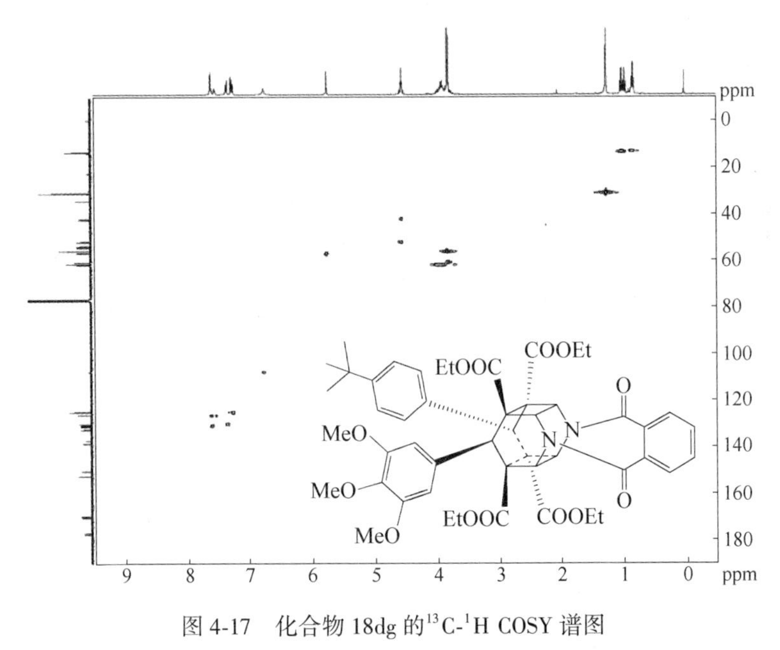

图 4-17 化合物 18dg 的 ^{13}C-^{1}H COSY 谱图

4.3.3 3,6-二氮杂四星烷与 3,9-二氮杂四星烷的 NMR 结构特征对比讨论

根据前文对 3,6-二氮杂四星烷的结构解析结果，并通过与 3,9-二氮杂四星烷的核磁结构特征进行对比分析，发现两类二氮杂四星烷表现出一定的相似性，但是又体现出各自的结构特点。分别选取 3,6-二氮杂四星烷 18b 与 C_2-

3,9-二氮杂四星烷 10b 和非 C_2-3,9-二氮杂四星烷 12a 为代表化合物，进行核磁结构对比分析讨论（如图 4-18 所示）。

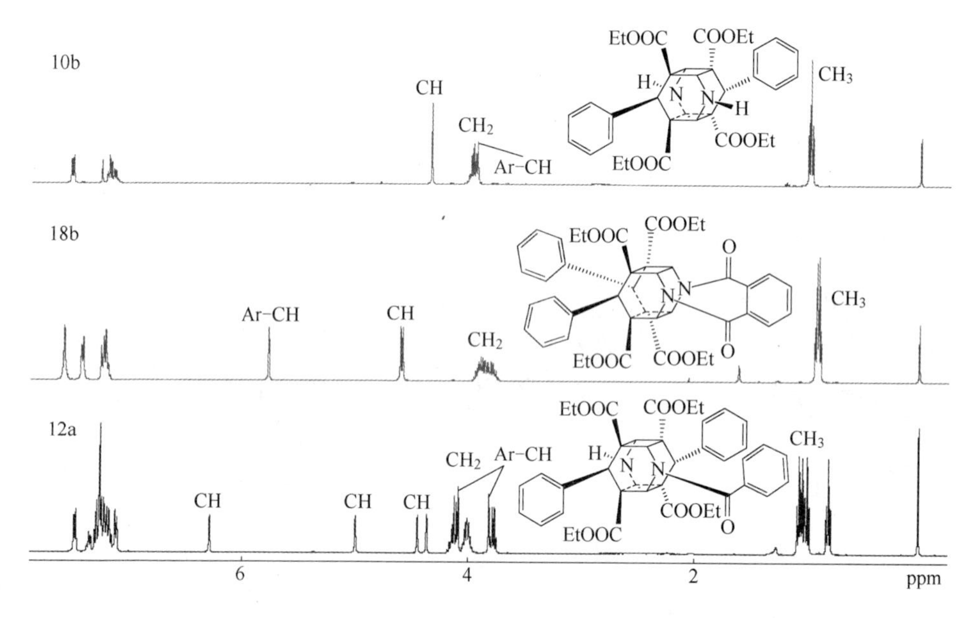

图 4-18　3,6-与 3,9-二氮杂四星烷核磁谱图特征

通过 18b 与 10b 的对比分析可以发现，由于 10b 具有 C_2-轴对称性，因此在 2 个哌啶环上对应位置氢的化学位移值出现在相同位置，而 18b 中则由于酰基的朝向导致 2 个哌啶环左右不对称，因此对应位置氢的化学位移值表现出一定的差异，即在核磁谱图上表现为两组峰。同时还发现 18b 中环丁烷饱和氢原子的化学位移（δ：4.59×10^{-6}，4.61×10^{-6}）相对 10b 中环丁烷饱和氢原子的化学位移（δ：4.34×10^{-6}）向低场移动，且 18b 中酯基上的亚甲基和甲基的化学位移相对 10b 中酯基上的亚甲基和甲基的化学位移均向高场移动，分析原因可能是由于 18b 中的 4 个酯基采用头-头的朝向，对酯基彼此的屏蔽效应均增强，而对环丁烷上饱和氢原子的屏蔽效应减弱，因此导致 18b 中亚甲基和甲基的化学位移相较 10b 向高场移动，而环丁烷上饱和氢原子的化学位移相对向低场移动。另外 18b 中与芳基相连的饱和碳氢的化学位移（δ：5.77×10^{-6}）相较于 10b 中与芳基相连的饱和碳氢的化学位移（δ：3.92×10^{-6}）向低场移动十分明显，分析原因可能是由于 18b 中 2 个哌啶环采用头-头的朝向，导致苯环对该饱和氢原子的去屏蔽效应增强，因此导致化学位移向低场

移动。

通过18b与12a的对比分析可以发现，由于羰基的影响导致2个化合物的核磁谱图均表现出一定的复杂性。其中，由于羰基的朝向，导致18b中2个哌啶环表现出左右不对称性，但是由于2个哌啶环之间存在对称性，因此，2个哌啶环中相应氢原子的化学位移相同，在核磁谱图上表现为两组峰；对比的是12a中由于化合物的朝向同样导致哌啶环左右不对称，但是同时由于只有1个氮原子上有取代基，导致2个哌啶环之间不具有对称性，因此相应位置上的氢原子的化学位移不同，表现为四组峰。同样，18b中与芳基相连的饱和碳氢的化学位移（δ：5.77×10^{-6}）相较于12a中与芳基相连的饱和碳氢的化学位移（δ：3.81×10^{-6}，4.08×10^{-6}）向低场移动十分明显，分析原因可能是由于18b中2个哌啶环采用头-头的朝向，导致苯环对该饱和氢原子的去屏蔽效应增强，因此导致化学位移向低场移动。

4.4 实验部分

4.4.1 试剂与仪器

同2.4.1节。

4.4.2 双(3,5-二乙氧羰基-1,4二氢吡啶)的合成研究

4.4.2.1 1,1′-邻苯二甲酰基-双(3,5-二乙氧羰基-4-芳基-1,4二氢吡啶)(15)的合成研究

A 1,1′-邻苯二甲酰基-双(3,5-二乙氧羰基-1,4二氢吡啶)(15a)

将2mmol 1,4二氢吡啶(8a)和6mmol三乙胺溶于20mL无水二氯甲烷，在冰浴条件下逐滴加入1.3mmol邻苯二甲酰氯，室温反应过夜（约8h），浓缩，柱层析，用乙酸乙酯/正己烷（$V:V=1:4$）重结晶，得无色晶体，产率82.3%，m.p. 178.1~79.2℃；^{1}H NMR(400MHz，$CDCl_3$)：$\delta(\times10^{-6})$ 1.27(t，6H，J=7.2Hz，CH_3)，3.30(s，2H，CH_2)，4.20(q，4H，J=7.2Hz，OCH_2)，7.53~7.68(m，2H，Ar-H)，7.82(brs，2H，=CH)；^{13}C NMR(100MHz，$CDCl_3$)：$\delta(\times10^{-6})$ 14.2，23.0，60.9，112.6，128.4，131.1，131.2，133.5，166.0，166.2；HRMS(ESI)，$C_{30}H_{33}N_2O_{10}$[M+H]$^+$的理论值为581.2130，检测

数据为 581. 2133。

化合物 15a 的核磁氢谱和核磁碳谱如图 4-19 和图 4-20 所示。

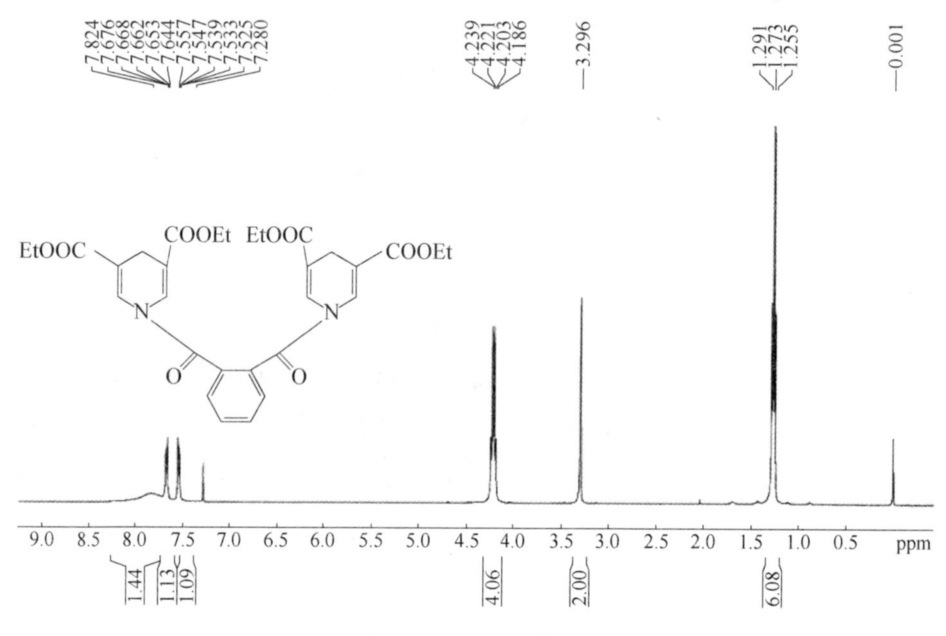

图 4-19　化合物 15a 的核磁氢谱

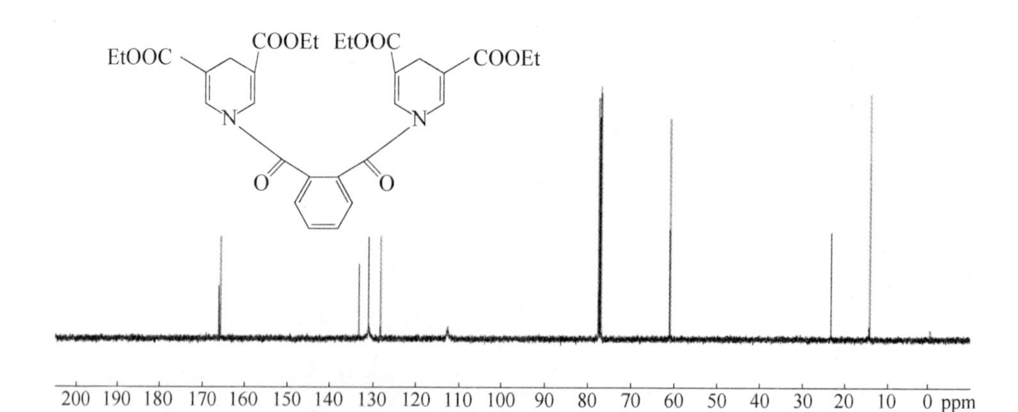

图 4-20　化合物 15a 的核磁碳谱

B　1,1′-邻苯二甲酰基-双(3,5-二乙氧羰基-4-苯基-1,4 二氢吡啶)(15b)

合成方法同 15a，白色固体，产率 85.1%，m.p. 162.2～163.9℃；^{1}H NMR(400MHz, $CDCl_3$)：$\delta(\times10^{-6})$ 1.19(t, 6H, CH_3), 4.04～4.17(m, 4H, CH_2), 4.94(s, 1H, Ar-CH), 7.16～7.33(m, 5H, Ar-H), 7.64～7.75(m, 2H, Ar-H), 8.05(brs, 2H, ═CH)；^{13}C NMR(100MHz, $CDCl_3$)：$\delta(\times10^{-6})$ 14.0, 39.1, 60.9, 116.6, 127.0, 128.3, 128.6, 129.0, 130.1, 131.7, 133.3, 143.2, 165.4, 166.4；HRMS (ESI), $C_{42}H_{41}N_2O_{10}[M+H]^+$的理论值为 733.2756，检测数据为 733.2755。

化合物 15b 的核磁氢谱和核磁碳谱如图 4-21 和图 4-22 所示。

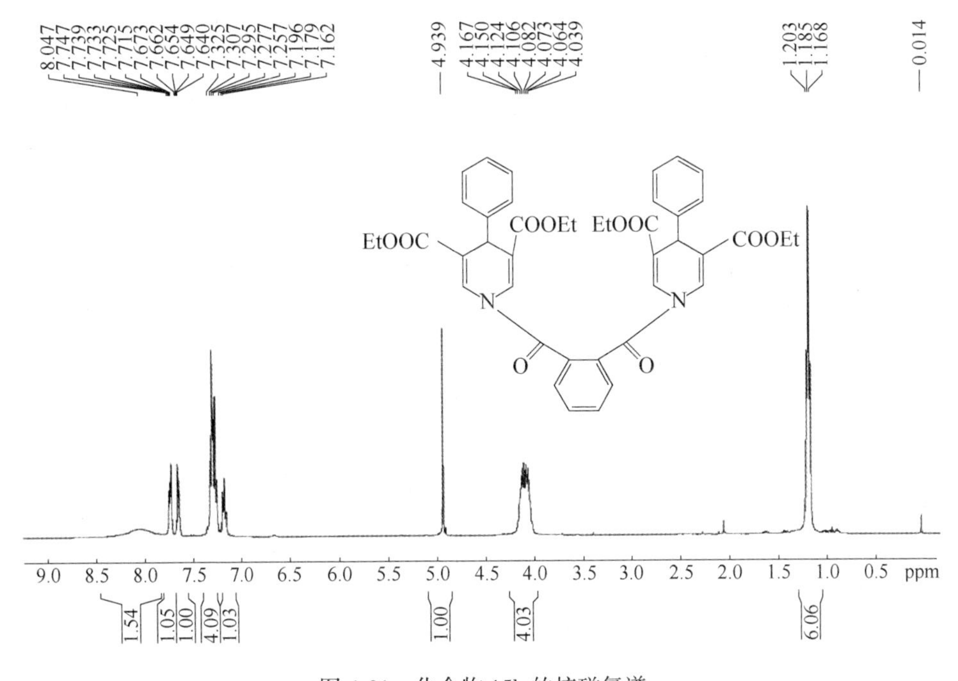

图 4-21　化合物 15b 的核磁氢谱

C　1,1′-邻苯二甲酰基-双(3,5-二乙氧羰基-4-(3-甲基苯基)-1,4 二氢吡啶)(15c)

合成方法同 15a，白色固体，产率 84.4%，m.p. 152.3 ～ 154.9℃；^{1}H NMR(400MHz, $CDCl_3$)：$\delta(\times10^{-6})$ 1.21(t, 6H, CH_3), 2.36(s, 3H, CH_3), 4.04～4.09(m, 4H, CH_2), 4.92(s, 1H, Ar-CH), 7.01～7.19(m, 4H, Ar-H), 7.62～7.74(m, 2H, Ar-H), 8.04(brs, 2H, ═CH)；^{13}C NMR(100MHz, $CDCl_3$)：

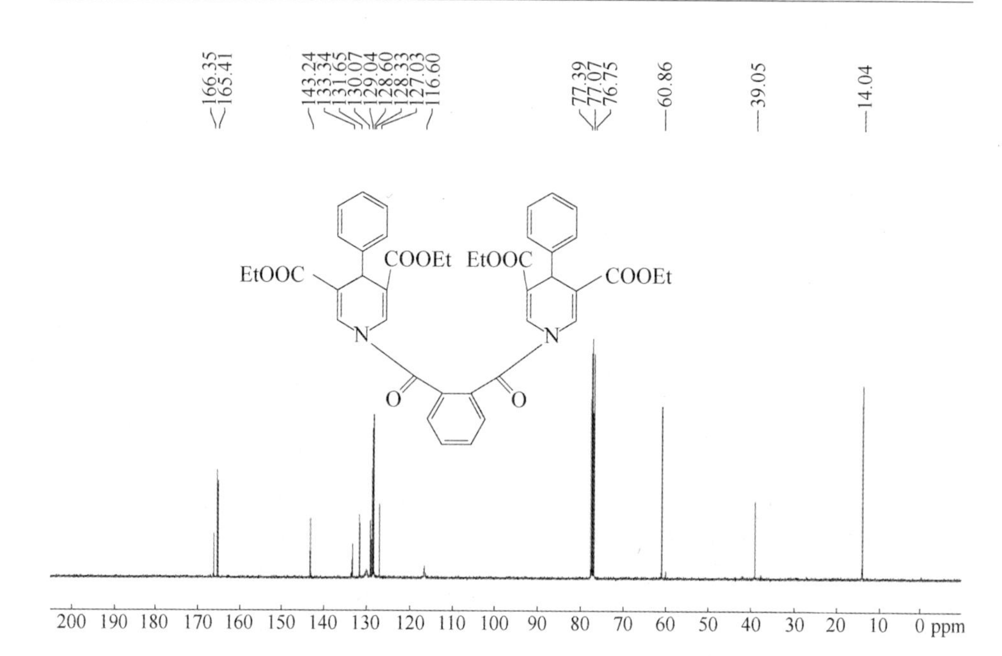

图 4-22　化合物 15b 的核磁碳谱

δ(×10^{-6}) 14.1, 21.5, 38.9, 60.8, 116.7, 125.6, 127.9, 128.2, 128.8, 129.4, 130.2, 131.5, 133.5, 137.8, 143.1, 165.5, 166.5; HRMS(ESI), $C_{44}H_{45}N_2O_{10}[M+H]^+$的理论值为 761.3069, 检测数据为 761.3071。X-单晶衍射数据剑桥号: CCDC 1537602。谱图如图 4-6~图 4-8 所示。

D　1,1′-邻苯二甲酰基-双(3,5-二乙氧羰基-4-(4-叔丁基苯基)-1,4 二氢吡啶)(15d)

合成方法同 15a, 白色固体, 产率 86.9%, m. p. 159.8~162.1℃; ^{1}H NMR(400MHz, $CDCl_3$): δ(×10^{-6})1.18(t, 6H, CH_3), 1.25(t, 9H, $C(CH_3)_3$), 4.06~4.16(m, 4H, CH_2), 4.92(s, 1H, Ar-CH), 7.18~7.24(m, 4H, Ar-H), 7.65~7.74(m, 2H, Ar-H), 8.05(brs, 2H, ═CH); ^{13}C NMR(100MHz, $CDCl_3$): δ(×10^{-6}) 14.0, 31.3, 34.4, 38.5, 60.8, 116.7, 125.3, 128.1, 129.1, 129.9, 131.6, 133.4, 140.1, 149.7, 165.5, 166.4; HRMS(ESI), $C_{50}H_{57}N_2O_{10}[M+H]^+$的理论值为 845.4008, 检测数据为 845.4011。

化合物 15d 的核磁氢谱和核磁碳谱如图 4-23 和图 4-24 所示。

E　1,1′-邻苯二甲酰基-双 (3,5-二乙氧羰基-4-(4-甲氧基苯基)-1,4 二氢吡啶)(15e)

合成方法同 15a, 无色晶体, 产率 85.8%, m. p. 149.6~151.2℃; ^{1}H

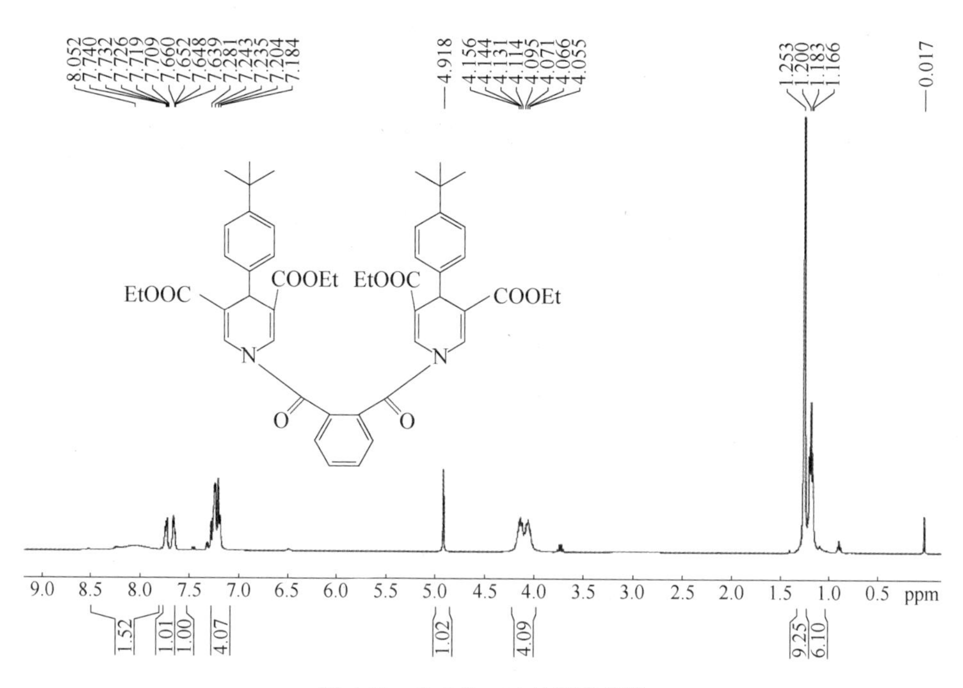

图 4-23 化合物 15d 的核磁氢谱

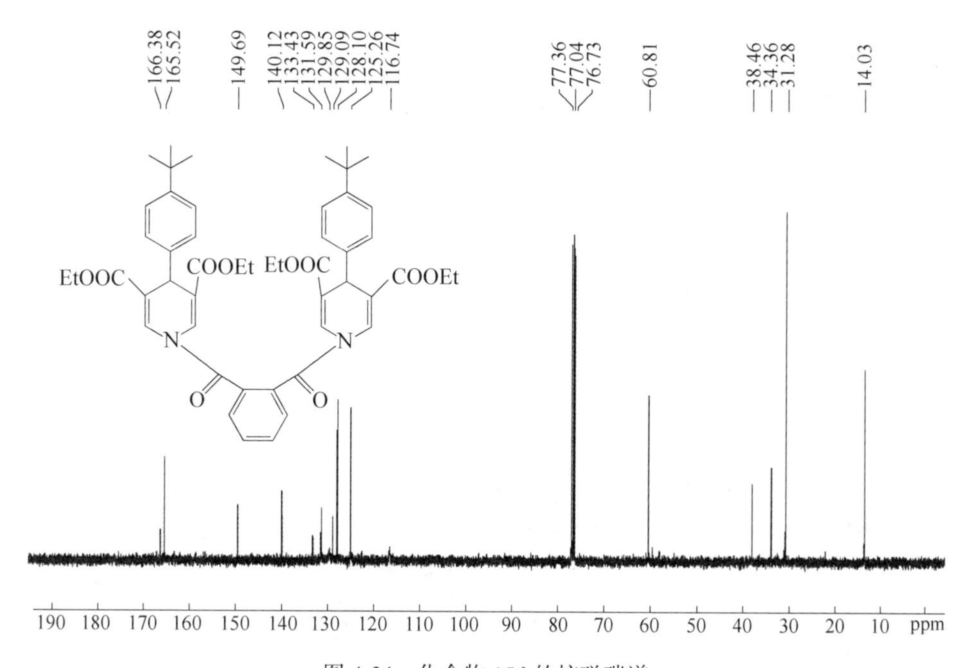

图 4-24 化合物 15d 的核磁碳谱

NMR(400MHz, $CDCl_3$): $\delta(\times10^{-6})$ 1.19(t, 6H, CH_3), 3.73(s, 3H, OCH_3), 4.06~4.13(m, 4H, CH_2), 4.88(s, 1H, Ar-CH), 6.79(d, 2H, J=8.0Hz, Ar-H), 7.20(d, 2H, J=8.4Hz, Ar-H), 7.64~7.74(m, 2H, Ar-H), 8.02(brs, 2H, ═CH); ^{13}C NMR(100MHz, $CDCl_3$): $\delta(\times10^{-6})$ 14.1, 38.2, 55.1, 60.8, 113.7, 116.7, 129.1, 129.6, 131.7, 133.3, 135.6, 158.6, 165.5, 166.3; HRMS (ESI), $C_{44}H_{45}N_2O_{12}[M+H]^+$的理论值为793.2967，检测数据为793.2970。

化合物15e的核磁氢谱和核磁碳谱如图4-25和图4-26所示。

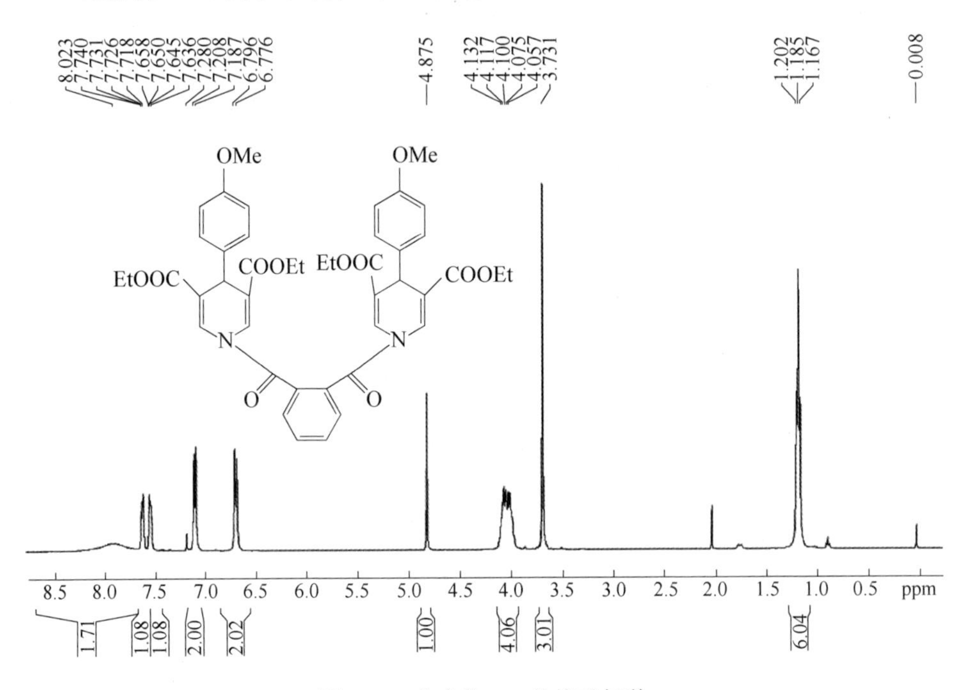

图4-25　化合物15e的核磁氢谱

F　1,1′-邻苯二甲酰基-双(3,5-二乙氧羰基-4-(3,4-二甲氧基苯基)-1,4二氢吡啶)(15f)

合成方法同15a，无色晶体，产率80.8%，m.p. 229.7~231.6℃; ^1H NMR(400MHz, $CDCl_3$): $\delta(\times10^{-6})$ 1.21(t, 6H, CH_3), 3.84(s, 3H, OCH_3), 3.92(s, 3H, OCH_3), 4.06~4.17(m, 4H, CH_2), 4.89(s, 1H, Ar-CH), 6.76~6.94(m, 3H, Ar-H), 7.60~7.74(m, 2H, Ar-H), 8.00(brs, 2H, ═CH); ^{13}C NMR(100MHz, $CDCl_3$): $\delta(\times10^{-6})$ 14.1, 38.5, 55.8, 55.9, 60.9, 111.1, 112.2, 116.7, 120.6, 128.7, 129.7, 131.5, 133.5, 136.0, 148.1,

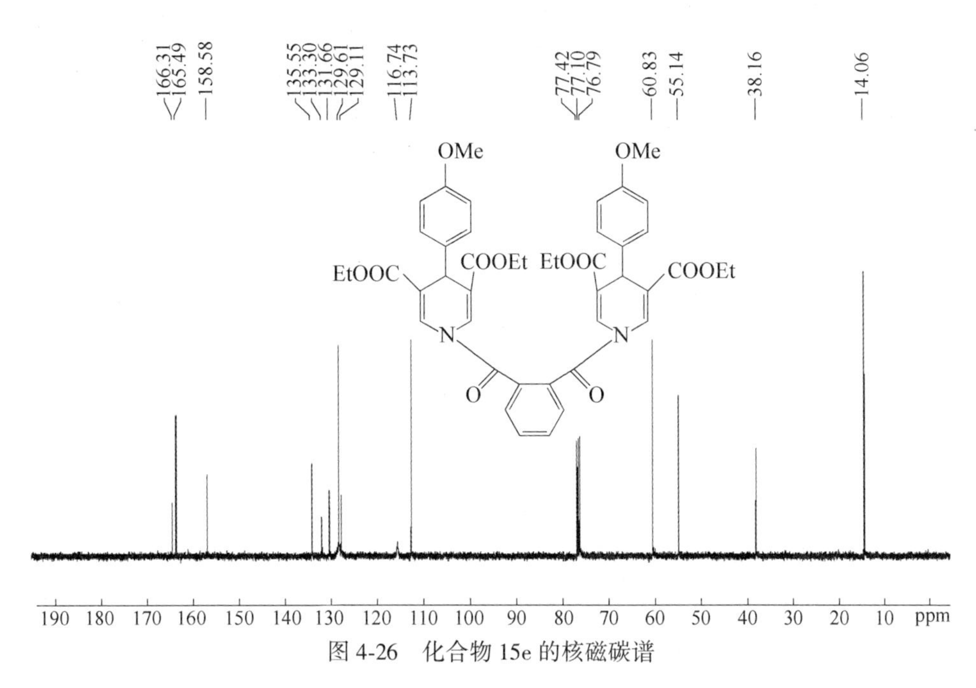

图 4-26 化合物 15e 的核磁碳谱

148.7，165.5，166.5；HRMS（ESI），$C_{46}H_{49}N_2O_{14}[M+H]^+$的理论值为 853.3178，检测数据为 853.3179。

化合物 15f 的核磁氢谱和核磁碳谱如图 4-27 和图 4-28 所示。

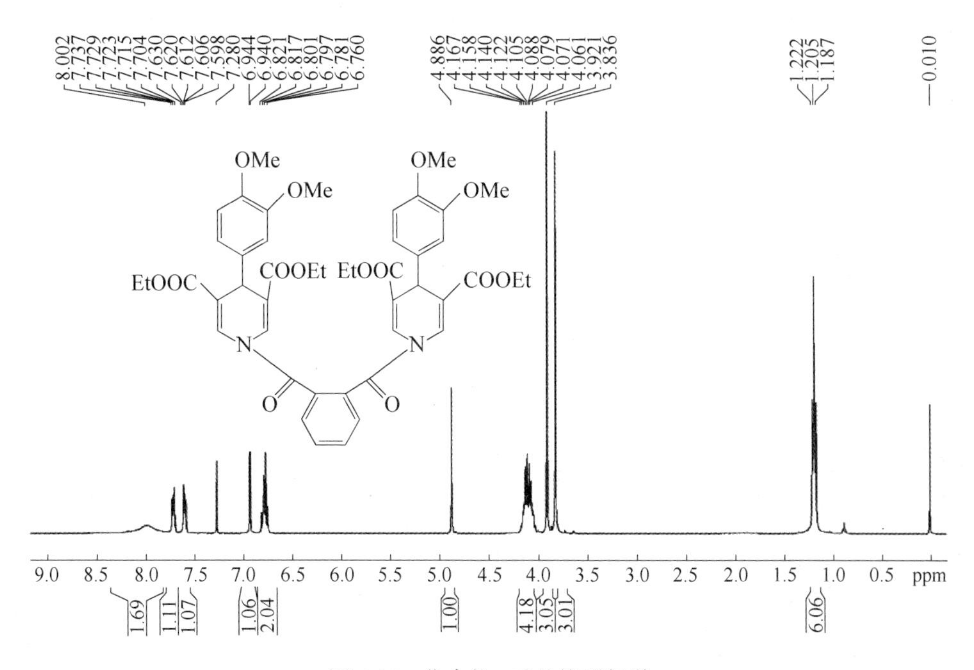

图 4-27 化合物 15f 的核磁氢谱

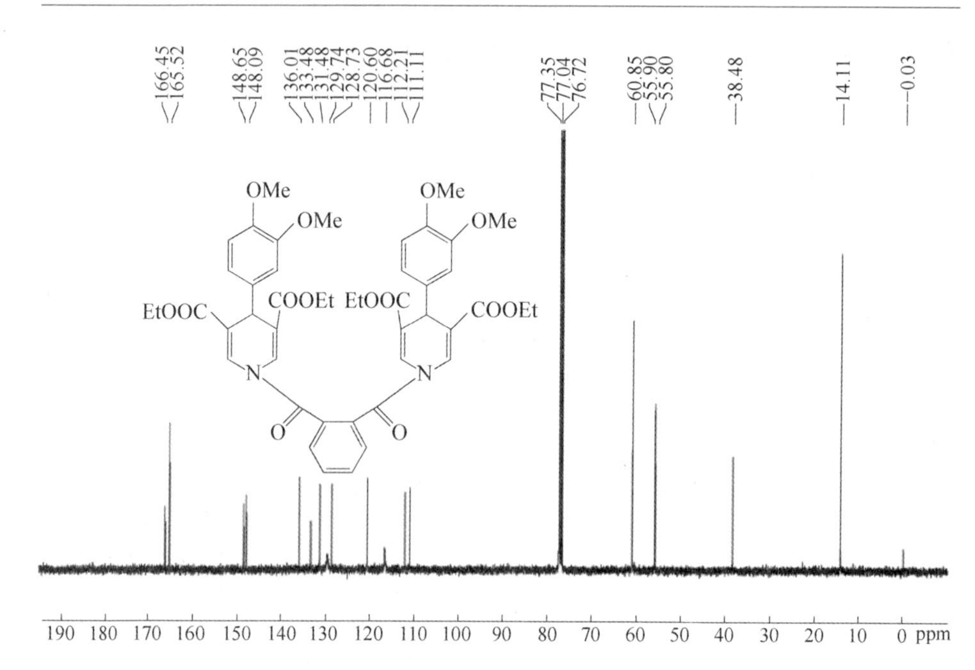

图 4-28　化合物 15f 的核磁碳谱

G　1,1′-邻苯二甲酰基-双(3,5-二乙氧羰基-4-(3,4,5-三甲氧基苯基)-1,4 二氢吡啶)(15g)

合成方法同 15a，无色晶体，产率 85.9%，m. p. 186.5～187.4℃；^{1}H NMR (400MHz, $CDCl_3$)：$\delta(\times10^{-6})$ 1.22(t, 6H, CH_3), 3.82(s, 3H, OCH_3), 3.88(s, 3H, OCH_3), 4.09(s, 3H, OCH_3), 4.11～4.20(m, 4H, CH_2), 4.90(s, 1H, Ar-CH), 6.58(s, 2H, Ar-H), 7.28～7.73(m, 2H, Ar-H), 7.97(brs, 2H, ═CH)；^{13}C NMR (100MHz, $CDCl_3$)：$\delta(\times10^{-6})$ 14.1, 39.0, 56.1, 60.8, 60.9, 105.7, 116.5, 128.4, 130.0, 131.4, 133.5, 137.2, 138.7, 153.1, 165.5, 166.6；HRMS (ESI)，$C_{48}H_{53}N_2O_{16}$[M+H]$^+$的理论值为 913.3390，检测数据为 913.3394。X-单晶衍射数据剑桥号：CCDC 1522995。X-单晶衍射谱图如图 4-3 所示。

化合物 15g 的核磁氢谱和核磁碳谱如图 4-29 和图 4-30 所示。

4.4.2.2　1-(2-(3,5-二乙氧羰基-4-芳基-1,4 二氢吡啶-1-羰基)) 苯甲酰基-4-芳基-1,4 二氢吡啶-3,5-二羧酸乙酯(15xy)的合成研究

A　1-(2-(3,5-二乙氧羰基-4-苯基-1,4 二氢吡啶-1-羰基))苯甲酰基-4-(3,4,5-三甲氧基苯基)-1,4 二氢吡啶-3,5-二甲酸乙酯(15bg)

合成方法同 15a，无色晶体，产率 27.3%，m. p. 111.5～113.7℃；^{1}H NMR

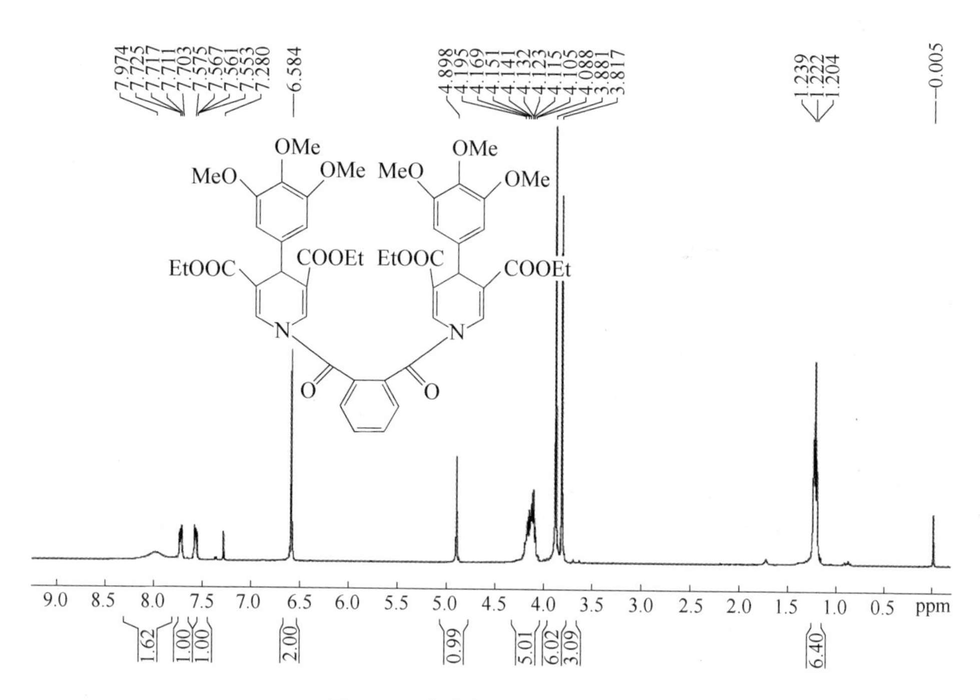

图 4-29 化合物 15g 的核磁氢谱

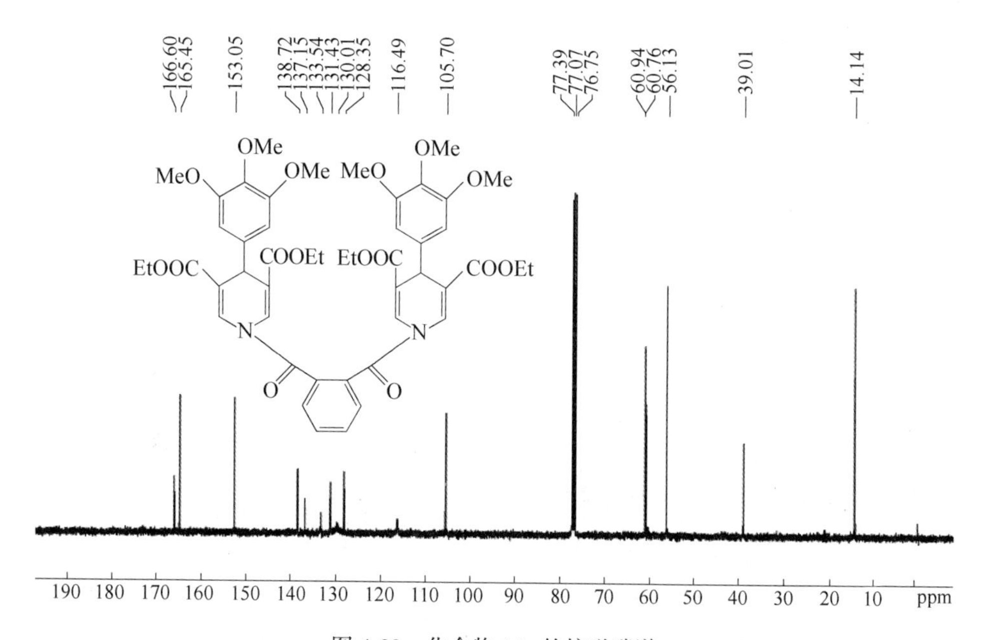

图 4-30 化合物 15g 的核磁碳谱

(400MHz, $CDCl_3$): $\delta(\times10^{-6})$ 1.19～1.25(m, 12H, CH_3), 3.82(s, 3H, OCH_3), 3.90(s, 6H, OCH_3), 4.05～4.22(m, 8H, CH_2), 4.91(s, 1H, Ar-CH), 4.96(s, 1H, Ar-CH), 6.61(s, 1H, Ar-H), 7.20～7.56(m, 5H, Ar-H), 7.57～7.75(m, 4H, Ar-H), 8.01(brs, 4H, ═CH); ^{13}C NMR(100MHz, $CDCl_3$): $\delta(\times10^{-6})$ 14.1, (14.1), 39.0, 39.1, 56.2, 60.8, 60.9, 105.8, 116.5, 127.1, 128.9, 130.1, 131.3, 131.6, 133.1, 137.2, 138.8, 143.2, 153.1, 165.4, 166.5, 166.4, 166.4; HRMS(ESI), $C_{45}H_{47}N_2O_{13}[M+H]^+$的理论值为823.3073，检测数据为823.3075。

化合物15g的核磁氢谱和核磁碳谱如图4-31和图4-32所示。

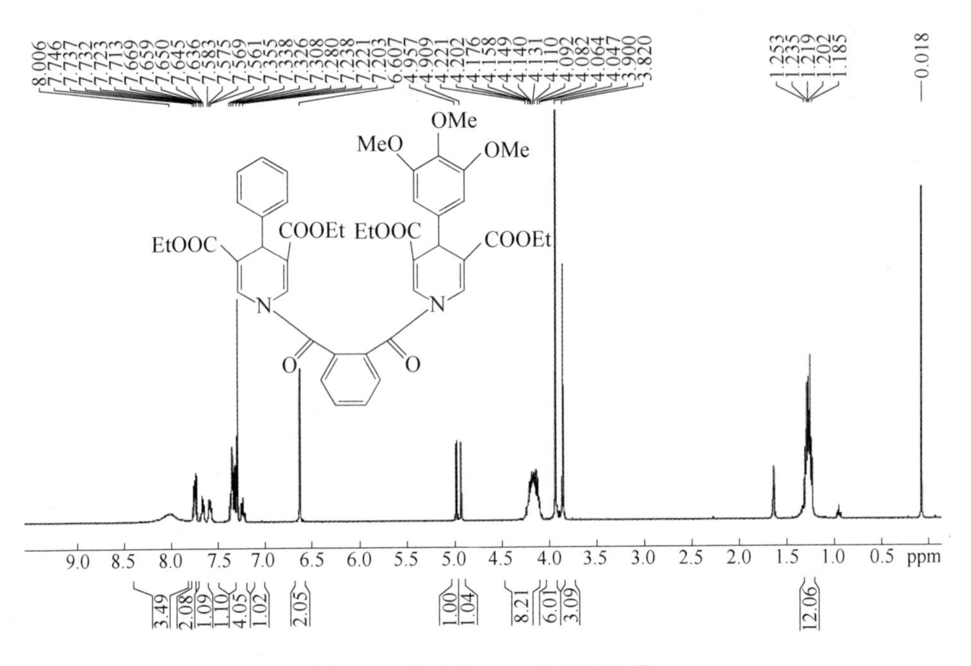

图4-31 化合物15bg的核磁氢谱

B 1-(2-(3,5-二乙氧羰基-4-(4-叔丁基苯基)-1,4二氢吡啶-1-羰基))苯甲酰基-4-(3,4,5-三甲氧基苯基)-1,4二氢吡啶-3,5-二甲酸乙酯(15dg)

合成方法同15a，无色晶体，产率29.8%，m.p. 115.1～117.9℃；^1H NMR(400MHz, $CDCl_3$): $\delta(\times10^{-6})$ 1.19～1.25(m, 12H, CH_3), 1.31(s, 9H, $C(CH_3)_3$), 3.83(s, 3H, OCH_3), 3.90(s, 6H, OCH_3), 4.07～4.19(m, 8H, CH_2), 4.92(s, 1H, Ar-CH), 4.94(s, 1H, Ar-CH), 6.61(s, 1H, Ar-H), 7.25(d, 2H, J=8.0Hz, Ar-H), 7.31(d, 2H, J=8.0Hz, Ar-H), 7.56～7.74(m,

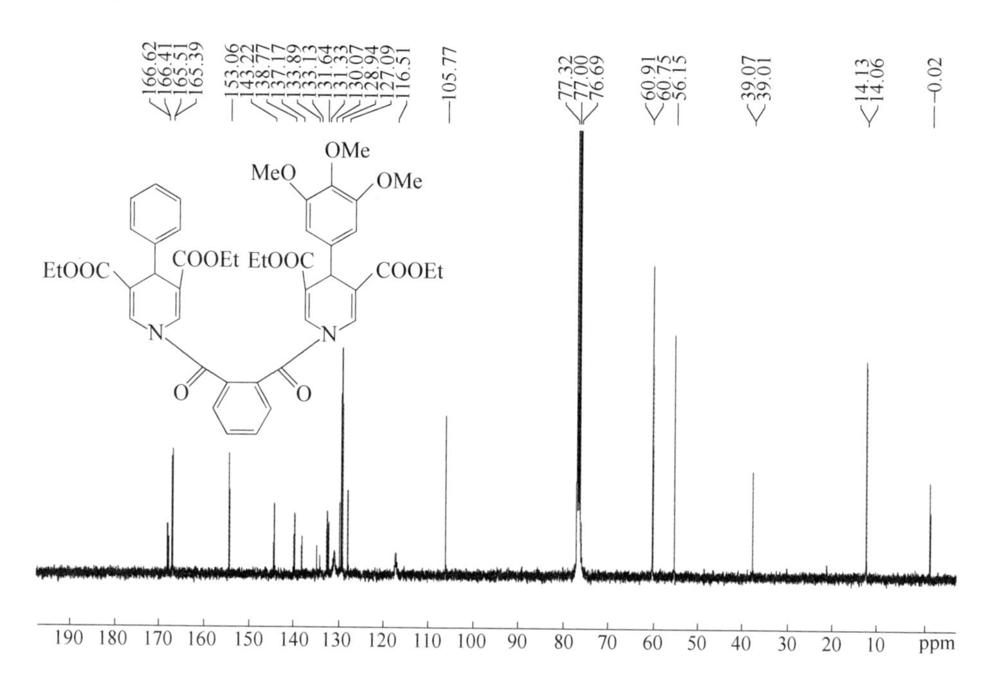

图 4-32 化合物 15bg 的核磁碳谱

4H, Ar-H), 8.01(brs, 4H, ═CH); ^{13}C NMR(100MHz, $CDCl_3$): $\delta(\times10^{-6})$ 14.1,(14.1), 31.3, 34.4, 38.4, 39.1, 56.2, 60.8, 60.9,(60.9), 105.8, 125.3, 128.0, 128.3, 129.5, 131.2, 131.6, 133.2, 138.8, 140.1, 149.8, 153.1, 165.5,(165.5), 166.4, 166.7; HRMS(ESI), $C_{49}H_{55}N_2O_{13}$[M+H]$^+$的理论值为 879.3699, 检测数据为 879.3702。谱图如图 4-9 和图 4-10 所示。

4.4.2.3 1,1′-间苯二甲酰基-双(3,5-二乙氧羰基-4-芳基-1,4 二氢吡啶)(16)的合成研究

将 2mmol 4-(3,4,5-三甲氧基苯基)-1,4 二氢吡啶和 6mmol 三乙胺溶于 20mL 无水二氯甲烷, 在冰浴条件下逐滴加入 1.3mmol 间苯二甲酰氯, 室温反应过夜, 浓缩, 柱层析, 用乙酸乙酯/正己烷 ($V:V=4:1$) 重结晶, 得无色晶体, 产率 84.6%, m.p. 124.3~125.9℃; ^{1}H NMR(400MHz, $CDCl_3$): $\delta(\times10^{-6})$ 1.24(t, 12H, CH_3), 3.83(s, 6H, OCH_3), 3.86(s, 12H, OCH_3), 4.11~4.22(m, 8H, CH_2), 4.94(s, 2H, Ar-CH), 6.57(s, 4H, Ar-H), 7.70~8.07(m, 4H, Ar-H), 8.08(brs, 4H, ═CH); ^{13}C NMR(100MHz, $CDCl_3$): δ

$(\times10^{-6})$ 14.2, 38.9, 56.2, 60.8, 61.0, 105.6, 116.3, 129.3, 130.4, 130.5, 132.2, 133.2, 137.2, 138.7, 153.1, 165.4, 166.3; HRMS(ESI), $C_{48}H_{53}N_2O_{16}$ $[M+H]^+$的理论值为 913.3390，检测数据为 913.3394。

化合物 16g 的核磁氢谱和核磁碳谱如图 4-33 和图 4-34 所示。

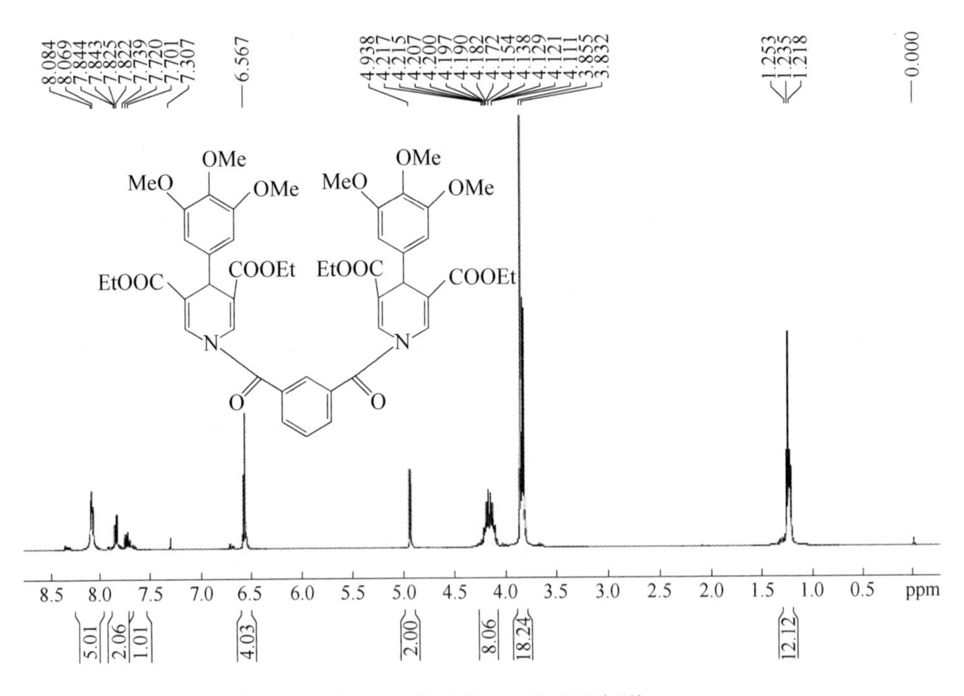

图 4-33　化合物 16g 的核磁氢谱

4.4.2.4　1,1′-丁二甲酰基-双(3,5-二乙氧羰基-4-芳基-1,4 二氢吡啶)(17)的合成研究

将 2mmol 4-(3,4,5-三甲氧基苯基)-1,4 二氢吡啶和 6mmol 三乙胺溶于 20mL 无水二氯甲烷，在冰浴条件下逐滴加入 1.3mmol 丁二酰氯，室温反应过夜，浓缩，柱层析，用乙酸乙酯/正己烷（$V:V=4:1$）重结晶，得无色晶体，产率 80.6%，m.p. 107.8~109.3℃；^1H NMR(400MHz, $CDCl_3$)：$\delta(\times10^{-6})$ 1.26(t, 6H, CH_3), 3.20(s, 2H, CH_2), 3.81(s, 3H, CH_3), 3.85(s, 6H, OCH_3), 4.11~4.23 (m, 4H, OCH_2), 4.88(s, 1H, Ar-CH), 6.51(s, 2H, Ar-H), 8.11(brs, 2H, =CH); ^{13}C NMR(100MHz, $CDCl_3$)：$\delta(\times10^{-6})$ 14.2, 28.5, 38.7, 56.2, 60.8, 61.0, 105.8, 116.1, 128.9, 137.2, 138.7, 153.0, 165.7, 168.5; HRMS(ESI),

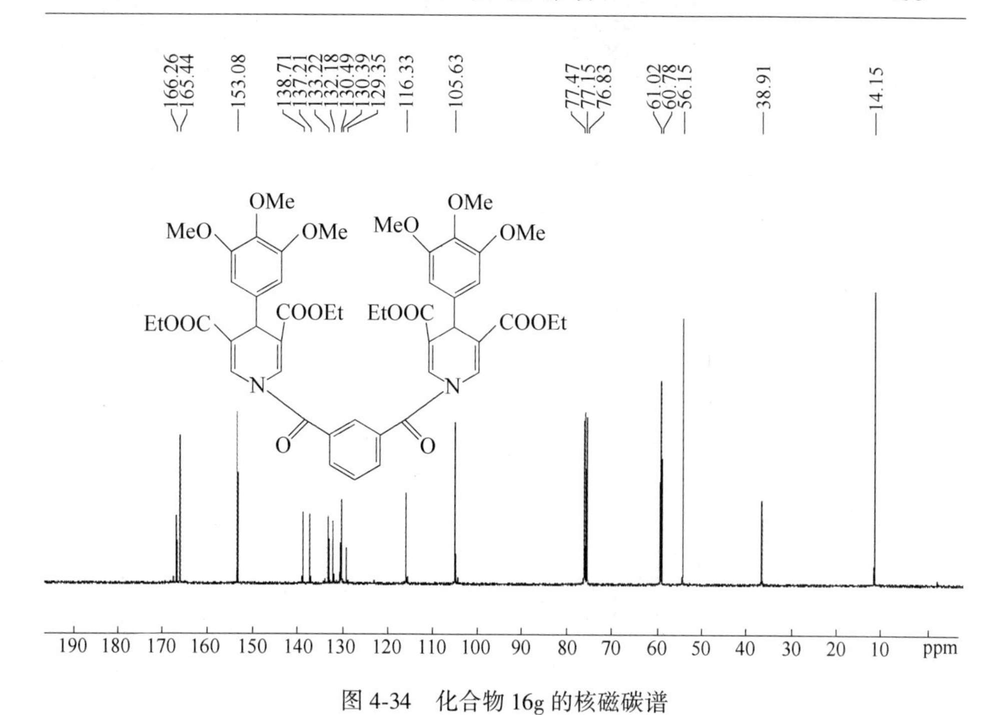

图 4-34 化合物 16g 的核磁碳谱

$C_{44}H_{53}N_2O_{16}[M+H]^+$的理论值为 865.3390，检测数据为 865.3393。

化合物 17g 的核磁氢谱和核磁碳谱如图 4-35 和图 4-36 所示。

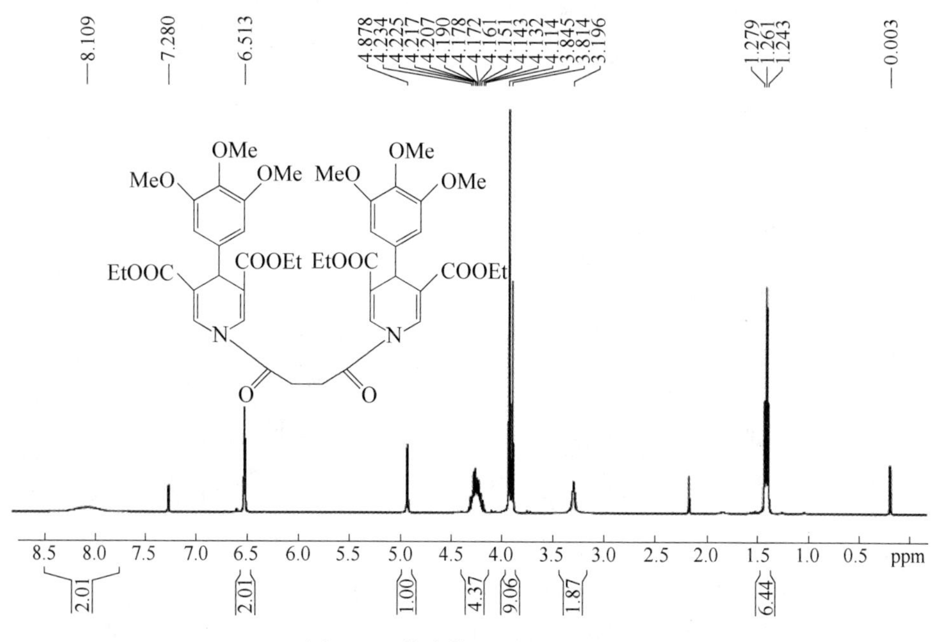

图 4-35 化合物 17g 的核磁氢谱

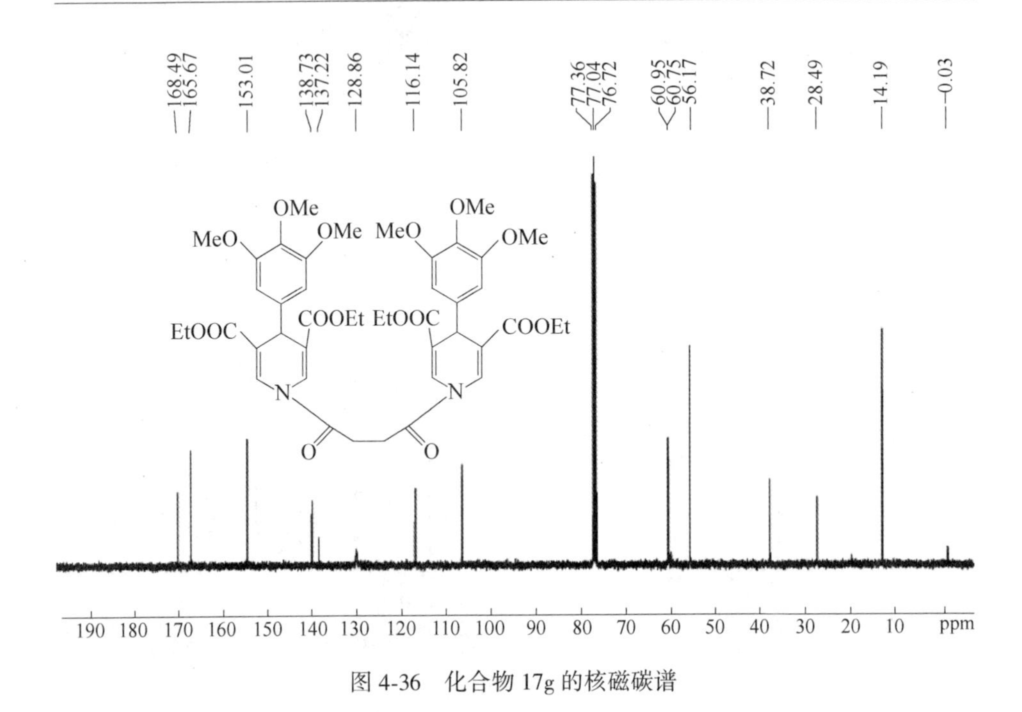

图 4-36　化合物 17g 的核磁碳谱

4.4.3　邻苯二甲酰基区域控制方法合成 3,6-二氮杂四星烷类化合物的研究

4.4.3.1　3,6-邻苯二甲酰基-9,12-二芳基-3,6-二氮杂四星烷-1,8,10,11-四甲酸乙酯(18)的合成研究

A　3,6-邻苯二甲酰基-3,6-二氮杂四星烷-1,8,10,11-四甲酸乙酯(18a)

将 0.5mmol 1,1′-邻苯二甲酰基-双(3,5-二乙氧羰基-1,4 二氢吡啶)(15a)溶于 15mL 四氢呋喃溶液中，溶液倒入光反应器中，通入 N_2 为保护气，以 120W 环形内照式 LED 灯为光源，反应约 6h，浓缩，柱层析，用乙酸乙酯/正己烷（$V:V=1:4$）重结晶，得无色晶体，产率 93.3%，m.p. 278.2~279.5℃；^{1}H NMR(400MHz，$CDCl_3$)：$\delta(\times10^{-6})$ 0.92(t，3H，CH_3)，1.25(t，3H，CH_3)，1.33(s，3H，CH_3)，2.21(d，1H，J=14.4Hz，CH_2)，2.78(d，1H，J=14.8Hz，CH_2)，4.12~4.24(m，4H，CH_2)，4.27(s，1H，CH)，5.42(s，1H，CH)，7.47~7.58(m，2H，Ar-H)；^{13}C NMR(100MHz，$CDCl_3$)：$\delta(\times10^{-6})$ 14.0，(14.0)，26.5，47.2，47.6，53.8，58.9，62.0，(62.0)，126.2，130.9，138.7，171.4，171.9，178.7；HRMS(ESI)，$C_{30}H_{33}N_2O_{10}[M+H]^+$的理论值为

581.2130，检测数据为581.2133。

化合物18a的核磁氢谱和核磁碳谱如图4-37和图4-38所示。

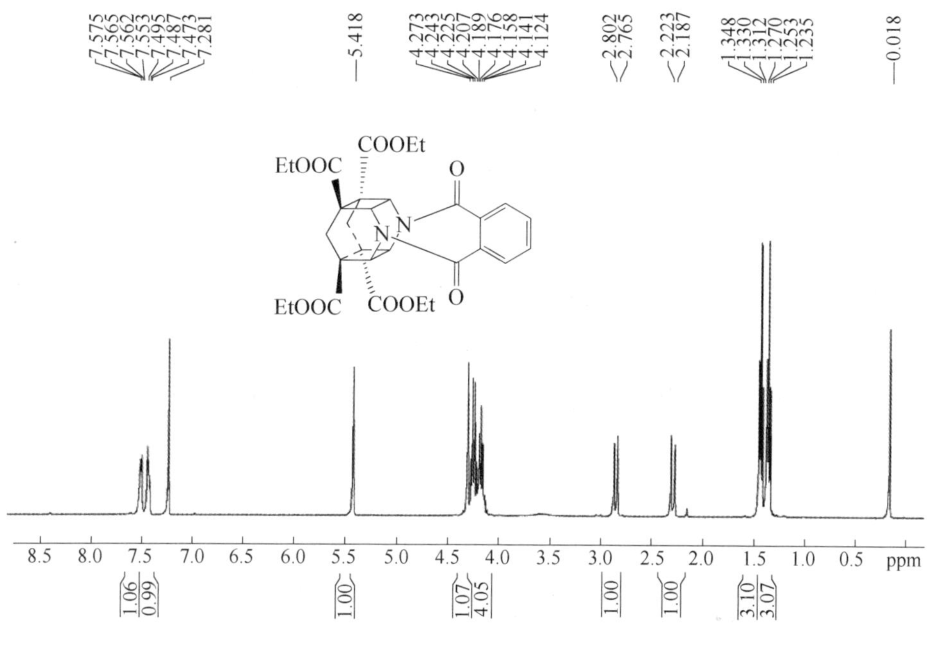

图4-37 化合物18a的核磁氢谱

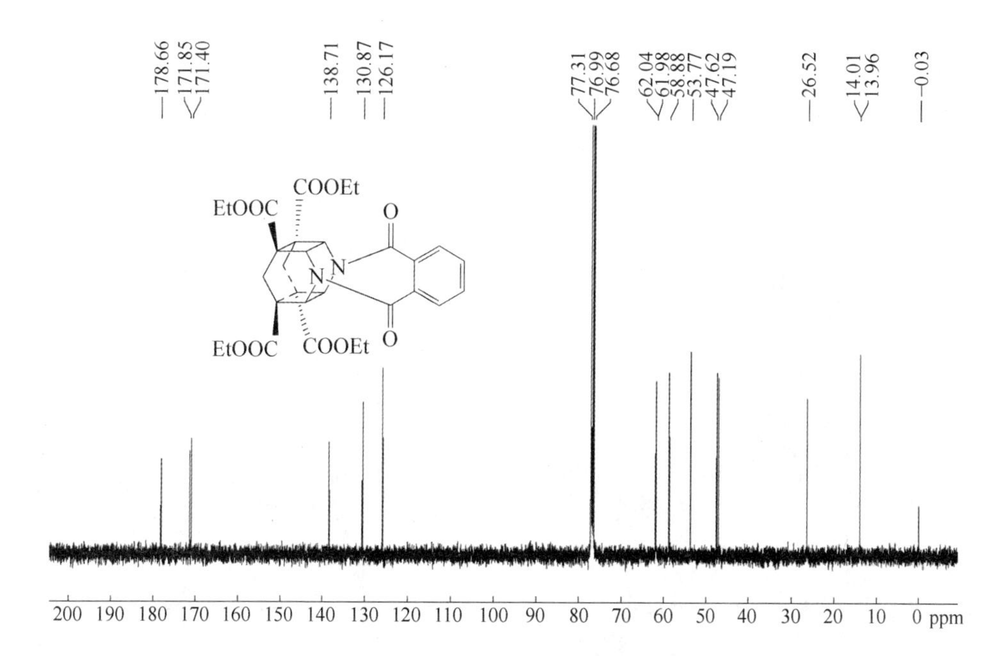

图4-38 化合物18a的核磁碳谱

B　3,6-邻苯二甲酰基-9,12-二苯基-3,6-二氮杂四星烷-1,8,10,11-四甲酸乙酯(18b)

合成方法同 18a，无色晶体，得无色晶体，产率 94.7%，m.p. 267.8～269.7℃；^{1}H NMR(400MHz，$CDCl_3$)：δ($\times 10^{-6}$)0.91(t，3H，CH_3)，0.93(t，3H，CH_3)，3.74～3.96(m，4H，CH_2)，4.59(s，1H，CH)，4.61(s，1H，CH)，5.77(s，1H，Ar-CH)，7.20～7.28(m，3H，Ar-H)，7.44～7.63(m，4H，Ar-H)；^{13}C NMR(100MHz，$CDCl_3$)：δ($\times 10^{-6}$)13.5，13.6，42.6，52.2，53.8，54.3，57.0，61.7，62.0，126.2，127.6，128.3，130.6，130.9，136.0，138.8，169.8，170.3，177.3；HRMS(ESI)，$C_{42}H_{41}N_2O_{10}$[M+H]$^+$的理论值为 733.2756，检测数据为 733.2759。

化合物 18b 的核磁氢谱和核磁碳谱如图 4-39 和图 4-40 所示。

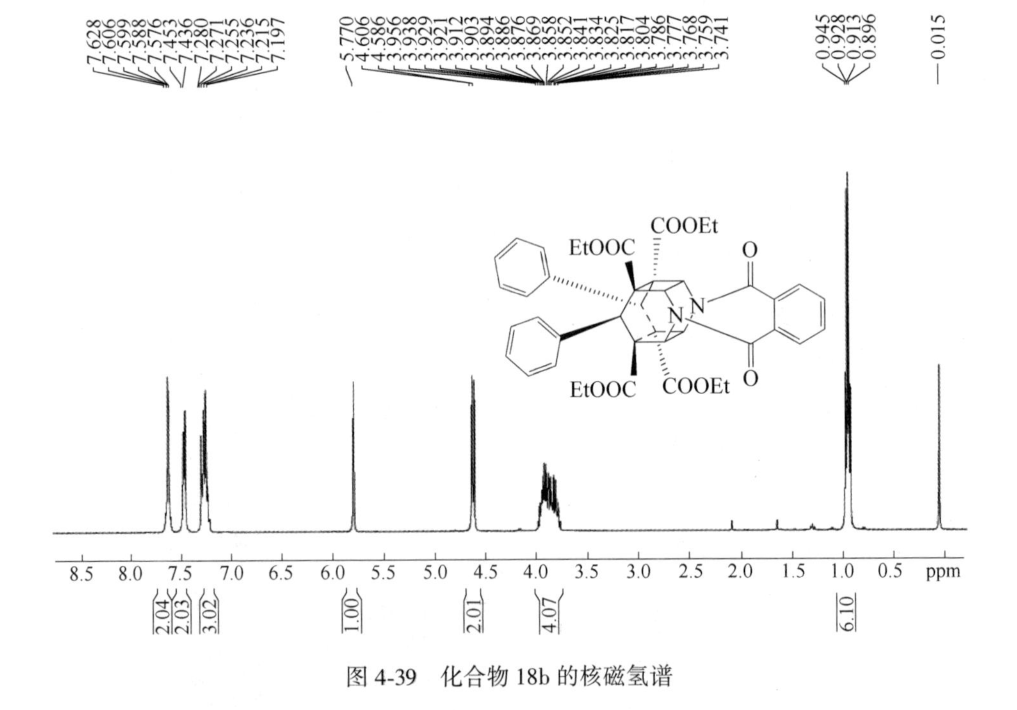

图 4-39　化合物 18b 的核磁氢谱

C　3,6-邻苯二甲酰基-9,12-二(3-甲基苯基)-3,6-二氮杂四星烷-1,8,10,11-四甲酸乙酯(18c)

合成方法同 18a，无色晶体，产率 91.6%，m.p. 237.6～238.9℃；^{1}H NMR(400MHz，$CDCl_3$)：δ($\times 10^{-6}$)0.92(t，3H，CH_3)，0.95(t，3H，CH_3)，

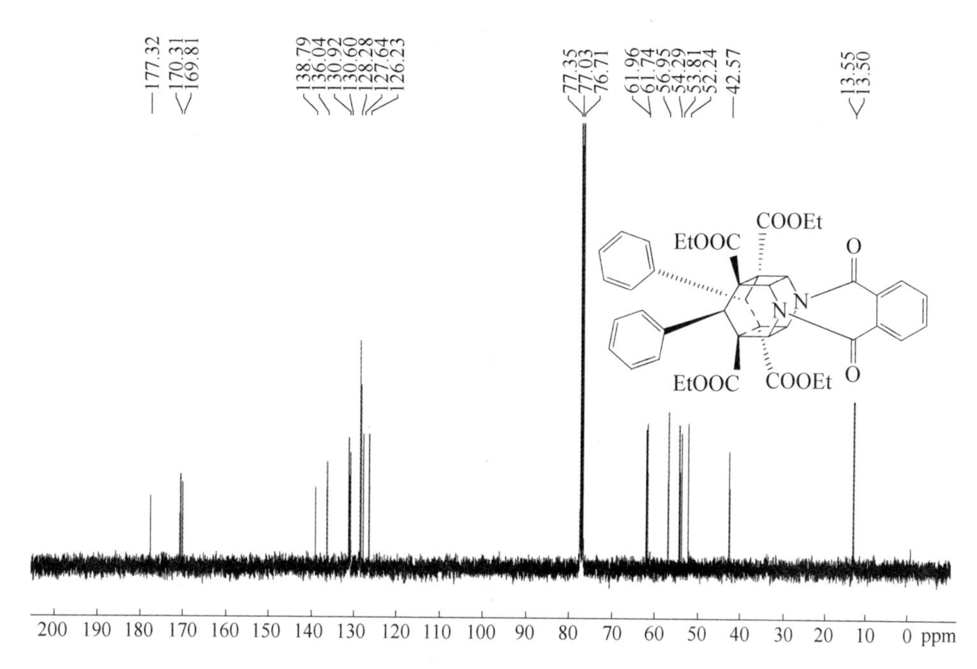

图 4-40 化合物 18b 的核磁碳谱

2.29(s, 3H, CH_3), 3.75~3.97(m, 4H, CH_2), 4.56(s, 1H, CH), 4.57(s, 1H, CH), 5.76(s, 1H, Ar-CH), 7.01~7.26(m, 4H, Ar-H), 7.59(brs, 2H, Ar-H); ^{13}C NMR(100MHz, $CDCl_3$): $\delta(\times 10^{-6})$ 13.5, (13.5), 21.5, 42.4, 52.2, 53.8, 54.3, 57.0, 61.7, 61.9, 126.2, 127.0, 128.3, (128.3), 130.9, 131.9, 135.9, 137.4, 138.8, 169.9, 170.4, 177.3; HRMS(ESI), $C_{44}H_{45}N_2O_{10}[M+H]^+$的理论值为 761.3069, 检测数据为 761.3071。X-单晶衍射数据剑桥号: CCDC 1522996。谱图如图 4-11~图 4-14 所示。

D 3,6-邻苯二甲酰基-9,12-二(4-叔丁基苯基)-3,6-二氮杂四星烷-1,8,10,11-四甲酸乙酯(18d)

合成方法同 18a, 无色晶体, 产率 97.1%, m.p. 326.4~327.9℃; ^1H NMR(400MHz, $CDCl_3$): $\delta(\times 10^{-6})$ 0.85(t, 3H, CH_3), 0.87(t, 3H, CH_3), 1.26(s, 9H, $C(CH_3)_3$), 3.76~3.95(m, 4H, CH_2), 4.58(brs, 2H, CH), 5.76(s, 1H, Ar-CH), 7.25(d, 2H, J=8.0Hz, Ar-H), 7.35(d, 2H, J=8.0Hz, Ar-H), 7.59~7.60(m, 2H, Ar-H); ^{13}C NMR(100MHz, $CDCl_3$): δ $(\times 10^{-6})$ 13.4, (13.4), 31.2, 34.4, 42.1, 52.3, 53.8, 54.3, 57.0, 61.6, 61.8, 125.1, 126.2, 130.3, 130.8, 132.9, 138.9, 150.5, 170.0, 170.4,

177.3；HRMS(ESI)，$C_{50}H_{57}N_2O_{10}$[M+H]$^+$的理论值为 845.4008，检测数据为 845.4011。

化合物 18d 的核磁氢谱和核磁碳谱如图 4-41 和图 4-42 所示。

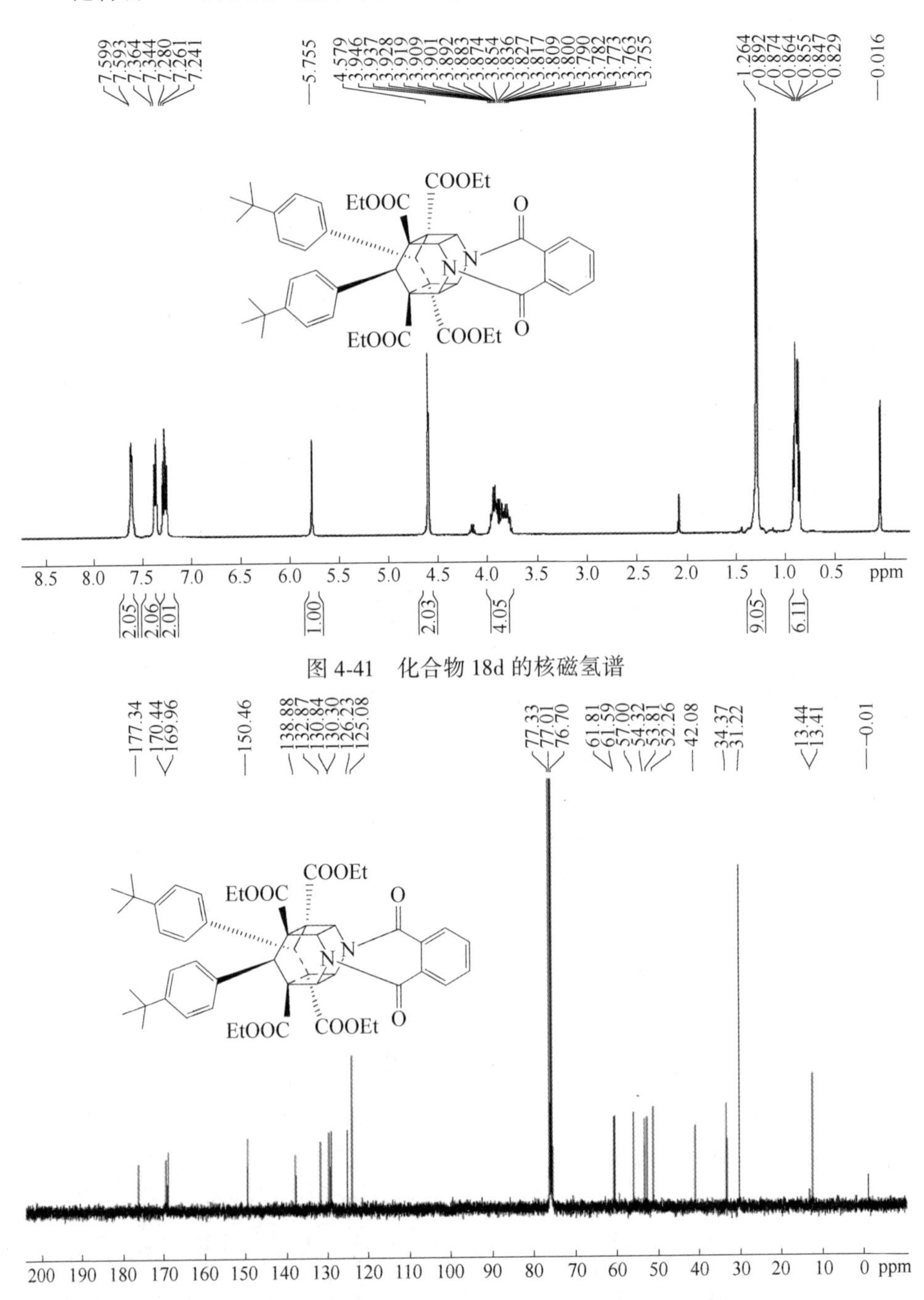

图 4-41　化合物 18d 的核磁氢谱

图 4-42　化合物 18d 的核磁碳谱

E 3,6-邻苯二甲酰基-9,12-二(4-甲氧基苯基)-3,6-二氮杂四星烷-1,8,10,11-四甲酸乙酯(18e)

合成方法同 18a，无色晶体，产率 94.5%，m.p. 282.6~284.3℃；^1H NMR(400MHz，$CDCl_3$)：$\delta(\times10^{-6})$ 0.97(t，3H，CH_3)，0.99(t，3H，CH_3)，3.77(s，3H，OCH_3)，3.80~3.95(m，4H，CH_2)，4.55(s，1H，CH)，4.57(s，1H，CH)，5.76(s，1H，Ar-CH)，6.78(d，2H，J=8.8Hz，Ar-H)，7.37(d，2H，J=8.8Hz，Ar-H)，7.60(brs，2H，Ar-H)；^{13}C NMR(100MHz，$CDCl_3$)：$\delta(\times10^{-6})$ 13.6，13.7，41.7，52.1，53.8，54.3，55.2，56.9，61.7，61.9，113.5，126.2，127.9，130.9，131.9，138.8，158.9，169.8，170.3，177.4；HRMS(ESI)，$C_{44}H_{45}N_2O_{12}[M+H]^+$的理论值为 793.2967，检测数据为 793.2970。

化合物 18e 的核磁氢谱和核磁碳谱如图 4-43 和图 4-44 所示。

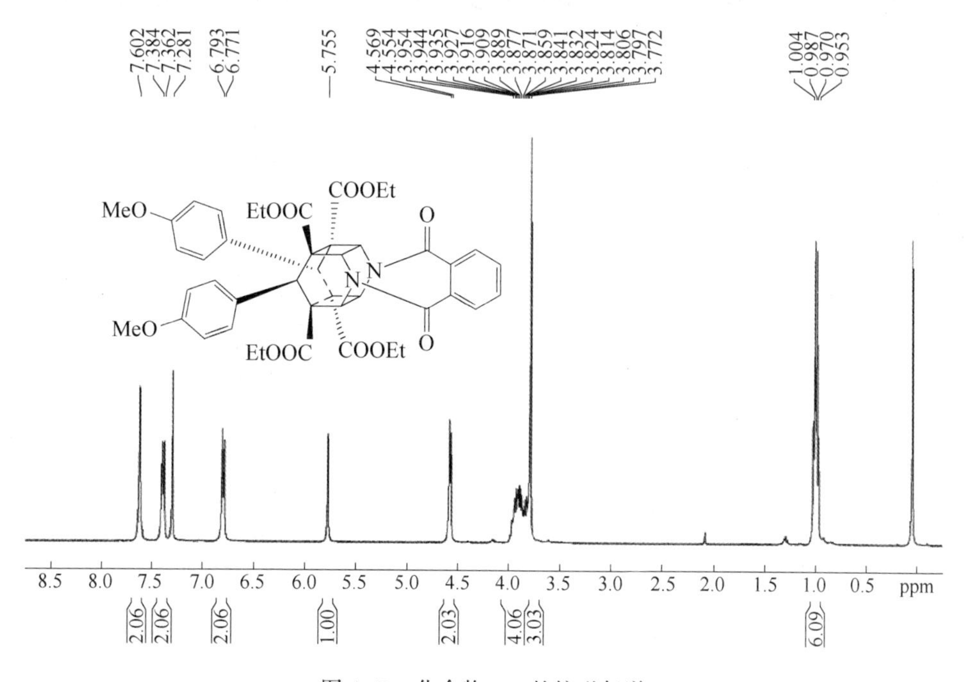

图 4-43 化合物 18e 的核磁氢谱

F 3,6-邻苯二甲酰基-9,12-二(3,4-二甲氧基苯基)-3,6-二氮杂四星烷-1,8,10,11-四甲酸乙酯(18f)

合成方法同 18a，无色晶体，产率 93.6%，m.p. 279.1~280.4℃；^1H NMR(400MHz，$CDCl_3$)：$\delta(\times10^{-6})$ 0.97(t，3H，CH_3)，0.99(t，3H，CH_3)，

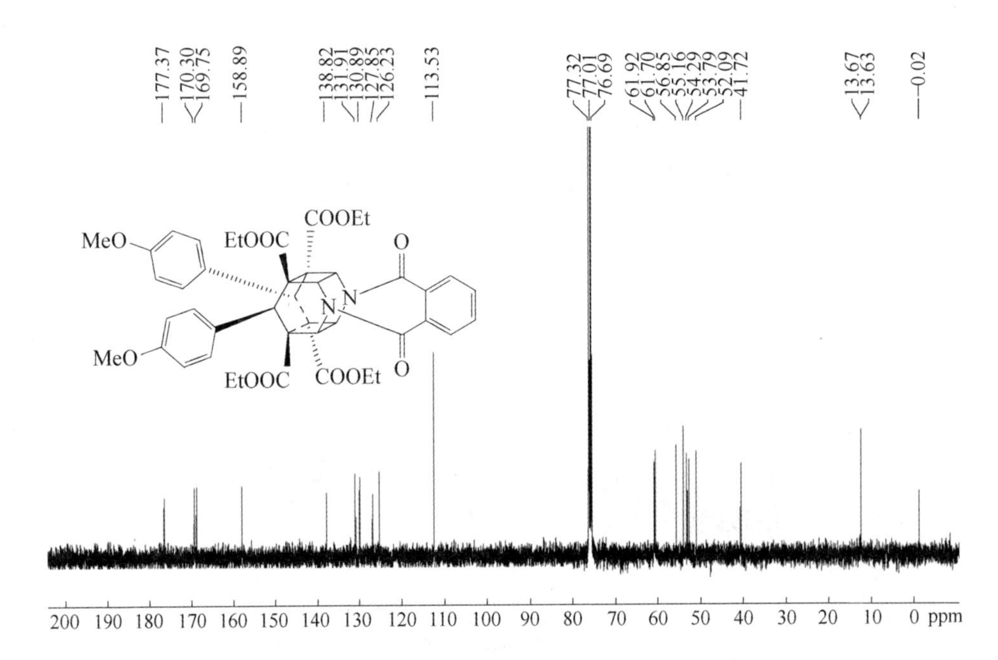

图 4-44　化合物 18e 的核磁碳谱

3. 80~3. 96(m, 4H, CH_2), 3. 84(s, 3H, OCH_3), 3. 85(s, 3H, OCH_3), 4. 55(s, 2H, CH), 5. 76(s, 1H, Ar-CH), 6. 74(d, 1H, J=8. 4Hz, Ar-H), 7. 00~7. 05(m, 2H, Ar-H), 7. 55~7. 61(m, 2H, Ar-H); ^{13}C NMR(100MHz, $CDCl_3$): $\delta(\times10^{-6})$ 13. 7, (13. 7), 42. 0, 52. 0, 54. 3, 55. 8, 55. 9, 56. 8, 61. 8, 62. 0, 110. 7, 114. 1, 123. 0, 126. 3, 128. 2, 131. 1, 148. 2, 148. 3, 169. 7, 170. 3, 177. 3; HRMS(ESI), $C_{46}H_{49}N_2O_{14}[M+H]^+$的理论值为 853. 3178, 检测数据为 853. 3179。

化合物 18f 的核磁氢谱和核磁碳谱如图 4-45 和图 4-46 所示。

G　3,6-邻苯二甲酰基-9,12-二(3,4,5-三甲氧基苯基)-3,6-二氮杂四星烷-1,8,10,11-四甲酸乙酯(18g)

合成方法同 18a, 无色晶体, 产率 95. 1%, m. p. 238. 1 ~ 240. 2℃; ^1H NMR(400MHz, $CDCl_3$): $\delta(\times10^{-6})$ 0. 96(t, 3H, CH_3), 0. 99(t, 3H, CH_3), 3. 80(s, 3H, OCH_3), 3. 82(s, 6H, OCH_3), 3. 85~4. 02(m, 4H, CH_2), 4. 54 (brs, 2H, CH), 5. 76(s, 1H, Ar-CH), 6. 76(s, 2H, Ar-H), 7. 52~7. 62(m, 2H, Ar-H); ^{13}C NMR(100MHz, $CDCl_3$): $\delta(\times10^{-6})$ 13. 7, (13. 7), 42. 7, 51. 9, 54. 0, 54. 3, 56. 1, 56. 8, 60. 8, 61. 8, 62. 0, 108. 0, 126. 4, 131. 2, 131. 3, 137. 4, 138. 6, 152. 6, 169. 7, 170. 2, 177. 2; HRMS(ESI), $C_{48}H_{53}N_2O_{16}[M+H]^+$的

理论值为 913.3390，检测数据为 913.3394。

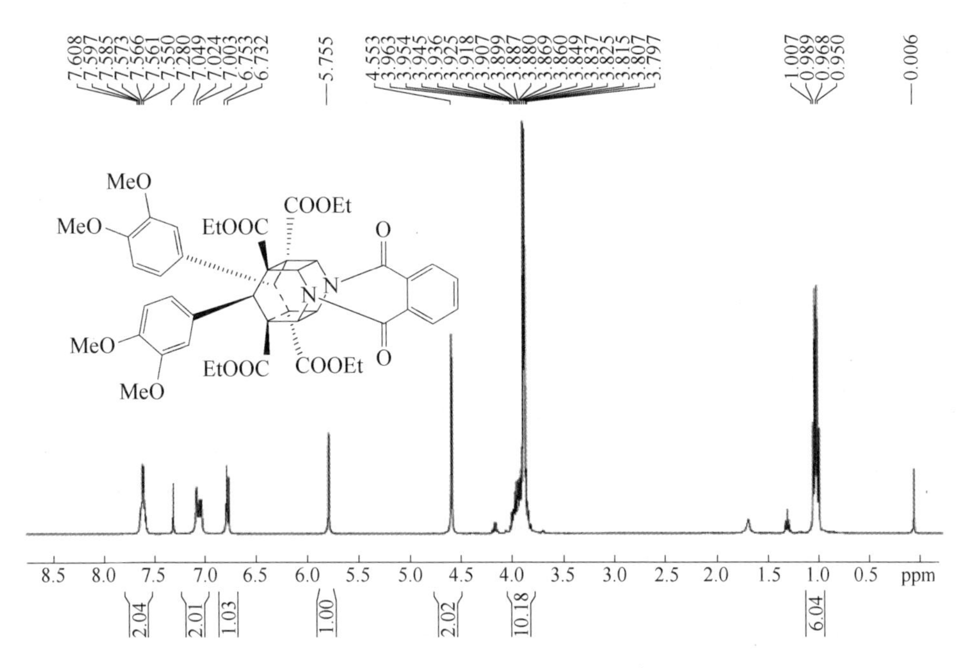

图 4-45 化合物 18f 的核磁氢谱

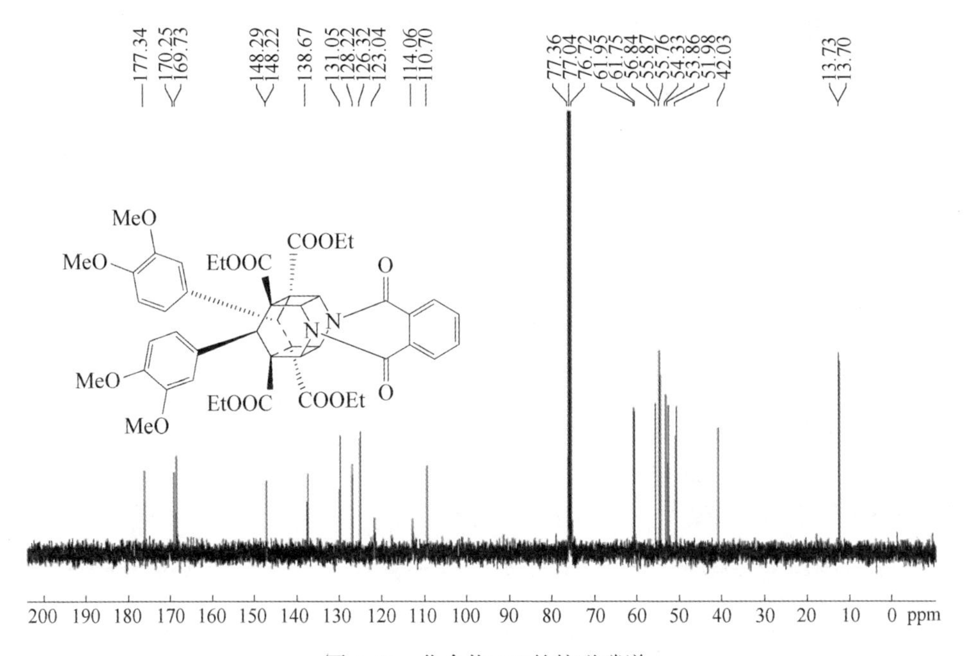

图 4-46 化合物 18f 的核磁碳谱

化合物 18g 的核磁氢谱和核磁碳谱如图 4-47 和图 4-48 所示。

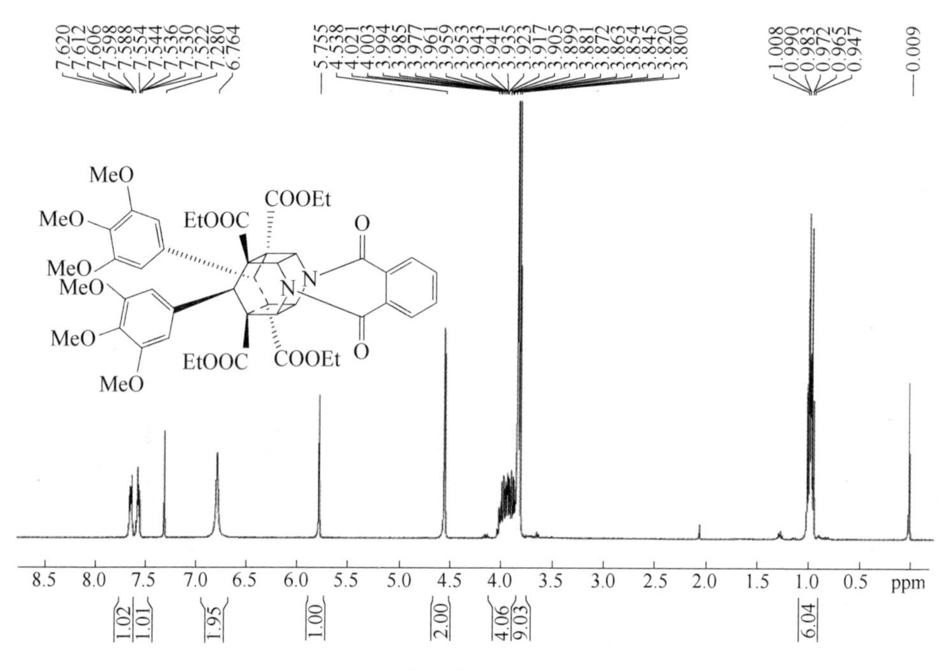

图 4-47　化合物 18g 的核磁氢谱

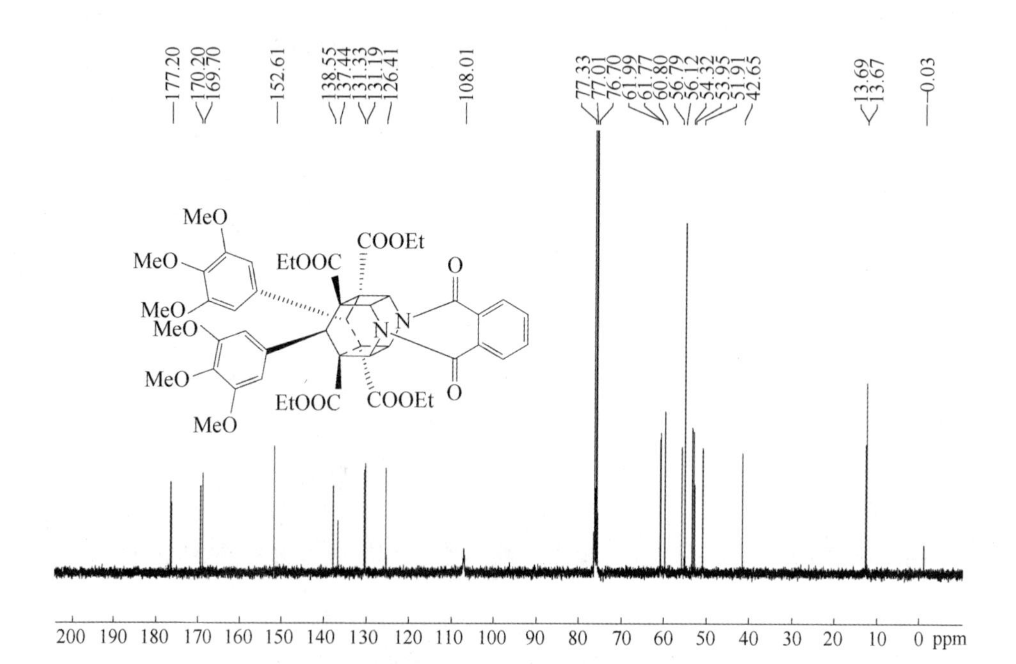

图 4-48　化合物 18g 的核磁碳谱

4.4.3.2 3,6-邻苯二甲酰基-9,12-不同芳基取代的-3,6-二氮杂四星烷-1,8,10,11-四甲酸乙酯(18xy)

A 3,6-邻苯二甲酰基-9-苯基-12-(3,4,5-三甲氧基苯基)-3,6-二氮杂四星烷-1,8,10,11-四甲酸乙酯(18bg)的合成

合成方法同 18a，无色晶体，产率 85.3%，m.p. 227.5～229.7℃；^{1}H NMR(400MHz，$CDCl_3$)：$\delta(\times10^{-6})$ 0.89(t，3H，CH_3)，0.92(t，3H，CH_3)，0.96(t，3H，CH_3)，1.01(t，3H，CH_3)，3.75～4.00(m，8H，CH_2)，3.80(s，3H，OCH_3)，3.82(s，6H，OCH_3)，4.53～4.58(m，4H，CH)，5.76(s，2H，Ar-CH)，6.76(s，2H，Ar-H)，7.21～7.27(m，3H，Ar-H)，7.44(d，2H，J= 6.8Hz，Ar-H)，7.52～7.62(m，4H，Ar-H)；^{13}C NMR(100MHz，$CDCl_3$)：$\delta(\times10^{-6})$ 13.5，(13.5)，13.7，42.5，42.7，52.0，53.8，54.0，54.3，(54.3)，56.1，56.6，57.1，60.8，61.7，61.8，62.0，76.7，77.0，77.3，108.0，126.3，127.6，128.3，130.6，131.2，131.4，136.0，137.4，138.6，138.8，152.6，169.7，169.8，170.2，170.3，176.9，177.6；HRMS(ESI)，$C_{45}H_{47}N_2O_{13}[M+H]^+$的理论值为 823.3073，检测数据为 823.3075。

化合物 18bg 的核磁氢谱和核磁碳谱如图 4-49 和图 4-50 所示。

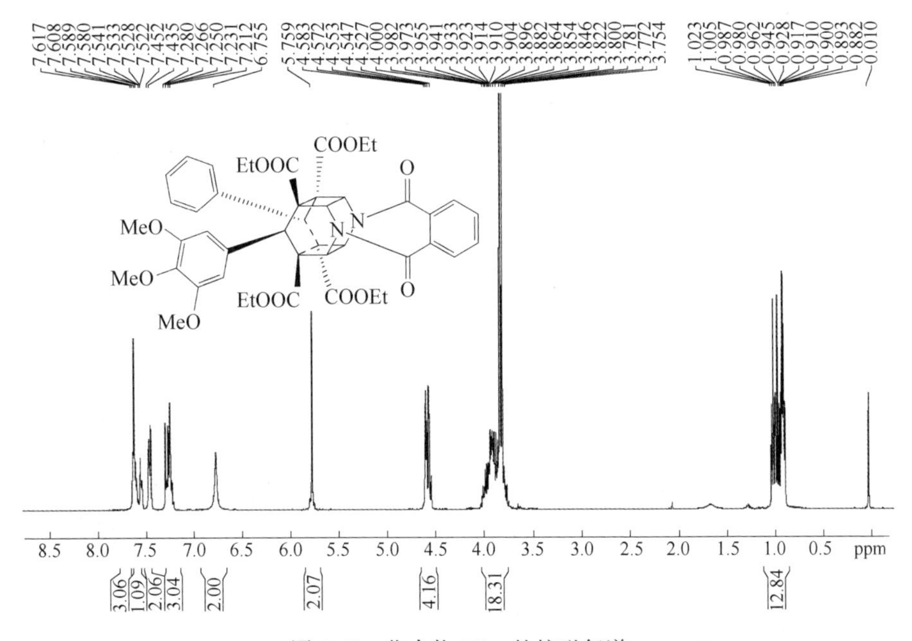

图 4-49 化合物 18bg 的核磁氢谱

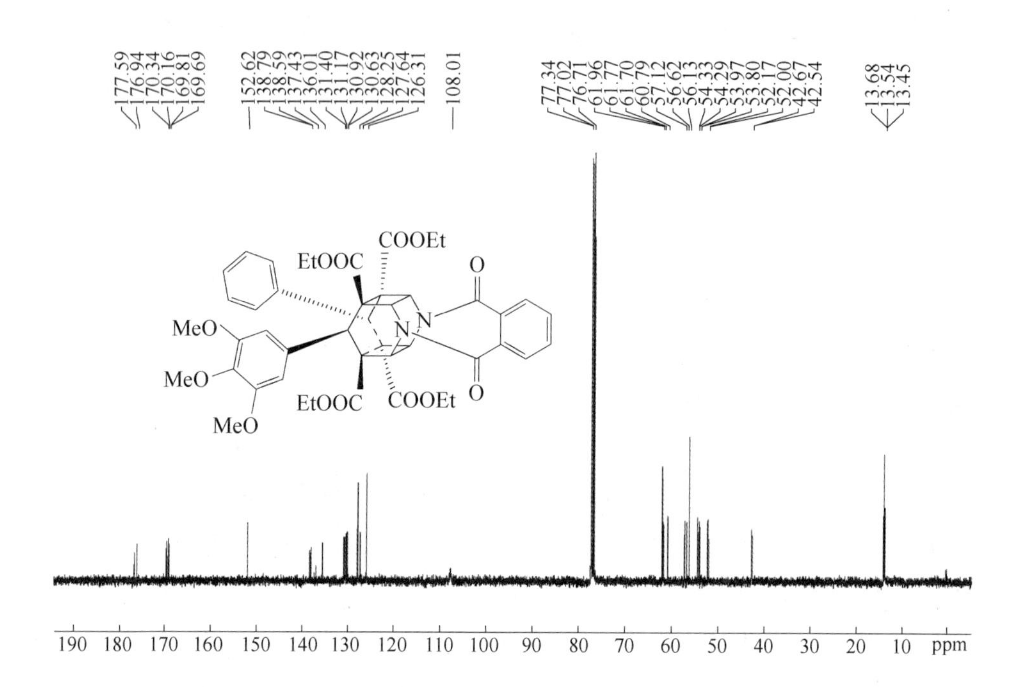

图 4-50　化合物 18bg 的核磁碳谱

B　3,6-邻苯二甲酰基-9-(4-叔丁基苯基)-12-(3,4,5-三甲氧基苯基)-3,6-二氮杂四星烷-1,8,10,11-四甲酸乙酯(18dg)

合成方法同 18a，无色晶体，产率 85.3%，m. p. 235.3～237.9℃；^{1}H NMR(400MHz，$CDCl_3$)：$\delta(\times10^{-6})$ 0.83(t，3H，CH_3)，0.84(t，3H，CH_3)，0.97(t，3H，CH_3)，1.01(t，3H，CH_3)，1.26(s，9H，$C(CH_3)_3$)，3.75～4.00(m，8H，CH_2)，3.80(s，3H，OCH_3)，3.82(s，6H，OCH_3)，4.53～4.59(m，4H，CH)，5.75(s，2H，Ar-CH)，6.76(s，2H，Ar-H)，7.25(d，2H，J=8.0Hz，Ar-H)，7.35(d，2H，J=8.0Hz，Ar-H)，7.52～7.62(m，4H，Ar-H)；^{13}C NMR(100MHz，$CDCl_3$)：$\delta(\times10^{-6})$ 13.3，13.5，13.7，31.2，34.4，42.1，42.6，52.0，52.2，53.8，54.0，54.2，54.4，56.1，56.6，57.2，60.8，61.7，61.9，62.0，108.0，125.1，126.3，(126.3)，130.3，130.9，131.1，131.5，132.8，137.3，138.6，150.6，152.6，169.8，169.9，170.2，170.5，177.0，177.6；HRMS(ESI)，$C_{49}H_{55}N_2O_{13}[M+H]^+$的理论值为 879.3699，检测数据为 879.3702。谱图如图 4-15～图 4-17 所示。

4.5 本章小结

3,6-二氮杂四星烷化合物的合成研究以区域控制[2+2]光环合反应为基础，采用双端位酰基 Linker 共价连接 1,4-二氢吡啶的控制方法。通过对邻苯二甲酰基、间苯二甲酰基和丁二酰基三种 Linker 对 1,4-二氢吡啶的区域控制的研究，发现邻苯二甲酰基-双 1,4-二氢吡啶衍生物可实现区域选择性[2+2]光环合反应，以此建立了邻苯二甲酰基区域控制合成 3,6-二氮杂四星烷化合物的方法。通过对邻苯二甲酰基-双 1,4-二氢吡啶衍生物的合成和光反应影响因素的探讨，得到了最优合成路线，并成功合成得到 9 个新颖的 3,6-二氮杂四星烷类化合物。区域控制[2+2]光环合反应的机理研究表明，Linker 必须要有一定的刚性才能将 2 个 1,4-二氢吡啶分子固定在一个合适的能够反应的空间范围；Linker 先将 2 个二氢吡啶环共价连接且 2 个酰基之间的距离不能超过 4 个单键的距离；Linker 中酰基与苯环相连的 C—C 单键在溶液中可通过自由旋转，以使 2 个吡啶环的双键在空间上接近且保持平行，随后在光的激发下发生分子内的[2+2]光环合反应生成目标 3,6-二氮杂四星烷化合物。该共价连接区域控制方法的成功构建可为其他四星烷及多面体烷类化合物的合成提供很好的理论和实验基础。

5 结论与展望

5.1 结论

本书围绕结构新颖的二氮杂四星烷类化合物的光化学合成与结构解析展开，合成了三类具有新型结构的目标化合物：C_2-3,9-二氮杂四星烷类化合物、非 C_2-3,9-二氮杂四星烷类化合物和3,6-二氮杂四星烷类化合物，并对该三类化合物的代表性化合物进行结构解析。目前关于这三类二氮杂四星烷类化合物的合成未见文献报道，其研究结论不仅可为四星烷及多面体烷类化合物的合成提供很好的理论和实验基础，也可为其应用于药理活性的研究（如抗HIV以及抑制P-gp表达等）提供理论和物质基础。本书的主要结论如下：

在 C_2-3,9-二氮杂四星烷的合成研究过程中，首先，采用微波辅助合成技术合成得到了N-芳基和N-苄基-1,4-二氢吡啶类化合物，使得N-芳基和N-苄基-1,4-二氢吡啶合成的产率由40%提高到70%，反应时间缩短为30 min，得到12个未见文献报道的1,4-二氢吡啶和相关产物。其次，通过对1,4-二氢吡啶的[2+2]光环合反应的光源及波长、溶剂和反应浓度等因素对光合成产物影响的研究，确定 C_2-3,9-二氮杂四星烷的合成方法，共得到11个全合及半合的 C_2-3,9-二氮杂四星烷。最后，对N-芳基-1,4-二氢吡啶和N-苄基-1,4-二氢吡啶的光化学合成反应机理进行探讨，推测目标化合物 C_2-3,9-二氮杂四星烷的生成是先经历一个双自由基反应中间体得到顺式半合产物，再经历另一个类似的双自由基中间体而得到。通过密度泛函理论计算方法对N-芳基和N-苄基-1,4-二氢吡啶的顺式半合产物的静电势分布进行研究，发现N原子上引入苯基和苄基产生的不同电子效应引起分子内2个双键的静电势分布不同，导致了两类化合物的反应活性不同。即N-芳基-1,4-二氢吡啶的顺式半合产物能够进一步发生分子内的[2+2]光环合反应生成全合产物，而N-苄基-1,4-二氢吡啶的顺式半合产物不能进一步发生分子内的[2+2]光环合反应生成全合产物。

非 C_2-3,9-二氮杂四星烷的合成研究是以不同的 4-芳基-1,4-二氢吡啶分子间交互[2+2]光环合反应和 C_2-3,9-二氮杂四星烷的官能团化为基础进行的。通过对两个不同的 4-芳基-1,4-二氢吡啶分子间交互[2+2]光环合反应进行研究，得到一系列新颖结构的 3,6,12-三芳基-3,9-二氮杂四星烷，建立了一种非 C_2-3,9-二氮杂四星烷的合成方法。顺式半合产物的分离和鉴定，进一步阐明了交互[2+2]光环合反应的机理，其中一个分子激发之后被另一个分子进攻先得到顺式半合产物，再进一步发生分子内的[2+2]光环合反应生成多取代不对称的非 C_2-3,9-二氮杂四星烷化合物。在对 C_2-3,9-二氮杂四星烷的选择性官能团化的研究中，通过对投料比、溶剂、缚酸剂三个影响因素进行考察，成功合成得到了一系列 3-芳甲酰基-6,12-二芳基-3,9-二氮杂四星烷。根据 C_2-3,9-二氮杂四星烷和非 C_2-3,9-二氮杂四星烷的结构特点，对 NMR 的数据的影响进行对比讨论，C_2-3,9-二氮杂四星烷由于 C_2-轴对称性的原因，2 个哌啶环及酯基上对应位置氢原子所处的化学环境相同，在核磁谱图上出现在相同的位置；非 C_2-3,9-二氮杂四星烷与 C_2-3,9-二氮杂四星烷相比，2 个哌啶环之间不再具有对称性，但是哌啶环内部仍然具有对称性，因此在核磁谱图上表现出 2 个哌啶环及酯基的两组峰；其中对于 3-芳甲酰基-6,12-二芳基-3,9-二氮杂四星烷来说由于酰基的倾斜朝向，同时破坏了哌啶环内部的对称性，导致哌啶环及酯基上四个对应位置的氢原子均处在不同化学环境中，因此在核磁谱图上表现出相应的四组峰。对不同种类的 3,9-二氮杂四星烷类化合物的 NMR 结构特征的研究，可为后续复杂的二氮杂四星烷类化合物的结构解析提供实验基础。

3,6-二氮杂四星烷化合物的合成研究以区域控制[2+2]光环合反应为基础，采用了 Linker 的双端位酰基共价连接 1,4-二氢吡啶的控制方法。通过对邻苯二甲酰基、间苯二甲酰基和丁二酰基三种 Linker 对 1,4-二氢吡啶的区域控制的研究，发现邻苯二甲酰基-双 1,4-二氢吡啶衍生物可实现区域选择性[2+2]光环合反应，以此建立了邻苯二甲酰基区域控制合成 3,6-二氮杂四星烷化合物的方法。通过对邻苯二甲酰基-双 1,4-二氢吡啶衍生物的合成和光反应影响因素进行探讨，得到了最优合成路线，并成功合成得到 9 个新颖的 3,6-二氮杂四星烷类化合物。区域控制[2+2]光环合反应的机理研究表明，Linker 必须要有一定的刚性才能将两个 1,4-二氢吡啶分子固定在一个合适的能够反应的空间范围；Linker 先将 2 个吡啶环共价连接，同时 2 个酰基之间的距离不能超过 4 个单键的距离；Linker 中酰基与苯环相连的 C—C 单键在溶液中可通过自由旋转，以使 2 个吡啶环的双键在空间上接近且保持平行，随后在光的激发下发生分子内的[2+2]光环合反应生成目标 3,6-二氮杂四星烷化合物。该共价连接区域控制方法的成功构建可为其他四星烷及多面体烷类化合物的合成提供很好的理论和实验基础。

在 1,4-二氢吡啶的合成及新型二氮杂四星烷类化合物的光化学合成研究中，分离得到了 57 个未见文献报道的化合物，其中有 23 个 1,4-二氢吡啶和相关反应产物、34 个[2+2]光环合反应产物，其中有新型二氮杂四星烷类化合物 27 个。所得到的化合物结构均经过^{1}H NMR、^{13}C NMR、HRMS 和 X-单晶衍射的确认。

5.2　创新点

（1）采用微波辅助方法对 1,4-二氢吡啶类化合物的合成进行了改进，合成了未见文献报道的 N-芳基-和 N-苄基-1,4-二氢吡啶化合物；并以此为原料，通过[2+2]光环合反应，合成了 11 个新颖的 C_2-3,9-二氮杂四星烷及半合中间体化合物。

（2）采用 1,4-二氢吡啶分子间交互[2+2]光环合反应和 C_2-3,9-二氮杂四星烷类化合物选择性官能团化方法，共计合成得到 14 个新颖的非 C_2-3,9-二氮杂四星烷及其半合中间体化合物。

（3）建立了以邻苯二甲酰基为 Linker 共价区域控制合成 3,6-二氮杂四星烷化合物的方法，可实现同种或异种 1,4-二氢吡啶分子间区域选择性的[2+2]光环合反应，高效合成了 9 个新型的 3,6-二氮杂四星烷类化合物。

5.3　展望

（1）1,4-二芳基-1,4-二氢吡啶和 4-芳基-1,4-二氢吡啶两类吡啶在液相中发生分子间交互[2+2]光环合反应可生成多取代不对称的四星烷类化合物，该方法可应用于其他环己二烯型不饱和化合物的[2+2]光环合反应的研究中，为更多种类的多取代不对称四星烷或者多面体烷的合成提供理论和实验基础。

（2）在利用邻苯二甲酰基为 Linker 的液相区域控制二氢吡啶的[2+2]光

环合反应中，首次成功合成得到了 HH 型的 3,6-二氮杂四星烷类化合物，此方法区域选择性极好、产物单一、产率高、后处理简单；目前根据吡啶底物结构只建立了邻苯二甲酰基区域控制方法，根据底物的不同可能 Linker 的选择会有一定的特异性，不过这种共价连接区域控制的方法可进一步应用于其他复杂多环笼状化合物的骨架构建和结构衍生，值得进一步深入研究。

参 考 文 献

[1] COBURGER C, WOLLMANN J R, BAUMERT C, et al. Novel Insight in Structure-Activity Relationship and Bioanalysis of P-glycoprotein Targeting Highly Potent Tetrakishydroxymethyl Substituted 3,9-Diazatetraasteranes [J]. Journal of Medicinal Chemistry, 2008, 51 (18): 5871~5874.

[2] HILGEROTH A, BILLICH A, LILIE H. Synthesis and Biological Evaluation of First N-alkyl syn Dimeric 4-Aryl-1,4-dihydropyridines as Competitive HIV-1 Protease Inhibitors [J]. European Journal of Medicinal Chemistry, 2001, 36 (4): 367~374.

[3] HILGEROTH A, FLEISCHER R, WIESE M, et al. Comparison of Azacyclic Urea A-98881 as HIV-1 Protease Inhibitor with Cage Dimeric N-benzyl-4-(4-methoxyphenyl)-1,4-dihydropyridine as Representative of a Novel Class of HIV-1 Protease Inhibitors: A Molecular Modeling Study [J]. Journal of Computer-aided Molecular Design, 1999, 13 (3): 233~242.

[4] HILGEROTH A, BILLICH A. Cage Dimeric N-acyl- and N-acyloxy-4-aryl-1,4-dihydropyridines as First Representatives of a Novel Class of HIV-1 Protease Inhibitors [J]. Archiv der Pharmazie, 1999, 332 (11): 380~384.

[5] HILGEROTH A, WIESE M, BILLICH A. Synthesis and Biological Evaluation of the First N-Alkyl Cage Dimeric 4-Aryl-1,4-dihydropyridines as Novel Nonpeptidic HIV-1 Protease Inhibitors [J]. Journal of Medicinal Chemistry, 1999, 42 (22): 4729~4732.

[6] COBURGER C, WOLLMANN J, KRUG M, et al. Novel Structure-Activity Relationships and Selectivity Profiling of Cage Dimeric 1,4-Dihydropyridines as Multidrug Resistance (MDR) Modulators [J]. Bioorganic & Medicinal Chemistry, 2010, 18 (14): 4983~4990.

[7] HILGEROTH A, MOLNÁR J, DE CLERCQ E. Using Molecular Symmetry to Form New Drugs: Hydroxymethyl-Substituted 3,9-Diazatetraasteranes as the First Class of Symmetric MDR Modulators [J]. Angewandte Chemie International Edition, 2002, 41 (19): 3623~3625.

[8] RICHTER M, MOLNÁR J, HILGEROTH A. Biological Evaluation of Bishydroxymethyl-Substituted Cage Dimeric 1,4-Dihydropyridines as a Novel Class of P-glycoprotein Modulating Agents in Cancer Cells [J]. Journal of Medicinal Chemistry, 2006, 49 (9): 2838~2840.

[9] KLÁN P, WIRZ J. Photochemistry of Organic Compounds: From Concepts to Practice [M]. John Wiley & Sons, 2009.

[10] TURRO N, SCAIANO J, RAMAMURTHY V. Modern Molecular Photochemistry of Organic Molecules [M]. University Science Book: Sausalito, CA, 2010.

[11] KOPECKY J. Organic Photochemistry: A Visual Approach [M]. VCH, Weinheim, New York, 1992.

[12] BAGGOTT J, GILBERT A. Essentials of Molecular Photochemistry [M]. Blackwell Scientific, Oxford, 1991.

[13] POPLATA S, TRÖSTER A, ZOU Y Q, et al. Recent Advances in the Synthesis of Cyclobutanes by Olefin [2+2] Photocycloaddition Reactions [J]. Chemical Reviews, 2016, 116 (17): 9748~9815.

[14] FLEMING S A. Photocycloaddition of Alkenes to Excited Alkenes [M]. Synthetic Organic Photochemistry, Molecular and Supramolecular Photochemistry, 2004: 141~160.

[15] BACH T. Stereoselective Intermolecular [2+2]-Photocycloaddition Reactions and Their Application in Synthesis [J]. Synthesis, 1998 (5): 683~703.

[16] CRIMMINS M T, REINHOLD T L. Enone Olefin [2+2] Photochemical Cycloadditions [M]. Organic Reactions, 1993.

[17] BECKER D, HADDAD N. Applications of Intramolecular [2+2] Photocycloadditions in Organic Synthesis [J]. ChemInform, 1991, 22 (43).

[18] CRIMMINS M T. Synthetic Applications of Intramolecular Enone-Olefin Photocycloadditions [J]. Chemical Reviews, 1988, 88 (8): 1453~1473.

[19] BALDWIN S W. Synthetic Aspects of [2+2] Cycloadditions of α, β-Unsaturated Carbonyl Compounds [J]. Chem Inform, 1981, 12 (44) .

[20] BAUSLAUGH P G. Photochemical Cycloaddition Reactions of Enones to Alkenes; Synthetic Applications [J]. Synthesis, 1970 (6): 287~300.

[21] SCHUSTER D I. Mechanistic Issues in [2+2]-Photocycloadditions of Cyclic Enones to Alkenes, CRC Handbook of Organic Photochemistry and Photobiology [M]. Volumes 1 & 2, Second Edition: CRC Press, 2003.

[22] SCHUSTER D I, LEM G, KAPRINIDIS N A. New Insights into an Old Mechanism: [2+2] Photocycloaddition of Enones to Alkenes [J]. Chemical Reviews, 1993, 93 (1): 3~22.

[23] YAMAZAKI H, CVETANOVIC R J. Stereospecific Photochemical Cyclodimerization of 2-Butene in the Liquid Phase [J]. Journal of the American Chemical Society, 1969, 91 (2): 520~522.

[24] ITO Y, KAJITA T, KUNIMOTO K, et al. Accelerated Photodimerization of Stilbenes in Methanol and Water [J]. The Journal of Organic Chemistry, 1989, 54 (3): 587~591.

[25] DEVANATHAN S, RAMAMURTHY V. Consequences of Hydrophobic Association in Photoreactions: Photodimerization of Alkyl Cinnamates in Water [J]. Journal of Photochemistry, 1987, 40 (1): 67~77.

[26] DAVE P R, DUDDU R, LI J, et al. Photodimerization of N-acetyl-2-azetine: Synthesis of syn-Diazatricyclooctane and anti-Diazatricyclooctane (Diaza-3-ladderane) [J]. Tetrahedron Letters, 1998, 39 (31): 5481~5484.

[27] DE MEIJERE A, REDLICH S, FRANK D, et al. Octacyclopropylcubane and some of Its Isomers [J]. Angewandte Chemie International Edition, 2007, 46 (24): 4574~4576.

[28] VASIL'EV A, WALSPURGER S, PALE P, et al. [2+2]-Photodimerization of 3-Arylindenones [J]. Russian Journal of Organic Chemistry, 2005, 41 (4): 618~619.

[29] WALSPURGER S, VASILYEV A, SOMMER J, et al. Chemistry of 3-Arylindenones: Behavior in Superacids and Photodimerization [J]. Tetrahedron, 2005, 61 (14): 3559~3564.

[30] SEERY M K, DRAPER S M, KELLY J M, et al. The Synthesis, Structural Characterization and Photochemistry of some 3-Phenylindenones [J]. Synthesis, 2005, 2005 (3): 470~474.

[31] CHOU T C, LIN G H. Bicyclo [2. 2. 2] Octene-Based Molecular Spacers. Construction of U-shaped syn-facial Etheno-Bridged Polyhydrononacenyl Frameworks [J]. Tetrahedron, 2004, 60 (36): 7907~7920.

[32] CHOU T C, LIU N Y. Synthesis of Singly and Doubly Cage-Annulated Bicyclo [2. 2. 2] octenes Derived from Triptycene Skeleton [J]. Journal of the Chinese Chemical Society, 2006, 53 (6): 1477~1490.

[33] KOTHA S, DIPAK M K. Design and Synthesis of Novel Propellanes by Using Claisen Rearrangement and Ring-Closing Metathesis as the Key Steps [J]. Chemistry-A European Journal, 2006, 12 (16): 4446~4450.

[34] KOTHA S, SEEMA V, SINGH K, et al. Strategic Utilization of Catalytic Metathesis and Photo-thermal Metathesis in Caged Polycyclic Frames [J]. Tetrahedron Letters, 2010, 51 (17): 2301~2304.

[35] KOTHA S, DIPAK M K. Design and Synthesis of Novel Bis-Annulated Caged Polycycles via Ring-Closing Metathesis: Pushpakenediol [J]. Beilstein Journal of Organic Chemistry, 2014, 10 (1): 2664~2670.

[36] SAKAMOTO M, KANEHIRO M, MINO T, et al. Photodimerization of Chromone [J]. Chemical Communications, 2009, (17): 2379~2380.

[37] SAKAMOTO M, YAGISHITA F, KANEHIRO M, et al. Exclusive Photodimerization Reactions of Chromone-2-carboxylic Esters Depending on Reaction Media [J]. Organic Letters, 2010, 12 (20): 4435~4437.

[38] SAKAMOTO M, YOSHIWARA K, YAGISHITA F, et al. Photocycloaddition Reaction of Methyl 2-and 3-Chromonecarboxylates with Various Alkenes [J]. Research on Chemical In-

termediates, 2013, 39 (1): 385~395.

[39] WHITE J D, KIM J, DRAPELA N E. Enantiospecific Synthesis of(+)-Byssochlamic Acid, a Nonadride from the Ascomycete Byssochlamys Fulva [J]. Journal of the American Chemical Society, 2000, 122 (36): 8665~8671.

[40] WHITE J D, DILLON M P, BUTLIN R J. Total Synthesis of(±)-Byssochlamic Acid [J]. Journal of the American Chemical Society, 1992, 114 (24): 9673~9674.

[41] KEMMLER M, BACH T. [2+2]Photocycloaddition of Tetronates [J]. Angewandte Chemie International Edition, 2003, 42 (39): 4824~4826.

[42] KEMMLER M, HERDTWECK E, BACH T. Inter-and Intramolecular [2+2]-Photocycloaddition of Tetronates-Stereoselectivity, Mechanism, Scope and Synthetic Applications [J]. European Journal of Organic Chemistry, 2004(22): 4582~4595.

[43] HEHN J P, KEMMLER M, BACH T. Cyclobutylcarbinyl Radical Fragmentation Reactions of Tetronate [2+2] Photocycloaddition Products [J]. Synlett, 2009 (8): 1281~1284.

[44] TAN H B, SONG X Q, YAN H. Photochemical Oxidation of N,N-bis-(tert-butoxycarbonyl)-1,4-Dihydropyrazine Derivatives [J]. Heterocyclic Communications, 2015, 21 (2): 83~88.

[45] TAN H B, ZHONG Q D, YAN H. Studies on the Photochemical Oxidation of N,N-diacyl-1,4-Dihydropyrazine Derivatives [J]. Synthetic Communications, 2016, 46(2): 118~127.

[46] TAN H B, XIN H X, YAN H. Synthesis and Photochemical Properties of 2,4,6-Triaryl-4H-1,4-oxazines [J]. Heterocycles: an International Journal for Reviews and Communications in Heterocyclic Chemistry, 2014, 89 (2): 359~373.

[47] MORRISON H, FEELEY A, KLEOPFER R. Solution-Phase Photodimerization of Dimethylthymine [J]. Chemical Communications(London), 1968(7): 358~359.

[48] GOLLNICK K, HARTMANN H. Thermal and Photochemical Reactions of 1,4-Dithiine and Derivatives [J]. Tetrahedron Letters, 1982, 23 (26): 2651~2654.

[49] KOBAYASHI K, OHI T. Photoreaction of 2,5-Diphenyl-1,4-dithiin [J]. Chemistry Letters, 1973, 2 (7): 645~648.

[50] BOJKOVA N V, GLASS R S. Synthesis and Characterization of Tetrathiatetraasterane [J]. Tetrahedron Letters, 1998, 39 (50): 9125~9126.

[51] COOKSON R, COX D, HUDEC J. 886. Photodimers of Alkylbenzoquinones [J]. Journal of the Chemical Society(Resumed), 1961: 4499~4506.

[52] BRYCE-SMITH D, GILBERT A. 457. Liquid-phase photolysis. Part Ⅶ. Cage-Dimerisation of P-benzoquinone [J]. Journal of the Chemical Society(Resumed), 1964: 2428~2432.

[53] YATES P, JORGENSON M J. Photodimeric Cage Compounds. I. The Structure of the Photodimer of 2,6-Dimethyl-4-pyrone [J]. Journal of the American Chemical Society, 1963, 85

(19): 2956~2967.

[54] SUGIYAMA N, SATO Y, KATAOKA H, et al. Photoreaction of 2, 6-Diphenyl-4H-thiopyran-4-one [J]. Bulletin of the Chemical Society of Japan, 1969, 42 (10): 3005~3007.

[55] SUGIYAMA N, SATO Y, KASHIMA C. The Photoreaction of 2,6-Diphenyl-4H-thiopyran-4-one and its Related Compounds [J]. Bulletin of the Chemical Society of Japan, 1970, 43 (10): 3205~3209.

[56] AHLGREN G, Kermark B. Photodimerisation of 1,4-Cyclohexadiene-1,2-dicarboxylic anhydride [J]. Tetrahedron Letters, 1974, 15 (12): 987~988.

[57] FRITZ H G, HUTMACHER H M, MUSSO H, et al. Asterane, XIII Synthese des Tetraasterans durch Photodimerisierung von 3,6-Dihydrophthalsäure-anhydrid [J]. European Journal of Inorganic Chemistry, 1976, 109 (12): 3781~3792.

[58] HUTMACHER H M, FRITZ H G, MUSSO H. Tetraasterane, Pentacyclo [6.4.0.$0^{2,7}$.$0^{4,11}$.$0^{5,10}$] dodecane [J]. Angewandte Chemie International Edition in English, 1975, 14 (3): 180~181.

[59] HOFFMANN V T, MUSSO H. Nonacyclo [10.8.0.$0^{2,11}$.$0^{4,9}$.$0^{4,19}$.$0^{6,17}$.$0^{7,16}$.$0^{9,14}$.$0^{14,19}$]-icosane, a Double Tetraasterane [J]. Angewandte Chemie International Edition in English, 1987, 26 (10): 1006~1007.

[60] HOUSMANSL S, HONNEF G. Über Einige neue Modifikationen des Kohlenstoffs [J]. Nachrichten aus Chemie, Technik und Laboratorium, 1984, 32 (4): 379~381.

[61] HILGEROTH A, BAUMEISTER U, HEINEMANN F W. Solution-Dimerization of 4-Aryl-1,4-dihydropyridines [J]. European Journal of Organic Chemistry, 2000 (2): 245~249.

[62] HILGEROTH A, BAUMEISTER U. Formation of Novel Photodimers from 4-Aryl-1,4-dihydropyridines [J]. Chemistry-A European Journal, 2001, 7 (21): 4599~4603.

[63] HILGEROTH A, HEINEMANN F W, BAUMEISTER U. First Rotameric anti Dimers and 3,9-Diazatetraasteranes from Unsymmetrically Substituted N-acyl- and N-acyloxy-4-aryl-1,4-dihydropyridines [J]. Heterocycles, 2002, 57 (6): 1003~1016.

[64] XIN H, ZHU X, YAN H, et al. A Novel Photodimerization of 4-Aryl-4H-pyrans for Cage Compounds [J]. Tetrahedron Letters, 2013, 54 (26): 3325~3328.

[65] SONG X Q, WANG H Q, YAN H, et al. Synthesis, NMR Analysis and X-ray Crystal Structure of 6,12-Bis(4-fluorophenyl)-3,9-dioxatetraasterane [J]. Journal of Molecular Structure, 2011, 1006 (1): 489~493.

[66] HUTCHINS K M, SUMRAK J C, MACGILLIVRAY L R. Resorcinol-Templated Head-to-Head Photodimerization of a Thiophene in the Solid State and Unusual Edge-to-Face Stacking

in a Discrete Hydrogen-Bonded Assembly [J]. Organic Letters, 2014, 16 (4): 1052~1055.

[67] SCHMIDT G. Photodimerization in the Solid State [J]. Pure and Applied Chemistry, 1971, 27 (4): 647~678.

[68] COHEN M, SCHMIDT G. 383. Topochemistry. Part Ⅰ. A survey [J]. Journal of the Chemical Society(Resumed), 1964: 1996~2000.

[69] COATES G W, DUNN A R, HENLING L M, et al. Phenyl-Perfluorophenyl Stacking Interactions: Topochemical [2+2] Photodimerization and Photopolymerization of Olefinic Compounds [J]. Journal of the American Chemical Society, 1998, 120 (15): 3641~3649.

[70] SANTRA R, BIRADHA K. Stepwise Dimerization of Double [2+2] Reaction in the Co-crystals of 1,5-Bis(4-pyridyl)-1,4-pentadiene-3-one and Phloroglucinol: A Single-Crystal to Single-Crystal Transformation [J]. Cryst Eng Comm, 2008, 10 (11): 1524~1526.

[71] SANTRA R, BIRADHA K. Solid State Double [2+2] Photochemical Reactions in the Co-crystal Forms of 1,5-Bis(4-pyridyl)-1,4-pentadiene-3-one: Establishing Mechanism Using Single Crystal X-ray, UV and ^{1}H NMR [J]. Cryst Eng Comm, 2011, 13 (9): 3246~3257.

[72] FRIŠČIČ T, MACGILLIVRAY L R. 'Template-switching': A Supramolecular Strategy for the Quantitative, Gram-scale Construction of a Molecular Target in the Solid State [J]. Chemical Communications, 2003,(11): 1306~1307.

[73] ELACQUA E, KUMMER K A, GROENEMAN R H, et al. Post-application of Dry Vortex Grinding Improves the Yield of a [2+2] Photodimerization: Addressing Static Disorder in a Cocrystal [J]. Journal of Photochemistry and Photobiology A: Chemistry, 2016, 331: 42~47.

[74] MACGILLIVRAY L R. Organic Synthesis in the Solid State via Hydrogen-Bond-Driven Self-assembly [J]. The Journal of Organic Chemistry, 2008, 73 (9): 3311~3317.

[75] ERICSON D P, ZURFLUH-CUNNINGHAM Z P, GROENEMAN R H, et al. Regiocontrol of the [2+2] Photodimerization in the Solid State Using Isosteric Resorcinols: Head-to-Tail Cyclobutane Formation via Unexpected Embraced Assemblies [J]. Crystal Growth & Design, 2015, 15 (12): 5744~5748.

[76] BUČAR D K, SEN A, MARIAPPAN S S, et al. A [2+2]Cross-Photodimerisation of Photostable Olefins via a Three-component Cocrystal Solid Solution [J]. Chemical Communications, 2012, 48 (12): 1790~1792.

[77] BHOGALA B R, CAPTAIN B, PARTHASARATHY A, et al. Thiourea as a Template for Photodimerization of Azastilbenes [J]. Journal of the American Chemical Society, 2010, 132 (38): 13434~13442.

［78］辛红兴．1,4-二氢吡嗪的合成及光化学性质的研究［D］．北京：北京工业大学，2014.

［79］EUBANK J F，KRAVTSOV V C，EDDAOUDI M. Synthesis of Organic Photodimeric Cage Molecules Based on Cycloaddition via Metal-Ligand Directed Assembly［J］. Journal of the American Chemical Society，2007，129（18）：5820～5821.

［80］GARAI M，MAJI K，CHERNYSHEV V V，et al. Interplay of Pyridine Substitution and Ag(Ⅰ)···Ag(Ⅰ) and Ag(Ⅰ)···π Interactions in Templating Photochemical Solid State［2+2］Reactions of Unsymmetrical Olefins Containing Amides：Single-Crystal-to-Single-Crystal Transformations of Coordination Polymers［J］. Crystal Growth & Design，2016，16（2）：550～554.

［81］KOLE G K，KOH L L，LEE S Y，et al. A New Ligand for Metal-Organic Framework and Co-crystal Synthesis：Mechanochemical Route to Rctt-1，2，3，4-Tetrakis-(4′-carboxyphenyl)-cyclobutane［J］. Chemical Communications，2010，46（21）：3660～3662.

［82］WU X L，LUO L，LEI L，et al. Highly Efficient Cucurbit［8］Uril-Templated Intramolecular Photocycloaddition of 2-Naphthalene-labeled Poly（ethylene glycol）in Aqueous Solution［J］. The Journal of Organic Chemistry，2008，73（2）：491～494.

［83］YANG C，MORI T，WADA T，et al. Supramolecular Enantiodifferentiating Photoisomerization of(Z，Z)-1,3-cyclooctadiene Included and Sensitized by Naphthalene-Modified Cyclodextrins［J］. New Journal of Chemistry，2007，31（5）：697～702.

［84］KE C，YANG C，MORI T，et al. Catalytic Enantiodifferentiating Photocyclodimerization of 2-Anthracenecarboxylic Acid Mediated by a Non-Sensitizing Chiral Metallosupramolecular Host［J］. Angewandte Chemie International Edition，2009，48（36）：6675～6677.

［85］JON S Y，KO Y H，PARK S H，et al. AFacile，Stereoselective［2+2］Photoreaction Mediated by Cucurbit［8］uril［J］. Chemical Communications，2001(19)：1938～1939.

［86］YANG J，DEWAL M B，SHIMIZU L S. Self-Assembling Bisurea Macrocycles Used as an Organic Zeolite for a Highly Stereoselective Photodimerization of 2-Cyclohexenone［J］. Journal of the American Chemical Society，2006，128（25）：8122～8123.

［87］IKEDA H，NIHEI T，UENO A. Template-Assisted Stereoselective Photocyclodimerization of 2-Anthracenecarboxylic Acid by Bobispyridinio-Appended γ-Cyclodextrin［J］. The Journal of Organic Chemistry，2005，70（4）：1237～1242.

［88］LUO L，CHENG S F，CHEN B，et al. Stepwise Photochemical-Chiral Delivery in γ-Cyclodextrin-Directed Enantioselective Photocyclodimerization of Methyl 3-methoxyl-2-naphthoate in Aqueous Solution［J］. Langmuir，2009，26（2）：782～785.

［89］GREIVING H，HOPF H，JONES P G，et al. Synthesis，Photophysical and Photochemical

Properties of Four [2. 2] 'cinnamophane' isomers; Highly Efficient Stereospecific [2+2] Photocycloaddition [J]. Journal of the Chemical Society, Chemical Communications, 1994 (9): 1075~1076.

[90] HOPF H, GREIVING H, JONES P G, et al. Topochemical Reaction Control in Solution [J]. Angewandte Chemie International Edition in English, 1995, 34 (6): 685~687.

[91] GREIVING H, HOPF H, JONES P G, et al. Photoactive Cyclophanes, I. Synthesis, Photophysical and Photochemical Properties of Cinnamophanes [J]. European Journal of Organic Chemistry, 1995 (11): 1949~1956.

[92] MEYER U, LAHRAHAR N, MARSAU P, et al. Photoactive Phanes, Ⅱ. -X-ray Structure and Photoreactivity of Pseudo-gem Cinnamophane Dicarboxylic Acid {bis-4,15-(2′-Hydroxycarbonylvinyl) [2. 2] paracyclophane} [J]. Liebigs Annalen, 1997 (2): 381~384.

[93] GREIVING H, HOPF H, JONES P G, et al. Synthesis, Structure and Photoreactivity of Several Cinnamophane Vinylogs [J]. European Journal of Organic Chemistry, 2005, 2005 (3): 558~566.

[94] HOPF H, GREIVING H, BECK C, et al. One-Pot Preparation of [n] Ladderanes by [2π+2π] Photocycloaddition [J]. European Journal of Organic Chemistry, 2005 (3): 567~581.

[95] HAAG D, SCHARF H D. Investigations of the Asymmetric Intramolecular [2+2] Photocycloaddition and its Application as a Simple Access to Novel C_2-symmetric Chelating Bisphosphanes Bearing a Cyclobutane Backbone [J]. The Journal of Organic Chemistry, 1996, 61 (18): 6127~6135.

[96] NAKAMURA Y, MATSUMOTO M, HAYASHIDA Y, et al. Synthesis of 1,8-Naphthylene-bridged syn-Cyclophanes by Efficient Intramolecular [2+2] Photocycloaddition [J]. Tetrahedron Letters, 1997, 38 (11): 1983~1986.

[97] GHOSN M W, WOLF C. Stereocontrolled Photodimerization with Congested 1,8-Bis(4′-anilino) naphthalene Templates [J]. The Journal of Organic Chemistry, 2010, 75 (19): 6653~6659.

[98] LAURENTI D, SANTELLI-ROUVIER C, Pèpe G, et al. Synthesis of cis, cis, cis-Tetrasubstituted Cyclobutanes. Trapping of Tetrahedral Intermediates in Intramolecular Nucleophilic Addition [J]. The Journal of Organic Chemistry, 2000, 65 (20): 6418~6422.

[99] OKADA Y, ISHII F, KASAI Y, et al. Stereoselective Synthesis of Meta-and Three-bridged Cyclophanes with Intramolecular [2+2] Photocycloaddition by Using the Steric Effect of Methoxyl Group [J]. Tetrahedron, 1994, 50 (42): 12159~12184.

[100] HAYASHIDA Y, NAKAMURA Y, Chida Y, et al. Synthesis and Structure of Novel [2. n]

(4,4′) Binaphthylophanes: A New Family in Cyclophane Chemistry [J]. Tetrahedron Letters, 1999, 40 (35): 6435~6438.

[101] NAKAMURA Y, FUJII T, NISHIMURA J. Synthesis and Fluorescence Emission Behavior of Novel anti-[2. n] (3, 9) Phenanthrenophanes [J]. Tetrahedron Letters, 2000, 41 (9): 1419~1423.

[102] OKADA Y, KANEKO M, NISHIMURA J. Chloromethylation of syn-[2. n] Metacyclophanes and Application Toward Multi-Bridged Cyclophane Synthesis [J]. Tetrahedron Letters, 2001, 42 (1): 25~27.

[103] NAKAMURA Y, KANEKO M, TANI K, et al. Synthesis and Properties of Triply-Bridged syn-Carbazolophanes [J]. The Journal of Organic Chemistry, 2002, 67 (24): 8706~8709.

[104] INOKUMA S, KURAMAMI M, OTSUKI S, et al. Synthesis of Crownophanes Possessing Bipyridine Moieties: Bipyridinocrownophanes Exhibiting Perfect Extractability Toward Ag^+ ion [J]. Tetrahedron, 2006, 62 (42): 10005~10010.

[105] OKADA Y, YOSHIDA M, NISHIMURA J. Synthesis of Novel Calixarenes Having a Tweezer-Type Structure [J]. Tetrahedron Letters, 2005, 46 (18): 3261~3263.

[106] INOKUMA S, IDE H, YONEKURA T, et al. Synthesis and Complexing Properties of [2. n] (2, 6) Pyridinocrownophanes [J]. The Journal of Organic Chemistry, 2005, 70 (5): 1698~1703.

[107] NAKAMURA Y, FUJII T, INOKUMA S, et al. Effects of Oligooxyethylene Linkage on Intramolecular [2+2] Photocycloaddition of Styrene Derivatives [J]. Journal of Physical Organic Chemistry, 1998, 11 (2): 79~83.

[108] YUASA H, NAKATANI M, HASHIMOTO H. Exploitation of Sugar Ring Flipping for a Hinge-type Tether Assisting a [2 + 2] Cycloaddition [J]. Organic & Biomolecular Chemistry, 2006, 4 (19): 3694~3702.

[109] INOKUMA S, SAKAIZAWA T, FUNAKI T, et al. Synthesis and Complexing Property of Four-bridged Crownopaddlanes [J]. Tetrahedron, 2003, 59 (41): 8183~8190.

[110] HILGEROTH A, BAUMEISTER U, HEINEMANN F W. Novel Solid-State Synthesis of Polyfunctionalized 3,9-Diazatetraasteranes [J]. European Journal of Organic Chemistry, 1998 (6): 1213~1218.

[111] HILGEROTH A, HEINEMANN F W. Novel Solid-State Synthesis of Dimeric 4-Aryl-1,4-dihydropyridines [J]. Journal of Heterocyclic Chemistry, 1998, 35 (2): 359~364.

[112] HILGEROTH A, HEMPEL G, BAUMEISTER U, et al. Solid-State Formation of Centrosymmetric Cage Dimeric 4-Aryl-1, 4-dihydropyridines via Non-symmetric syn-Dimers

Studied by ^{13}C Cross-polarization Magic Angle Spinning NMR Spectroscopy [J]. Magnetic Resonance in Chemistry, 1999, 37 (5): 376~381.

[113] HILGEROTH A, HEMPEL G, BAUMEISTER U, et al. Solid-State Photodimerization of 4-Aryl-1,4-dihydropyridines Studied by ^{13}C CPMAS NMR spectroscopy [J]. Solid State Nuclear Magnetic Resonance, 1999, 13 (4): 231~243.

[114] ZHU X, NI C, SONG X, et al. Synthesis of 3,9-Diazatetraasteranes [J]. Chinese Journal of Organic Chemistry, 2010, 30 (2): 276~281.

[115] LIU Y, TAN H, YAN H, et al. Design, Synthesis and Biological Evaluation of 3,9-Diazatetraasteranes as Novel Matrilysin Inhibitors [J]. Chemical Biology & Drug Design, 2013, 82 (5): 567~578.

[116] REDDY T R, REDDY G R, REDDY L S, et al. Montmorillonite K-10 Catalyzed Green Synthesis of 2,6-Unsubstituted Dihydropyridines as Potential Inhibitors of PDE4 [J]. European Journal of Medicinal Chemistry, 2013, 62: 395~404.

[117] SUEKI S, TAKEI R, ABE J, et al. Ytterbium-Catalyzed Synthesis of Dihydropyridines [J]. Tetrahedron Letters, 2011, 52 (34): 4473~4477.

[118] SUEKI S, TAKEI R, ZAITSU Y, et al. Synthesis of 1,4-Dihydropyridines and Their Fluorescence Properties [J]. European Journal of Organic Chemistry, 2014 (24): 5281~5301.

[119] VALENTE S, MELLINI P, SPALLOTTA F, et al. 1,4-Dihydropyridines Active on the SIRT1/AMPK Pathway Ameliorate Skin Repair and Mitochondrial Function and Exhibit Inhibition of Proliferation in Cancer Cells [J]. Journal of Medicinal Chemistry, 2016, 59 (4): 1471~1491.

[120] MAI A, VALENTE S, MEADE S, et al. Study of 1,4-Dihydropyridine Structural Scaffold: Discovery of Novel Sirtuin Activators and Inhibitors [J]. Journal of Medicinal Chemistry, 2009, 52 (17): 5496~5504.

[121] 鲁玲玲, 许辉, 周攀, 等. 1,4-二氢吡啶的合成研究进展 [J]. 有机化学, 2016, 36 (12): 2858~2879.

[122] GATI W, RAMMAH M M, RAMMAH M B, et al. DeNovo Synthesis of 1,4-Dihydropyridines and Pyridines [J]. Journal of the American Chemical Society, 2012, 134 (22): 9078~9081.

[123] FRUCTOS M R, ALVAREZ E, DI'AZ-REQUEJO M M, et al. Selective Synthesis of N-substituted 1,2-Dihydropyridines from Furans by Copper-Induced Concurrent Tandem Catalysis [J]. Journal of the American Chemical Society, 2010, 132 (13): 4600~4607.

[124] GIRLING P R, BATSANOV A S, SHEN H C, et al. A Multicomponent Formal [1+2+1+2]-Cycloaddition for the Synthesis of Dihydropyridines [J]. Chemical Communications,

2012, 48 (40): 4893~4895.

[125] NAKAIKE Y, NISHIWAKI N, ARIGA M, et al. Synthesis of 4-Substituted 3,5-Dinitro-1,4-dihydropyridines by the Self-Condensation of β-Formyl-β-nitroenamine [J]. The Journal of Organic Chemistry, 2014, 79 (5): 2163~2169.

[126] LIU L, SARKISIAN R, DENG Y, et al. Sc(OTf)3-Catalyzed Three-Component Cyclization of Arylamines, β, γ-Unsaturated α-Ketoesters, and 1,3-Dicarbonyl Compounds for the Synthesis of Highly Substituted 1,4-Dihydropyridines and Tetrahydropyridines [J]. The Journal of Organic Chemistry, 2013, 78 (11): 5751~5755.

[127] NOOLE A, BORISSOVA M, LOPP M, et al. Enantioselective Organocatalytic Aza-Ene-Type Domino Reaction Leading to 1,4-Dihydropyridines [J]. The Journal of Organic Chemistry, 2011, 76 (6): 1538~1545.

[128] ASAHARA H, HAMADA M, NAKAIKE Y, et al. Construction of 3,5-Dinitrated 1,4-Dihydropyridines Modifiable at 1,4-Positions by a Reaction of β-Formyl-β-nitroenamines with Aldehydes [J]. RSC Advances, 2015, 5 (110): 90778~90784.

[129] GHORBANI-CHOGHAMARANI A, ZOLFIGOL M A, Salehi P, et al. An Efficient Procedure for the Synthesis of Hantzsch 1,4-Dihydropyridines under Mild Conditions [J]. Acta Chimical Slovenica, 2008, 55: 644~647.

[130] 朱晓鹤, 倪成良, 宋秀庆, 等. 3,9-二氮杂四星烷类化合物的合成研究 [J]. 有机化学, 2010, 30 (2): 276~281.

[131] AZIZI S, ULRICH G, GUGLIELMINO M, et al. Photoinduced Proton Transfer Promoted by Peripheral Subunits for Some Hantzsch Esters [J]. The Journal of Physical Chemistry A, 2015, 119 (1): 39~49.

[132] TAN H B, SONG X Q, YAN H, et al. Synthesis, NMR Analysis and X-ray Crystal Structure of 3-(2-Naphthoyl)-6,12-diphenyl-3,9-diazatetraasterane [J]. Journal of Molecular Structure, 2017, 1129: 23~31.

[133] ZHU X H, LI W P, YAN H, et al. Triplet Phenacylimidazoliums-Catalyzed Photocycloaddition of 1,4-Dihydropyridines: An Experimental and Theoretical Study [J]. Journal of Photochemistry and Photobiology A: Chemistry, 2012, 241: 13~20.